江苏省高等学校重点教材

科学出版社"十四五"普通高等教育本科规划教材

土木类大学生创新实践
与学科竞赛进阶教程
（第二版）

主　编　沈　扬　张　勤

副主编　胡锦林　刘　云

　　　　丁小庆　许俊红

科 学 出 版 社

北　京

内 容 简 介

本书是江苏省高等学校重点教材(编号:2021-1-07)。

本书基于高等学校土木及相关专业本科生的专业知识基础与培养特点,通过匠心独运的文字组织、层层递进的逻辑表述和丰富生动的资源呈现,从理论与实践两方面对大学生创新教育进行系统、专业指导。全书共 6 章,从土木专业视角循序渐进地阐述了创新的基本概念、创新素养的基本要点、工程类的创新思维培养方法,并从土木类的创新实验、创新实践训练、学科竞赛三个层次的讲解来引导相关专业学生接受创新实训。全书在理论阐述和实践指导方面都充分体现出土木特色,专业性、实践性、趣味性强。本书特别提供了大量原创性的土木类学科竞赛中各类材料运用和模型制作的指导视频,做到对大学生用脑到动手的全方位培养。

本书既可作为高等学校土木以及相关专业的专业型创新教育教材,也可作为开展土木工程大学生创新实践和学科竞赛的辅导用书。

图书在版编目(CIP)数据

土木类大学生创新实践与学科竞赛进阶教程 / 沈扬,张勤主编. —2 版. —北京:科学出版社,2023.7

江苏省高等学校重点教材·科学出版社"十四五"普通高等教育本科规划教材

ISBN 978-7-03-076009-8

Ⅰ. ①土… Ⅱ. ①沈… ②张… Ⅲ. ①土木工程－高等学校－教学参考资料 Ⅳ. ①TU

中国国家版本馆 CIP 数据核字(2023)第 129170 号

责任编辑:陈 琪 / 责任校对:王 瑞
责任印制:霍 兵 / 封面设计:马晓敏

科 学 出 版 社 出版
北京东黄城根北街 16 号
邮政编码:100717
http://www.sciencep.com

河北鑫玉鸿程印刷有限公司 印刷

科学出版社发行 各地新华书店经销
*
2017 年 9 月第 一 版 开本:787×1092 1/16
2023 年 7 月第 二 版 印张:18 1/2
2023 年 7 月第五次印刷 字数:439 000

定价:99.00 元
(如有印装质量问题,我社负责调换)

第二版前言

创新是推动社会发展的根本动力,是建设现代化经济体系的战略支撑。当前,中国特色社会主义进入新时代,中国科技日益走近世界舞台中央,这就要求我国科技工作者适应新发展形势,做好角色转换,以更高的格局来谋划科技工作。从党的十八大提出"实施创新驱动发展战略",到党的十九大提出"创新是引领发展的第一动力",再到党的二十大强调"坚持创新在我国现代化建设全局中的核心地位",充分体现了党中央对科技创新战略方针的一脉相承和与时俱进。而高校作为国家创新体系的重要组成部分,深化创新创业教育改革迫在眉睫。我国土木行业正处于新工业革命视域下的变化与发展过程中,与之呼应的高等教育土木类专业人才的培养,更应主动应变、积极求变,将发展科技、培养人才、增强创新有效结合,促进相关专业毕业生更高质量就业创业,大力推动我国土木工程行业的可持续发展。

作为全国高教领域较早的土木类专业创新教育教材,本书第一版聚焦土木类专业本科生创新意识启蒙与素质培养,受到师生的广泛好评。由于本书第一版的编撰时间在5年前,其中部分知识和体系随着新理念、新技术的发展,有待进一步更新与完善。结合时代发展形势与读者需求反馈,作者在第一版内容的基础上,以"培养服务现代化土木、交通工程建设的创新型专业人才"为宗旨,系统对标工程教育专业认证相关要求,并融合新工科及课程思政建设相关内容,对教材内容进行重组与扩充,进一步从框架体系、涵盖内容及展现形式等方面突显特色,切实提高土木类大学生的工程创新能力与交叉融合能力,锻造学生新时代的"工匠精神"。本版教材融合了新型土建材料结构、地下综合管廊与隧道结构、装配式结构与建造、新型钢桥铺装层及疲劳性能测试、智慧交通等学科的前沿研究进展以及近年来国际、国内土木类顶级学科竞赛的实践成果,增加了土木类竞赛常见模型结构分析与构建及相应制作技术等内容,丰富了典型案例分析,力求实现全书结构体系更合理、内容更具时代性、综合交叉度更高、整体视角更国际化。

本版教材由河海大学沈扬、张勤担任主编,河海大学胡锦林、刘云、丁小庆及南京林业大学许俊红担任副主编,其他参与修订的人员主要有王海涛、杨海飞、李红伟、雷笑、王迪、梁晖、宋涵韬、王天鹏、徐中权等。徐秦、沈嘉毅、康信勤、陈明慧、邵浩泽、郑力高等在资料收集、整理和校核方面做了大量工作。

本书同时入选江苏省高等学校重点教材和科学出版社"十四五"普通高等教育本科规划教材,并在出版过程中得到中国高等教育学会"高等学校立德树人与创新创业教育研究"专项课题(2020CYYB05)的资助。在编写过程中,参阅了相关的教材、著作、论文、图片等资料,在此深表谢意,未尽标识之处,敬请有关作者海涵。

受作者水平限制,书中难免存在疏漏、不妥之处,恳请广大读者批评指正。

联系邮箱:shenyang1998@163.com。

作 者

2022 年 12 月

第一版前言

当今中国，创新已成为一个时代性名词，融入中国的社会活动。然而，创新虽不是遥不可及，但也不能一蹴而就。对于土木类专业的学生而言，在迎接时代召唤的时候，既要具备创新的意识，更要有能将创新应用于土建专业的知识储备与实践积累，才能更好地实现创新能力的培养与提升。

为响应国家"健全创新创业教育课程体系""加强教师创新创业教育教学能力建设"之号召，也为传承河海大学近年来创建土木类"双主"并举、三层递进的创新人才培养模式的实践特色，本书创作团队在多年实践应用基础上，编写了本书。以期通过本书启蒙土木类专业学生的创新意识，普及与传承创新知识，并将创新能力与创新品格更好地在一届又一届大学生中巩固传递，助力于培养高素质的土木类创新型人才。

因此，本书的基本定位是让学生循序渐进地了解创新的基本概念、工程类创新思维培养及创新与土木工程的密切关联，进而掌握如何通过创新训练和学科竞赛去提升自己的创新能力。书中每章均充分体现土木特色，让学生能够充分体会到创新与土木这个自己即将从事的行业的密切关联。全书内容丰富，由浅入深，从开始的一般性导引逐步进入创新性实验、创新实践训练、学科竞赛三个层次的专业类训练，专业性、实践性、趣味性强。此外，本书还提供了大量原创性的电子素材，特别是学科竞赛中各类材料运用和模型制作的指导视频，做到对大学生用脑到动手的全方位培养。

本书主要面向土木工程及相关专业本科生，可作为高校开展土木工程类创新教育和学科竞赛辅导的通用教材，教师可根据授课对象和学时选择相关内容进行重点授课；而本书中实验部分的内容还可作为创新型土木工程实验的有益补充。

本书由指导和参与创新实践及学科竞赛经验丰富的河海大学土木与交通学院师生共同编写。各章主要分工如下：第1章（沈扬、王璐），第2章（丁小庆、周广东），第3章（胡锦林、许俊红、张勤），第4章（沈扬、张勤、沈雪、陈俊），第5章（喻君、李红伟、胡锦林、陈徐东、许俊红、张洁），第6章（胡锦林、罗力中、龚云皓、孙达明、喻君、沈扬、高磊），视频制作（丁小庆、罗力中、孙达明、阚锦照、刘龙、徐艳、孟依柯等）。陈晨、徐捷、葛长飞、任兆鹏、翁禾、冯建挺、葛华阳、芮笑曦等也在资料收集、整理和校核方面做了大量工作。全书由沈扬、胡锦林、许俊红做最终审校和编辑加工。

本书同时入选"十三五"江苏省高等学校重点教材和科学出版社普通高等教育"十三五"规划教材，并在出版过程中得到江苏高校品牌专业建设工程一期项目（PPZY2015B142）和中央高校基本科研业务费专项基金（2017B44914）的资助，在此谨表谢忱。本书编写过程中，参阅了相关的教材、著作、论文等资料，在此也对有关作者深表谢意！

受作者水平限制，书中难免存在疏漏、不妥之处，恳请广大读者批评指正。

联系邮箱：shenyang1998@163.com。

作　者

2017 年 9 月

目　　录

第1章 创新的内涵

1.1 创新的定义

在已经沉寂的研究领域提出创新思想，在十分活跃的研究领域取得重大进步，将原先彼此分离的研究领域融合在一起——*Science* 对创新的解释。

要领会创新的内涵，不妨先来感知创新。

美国得克萨斯州博蒙特市在 1901 年之前还是个名不见经传的小城，这里有个怪异的高地叫"大山"，到处是供牲畜治疗虱子和疥癣的臭污泥坑，却正是这些臭污泥坑中的泥浆成就了博蒙特，成为后来举世闻名的"纺锤顶"油田，如图 1-1 所示。

博蒙特的大山地处海湾平原，从 1893 年开始，先后有人在这里花了 7 年的时间打了 4 口井，却都因为井口塌陷而以失败告终。美国著名石油财团洛克菲勒公司的专家曾一度判定：在这种平原下是挖不到石油

图 1-1　美国纺锤顶山上的石油开采纪念碑

的。但是仍有一些"冒险家"不放弃，有人请来了打井行家哈米尔兄弟——艾尔·哈米尔和喀尔特·哈米尔来"掘金"。哈米尔兄弟和雇主商讨的施工报酬是掘进 1m 深度得到 6.5 美元，按照合同掘进一口 360m 深的油井，就可以获得 2340 美元的薪资（相当于今天 11 万美元的购买力）。虽然诱惑巨大，但是这些财富最初看来只像是空中楼阁——因为当地土质以砂土为主，钻孔后极易坍塌，根本无法掘进。就在哈米尔兄弟经历了一次次钻井失败即将要放弃的时候，突然想出了一个看似怪诞的招数：他们干起了放牛的老本行，并在油井旁边挖了一个泥塘，让奶牛在那里栖息奔跑，疯狂地践踏泥塘，兄弟俩将泥塘中产生的泥浆涂抹在钻井壁上。令人意想不到的是，这些泥浆表现出了明显的支护作用，井壁不再有颗粒下落，塌孔的情况大大改善，钻井的深度也随之变深。终于，当掘进 2 个月（1901 年 1 月 10 日），钻井深度达到 330m 时，发生了前所未有的井喷。在 9 天时间里，这口井把大约 11 万吨原油喷向天空，洒向大地，平均日产达 1 万多吨，相当于当时全美国日产量的 1/2。这口井也因此成为世界上第一口日产万吨的高产油井，也正式拉开了一个新"掘金"时代的序幕！

哈米尔兄弟这种看似原始的"小把戏"，实际是一个重大的技术创新，他们利用了当地泥浆中黏土具有的触变性（简而言之就是某些类型的黏土颗粒间存在特殊的电键连接机械结构，使得其在外界扰动下易变为随意流动、几乎没有强度的流体，而当扰动停止以后，

黏土的强度又会慢慢恢复），以泥浆形成低透水性泥膜，一方面阻碍外部泥浆渗入地层，防止地下水浸出而稀释泥浆，另一方面形成外部泥浆柱压力作用面，以抵抗地压维护土壁稳定，从而起到支撑钻井的作用，虽然强度不大，但防止砂土的塌落已是绰绰有余。这个创新所带来的施工界的技术革命对于世界经济的影响力之大很难估量，而如今称为泥浆护壁的这项施工技术也已在岩土工程施工的各个角落广泛应用。

上面的故事让我们感受到了创新的力量及其无处不在的潜质，那么创新究竟包含哪些内容呢？应该说，创新包含的内容非常广泛，它是指人们为实现一定目的，遵循事物的发展规律而进行的更新和发展活动，是在人类政治、经济、工程和精神等各个领域、各个层面上进行的需要付诸实践的新发展、新突破，具有高风险、高回报、重创造等特点。纺锤顶油田上，哈米尔兄弟利用泥浆触变性这一土力学特性开发钻井的泥浆护壁技术，正是创新在工程领域留下的一个生动注脚。

下面，就让我们一起进一步走近创新，了解创新的系统内蕴。

世人所公认的，第一次将创新从经济学的角度出发，完全区分于创造、发明并进行深入研究的，是被誉为创新之父的美籍奥地利经济学家约瑟夫·熊彼特(J. A. Schumpeter)。他在 1912 年出版的《经济发展理论》一书中提出了创新的概念，并对其模式进行了探讨。约瑟夫·熊彼特认为，创新就是建立一种新的生产函数，他首次把生产要素和生产条件的新组合引入生产体系中，而这些新组合较旧组合能够生产出成本更低或利润更高的产品，从而具有了新意。他把技术创新过程划分为发明、创新、推广和选择四个步骤。发明通常是指人们首次对一项技术、一个理论或一个产品的创造；创新是从发明到产品，并在市场上实现销售的过程；推广就是把新产品提供给最终用户的市场行为；选择指的是客户对创新产品的选择行为。一项成功的创新，就是企业家发现潜在市场价值和创新机会，通过整合各种创新要素和资源，在合适的创新环境下，把技术上的可行性转化成市场和客户认可的产品，最后获得创新收益。约瑟夫·熊彼特把创新活动归结为以下五种形式：①生产一种新产品或与过去产品有本质区别的产品；②采用一种新的生产方法、新的技术或新的工艺；③开拓新的市场，不管这个市场以前是否存在；④获取或控制一种原材料或半成品的新的供给来源；⑤实行新的企业组织方式或管理方法。

约瑟夫·熊彼特提出的创新概念主要是从技术经济的角度考虑的，此后，国内外专家学者在此基础上又进行了深入研究，使创新的内涵和外延有了进一步的扩展，而这期间形成的研究视角、研究方法、研究层面、研究分类已然像是一片汪洋大海。

20 世纪 60 年代，新技术革命迅猛发展，美国经济学家华尔特·罗斯托提出了"起飞"六阶段理论，将一个国家的经济发展依次分为传统社会阶段、准备起飞阶段、起飞阶段、走向成熟阶段、大众消费阶段和超越大众消费阶段，将创新的概念发展为技术创新，把技术创新提高到创新的主导地位。伊诺斯在《石油加工业中的发明与创新》一文中首次明确地对技术创新进行了定义：技术创新是几种行为综合的结果，这些行为包括发明的选择、资本投入保证、组织建立、制定计划、招用工人和开辟市场等。美国国家科学基金会将技术创新定义为将新的或改进的产品、过程或服务引入市场。被誉为现代管理学之父的彼得·德鲁克提出：创新是创业者的特殊工具。通过创新，他们把变化作为发展不同业务和服务的机会。它可以作为一种学科，可以学习，可以实践。

由此可见，创新的共同特点是要付诸实践，内容可概括为：个体为了取得某一有益效果，创造某种符合国家、社会或个人价值需要的具有革新性或独创性的事物、方法、路径、环境等。

随着时代发展，创新概念也逐步地从单纯技术领域扩展到非技术领域，出现了制度创新、组织创新、管理创新等新的内容。具体分析类型从两个层面来谈：第一层面包含创新的内容及范围；第二层面包括创新的层次。创新的内容及范围分为：①产品或者服务的创新；②根据自然科学原理和生产实践经验而发展成的各种工艺流程、加工方法、劳动技能的创新；③对生产、生活中所有资源(包括人、财、物)进行有效组织与管理的方法、模式等的创新。创新层次可以归为渐进性创新和根本性创新，渐进性创新是指对现有技术的改进引起的渐进的、连续的创新；根本性创新是指技术有重大突破的创新。总之，创新是一项系统工程，创新的过程是一个创造性破坏过程，是破坏某种均衡又达到新的均衡的过程。

党的二十大报告指出，"必须坚持科技是第一生产力、人才是第一资源、创新是第一动力"，创新对于一个国家是如此，对于一个学科、一个专业的发展也是如此。那么，土木工程及其相关领域的创新又是指的什么呢？

土木工程按照流程分为规划、勘察、设计、施工、管理、后评价等，在这些流程中的各个方面提出新观念、新概念、新理论、新材料、新技术、新工艺等，并将其付诸实践，在土木工程领域取得新成果，都可称为土木类创新。土木类创新一般有以下四种：①概念创新，指在土木工程领域的科研、技术开发和应用等方面提出新的概念，以改善或解决相关技术难题；②原理创新，主要针对基础研究和应用基础研究中的理论创新；③技术集成创新，主要针对新技术的开发、应用领域、应用方式等进行组合，发挥效用最大化；④技术应用创新，主要是在应用中，根据实际工程需要以提高效率、降低成本、创造更高价值等为目标的技术革新等。

为引导和加强我国土木工程建设自主创新，中国土木工程学会、北京詹天佑土木工程科学技术发展基金会于 1999 年联合设立中国土木工程詹天佑奖，主要目的是推动土木工程建设领域的科技创新活动，促进土木工程建设的科技进步，进一步激励土木工程界的科技与创新意识。

下面以 2015 年公布的第十三届中国土木工程詹天佑奖中的部分获奖项目为例，简要分析当下我国土木工程领域的创新之举。如图 1-2 所示的武汉天兴洲公铁两用长江大桥正桥工程首次提出并采用了三索面三主桁斜拉桥结构，解决了桥梁跨度大、桥面宽、活载重、列车速度快等带来的技术难题，实现了我国铁路桥梁跨度从 300m 级到 500m 级的跨越，有关技术还曾获国家科技进步奖一等奖。南京长江隧道工程(图 1-3)，解决了高水压、浅覆土、复杂地层的超大直径隧道施工技术难题，构建了大直径盾构隧道设计、施工和运营过程结构安全体系，开发了适用于高磨蚀性砂卵石地层的刀具配置技术、刀具更换技术与进舱泥膜技术及开挖面稳定控制技术体系，有关创新技术两获国家科技进步奖二等奖。窥一斑而知全豹，土木工程在中国、在世界得到了快速的发展，而随着人们对工程需求的不断提高，对现有的概念、原理及技术也提出了新的要求，所以，必须以创新来保证土木工程更稳定、更长远地发展。

图1-2　武汉天兴洲公铁两用长江大桥　　　　　图1-3　南京长江隧道工程

土木工程专业是一个实践性非常强、工程性质十分明显的专业，其创新必须在工程实践中得到应用和取得成效才能取得突破性进展，这就需要一大批专业人才针对现在土木工程领域出现的问题，综合各方面的经验和研究力量来进行必要的创新和实践。《中华人民共和国高等教育法》第五条明确指出："高等教育的任务是培养具有创新精神和实践能力的高级专门人才。"因此，土木工程专业要以培养专业技术人才为目标，在强调扎实的理论基础和宽广的知识面的同时，应将培养学生的实践及创新能力作为重中之重。

本书主要专注于土木类大学生创新实践能力培养，意图通过阐述创新方法，构建以创新实践为平台、以创新竞赛为抓手的培养体系，通过环境氛围的熏陶，让学生具备创新实践的相关知识，并能够得到必要的能力培训。

1.2　创新与国家发展

1.2.1　创新促进经济发展

美国某大型公司进行过一项调研，调查了该公司12个国家1000名高级业务主管，发现这样一组数据：95%的受访者认为创新是一个让国家经济更具竞争力的重要杠杆；而88%的受访者相信，创新是为他们的国家创造就业机会的最好方式。

美国里奇蒙德联邦储备银行(Richmond FED)主席杰弗里·莱克(Jeffrey Lacker)说：近年来，推动美国薪资和就业趋势的幕后因素是科技进步，而非贸易。2021年最新自然指数发布，美国、中国、德国居国家排名前三名。

北京师范大学黄安年教授从历史发展角度，分析了美国科技带动经济发展的情况。他在《美国经济发展史》中指出：20世纪的科学成就及其所创造的物质财富，大大超过了以往数千年的总和。美国强大的经济实力正源于其背后有着强大的科技实力。美国之所以成为站在当今知识经济浪潮前头的国家，绝非一日之功。

回顾美国过去一个世纪的发展历程，基本上验证了创新是提升国家竞争力、增强国家国力、创造就业和不断提高生活水平的重要动力。1990年，美国商务部实施了"先进技术计划"(ATP)；1993年11月，美国历史上破天荒地在白宫内设立了以国家领导人为首的国家科技委员会，与国家安全委员会、国家经济委员会三足鼎立；后来，美国政府又陆续颁布和实施了《国家创新议程》《美国竞争力计划》和《美国竞争法》等。这一系列立法、制度、措施都反映出美国政府对科学研究与开发、教育、基础设施投入的支持，不仅形成了良好的创新环境基础，也建立了一个良性创新生态系统。新的研究与开发创造新的产业和产品，这需要教育体系能保证劳动力具备必要的技能以满足创新对研究人员的需求，从而推动教育改革；既需要不断更新基础设施刺激研究与开发，又需要教育系统不断转化新的创新人员，这样一个生态的循环系统，造就了美国的地位。

然而，现在也有了不同的声音：美国的创新能力有所下降。泰勒·考恩作为美国炙手可热的非主流经济学家、名博博主，2011 年在《大滞胀》（曾两度跻身《纽约时报》最畅销电子书）中提到美国正处在大停滞时期，罪魁之一在于美国自 1973 年以来，科技创新的步子大幅放缓了。美国《财富》杂志著名专栏作家克里斯·马修斯写了一篇《为什么在创新领域中国已然赶超美国》的文章，讨论了目前美国在研发创新领域的停滞。而这些发声都是为了让美国政府引起注意，注重科技创新的重要性，注重在创新上的投入。

而从联合国教科文组织发布的《2021 年科学报告》发现，按绝对值计算，2018 年中国累计在科学领域投资了 4390 亿美元，全球占比为 24.5%。而世界知识产权组织（WIPO）发布的报告显示，2021 年中国通过 PTC 提交专利国际申请 69540 件，排名全球第一，紧随其后的是美国、日本、韩国和德国。2021 自然指数年度榜单（Nature Index 2021 Annual Tables）上，中国又成为全球第二大高质量科研论文贡献国，虽然仍排在美国之后，但在前 10 名中分值增幅最大。以上数据都表明，中国的科研创新能力在不断提高，创新方面的国民意识也在逐步增强，世界上有越来越多先进的、具有原创性的研究是在中国发起、主导和完成的。

党的十九大报告指出："创新是引领发展的第一动力，是建设现代化经济体系的战略支撑。"要大力推进科技创新，着力壮大新增长点、形成发展新动能。我国将进入新发展阶段，面对国内外形势的新变化，这一要求更加紧迫。自党的十九大以来，面对新时代国家创新发展新要求，以习近平同志为核心的党中央把科技创新摆在国家发展全局的核心位置，把创新作为引领发展的第一动力，坚定不移走中国特色自主创新道路，大力建设创新型国家和科技强国，我国科技事业发生了历史性、整体性、格局性重大变化，成功进入创新型国家行列。

党的二十大报告强调"坚持创新在我国现代化建设全局中的核心地位"。报告指出："深化科技体制改革，深化科技评价改革，加大多元化科技投入，加强知识产权法治保障，形成支持全面创新的基础制度。培育创新文化，弘扬科学家精神，涵养优良学风，营造创新氛围。扩大国际科技交流合作，加强国际化科研环境建设，形成具有全球竞争力的开放创新生态。"

1.2.2　创新系乎于人才

现在很多企业，对不断开发新技术和新产品相当重视，他们认为只有抢占新技术和新产品的制高点，才能取得竞争优势。

国势之强弱，实际系乎于人才。

2010 年国务院颁布《国家中长期人才发展规划纲要（2010-2020 年）》，确定了"服务发展、人才优先、以用为本、创新机制、高端引领、整体开发"的指导方针，把突出培养造就创新型科技人才作为新时期人才队伍建设的主要任务。《国家中长期教育改革和发展规划纲要(2010—2020年)》中提出坚持以人为本、全面实施素质教育是教育改革发展的战略主题,核心是解决好培养什么人、怎样培养人的重大问题,重点是面向全体学生、促进学生全面发展,着力提高学生的社会责任感,提高学生勇于探索的创新精神和善于解决问题的实践能力。

大学生是最具有创新、创业潜力的群体之一,因此深入推进高等学校创新创业能力教育改革更是高校发展的重要工作。

《教育部关于做好"本科教学工程"国家级大学生创新创业训练计划实施工作的通知》(教高函〔2012〕15号)明确提出:"通过实施国家级大学生创新创业训练计划,促进高等学校转变教育思想观念,改革人才培养模式,强化创新创业能力训练,增强高校学生的创新能力和在创新基础上的创业能力,培养适应创新型国家建设需要的高水平创新人才"。

《国务院办公厅关于深化高等学校创新创业教育改革的实施意见》(国办发〔2015〕36号)也指出:"坚持创新引领创业、创业带动就业,主动适应经济发展新常态,以推进素质教育为主题,以提高人才培养质量为核心,以创新人才培养机制为重点,以完善条件和政策保障为支撑,促进高等教育与科技、经济、社会紧密结合,加快培养规模宏大、富有创新精神、勇于投身实践的创新创业人才队伍"。

国家提出了一系列关于高等学校培养创新型人才的纲领性文件,通过不断深化教育教学改革,在专业教育基础上,以转变教育思想、更新教育观念为先导,以提升学生的社会责任感、创新精神、创业意识和创业能力为核心,以改革人才培养模式和课程体系为重点,大力推进高等学校创新创业教育工作,不断提高人才培养质量。

在我国,土木建筑业目前已成为国民经济名副其实的支柱产业。截至2021年末,我国建筑业企业共有128746家,建筑业从业人数为5282.94万人。2021年建筑业增加值占GDP的比重高达7.01%。

土木建筑业一直都在快速奔跑:第一,从2006年以来,以国家重点工程和交通枢纽工程项目建设、城市公共交通等基础设施建设、房地产开发、交通能源建设为主体的基本建设市场蓬勃发展。第二,现在国家在大力推进城镇化建设,城镇化是我国现代化建设的必由之路,也是保持经济持续健康发展的强大引擎。在城镇化建设的带动下,房地产、建筑业等行业将继续保持增长趋势。第三,随着国家越来越重视环境保护和建设资源节约型社会,满足建筑的节能环保性、绿色多功能性和舒适性,是我国建筑业发展的必由之路。

面对这样一个好的发展环境和氛围,我国的土建业是否能够顺势而上呢?目前,我们必须面对这样一个现实:我国的土建业企业规模呈"金字塔"状,即存在极少量大型企业、少量大中型企业和数量庞大的小微型企业。同时,部分企业存在产业集中度低、规模较小、技术粗糙、过度竞争等问题;从业人员则存在着数量庞大、知识层次和劳动生产率整体较低、技术创新缺乏等弱点,进而导致建筑工业化发展水平不高。另外,无论在设计理念、科技研发、工厂化制造、现场管理方面,还是在城市规划、建筑管理体制、建筑建材业联动发展、产业链配套延伸发展等方面,都与发达国家建筑行业水平存在一定差距。但是,随着社会经济的发展,先进材料、信息技术、传感技术与控制技术等高新技术向土木工程的渗透,以及土木工程建设市场的开放,如今,土木工程施工和监理相关的企业也逐渐改变了过去的单一经营模式,并试图横向全面发展。山区高速公路、大型桥梁隧道工程、超高层建筑工程、特大型水利水电工程和港口航道工程等各项工程的技术难度不断提高，国际化接轨越来越密切，行业对于专业化、创新型人才的要求越来越高。

国际土木工程未来的发展方向也迫使中国必须加速土木工程各学科的创新。例如，在结构工程领域，国际上提出了智能结构、基于性态的结构设计原则、可持续结构工程等一系列的新理念。我国结构工程在未来表现出的基本走向为：结构材料向高标准、多功能方向发展；结构形式向自感知、自适应、自修复的智能结构方向发展；结构设计理论向精细化、全寿命、可生成方向发展；结构实验技术向复杂受力与复杂环境下的本构关系、大型复杂结构的协同实验两极发展。在未来，我国桥梁工程学科发展的突破点和超越点主要表现在以下几点：超大跨度桥梁的结构体系和极限跨径/大型桥梁全寿命结构设计理论与方法、桥梁结构响应的数值模拟方法及其应用、大跨度桥梁抗震抗风设计研究的规范化、桥梁结构的精细化设计与施工方法及桥梁结构健康监测和振动控制技术等。而岩土学科发展前沿主要为以下几方面：岩土体破坏理论、岩土工程数值分析方法、地下工程施工力学和逆问题、岩土工程信息技术、复杂环境中岩土介质性态研究。跟得上学科发展前沿，才能够做到超越，土建类各个分支学科的发展，最终都会应用到工程实践中，为解决这些问题，优秀的特别是具有创新精神和能力的土木工程专业人才的培养显得尤为必要和迫切。

我国不仅需要在相当长时期内快速发展土木工程建设，还需要跟得上国际上发达国家开展的现代土木工程研究，这都强烈地表现出对创新型人才的需求。另外，以人为本、更多地考虑环境及能耗等多学科交叉特征，国际交流、合作和竞争也是创新发展的大势所趋，这些不仅是土建领域必须进行创新的一个重要缘由和目的，也将对当前及未来土木工程专业人才的培养提出更高的要求。

我国土木工程正处于新一轮高速发展的阶段，高校应特别注意在视野格局、思路理念、能力方法等方面加强对学生的引导，推动学生创新能力的全面提高。人才培养应主动适应新时代中国特色社会主义的发展要求，重视当前土木工程的问题，发挥科技创新的引领作用，促进土木工程可持续发展。

1.3　创新与传承

传承，从字面上来看，即传播与继承。传承可以从两个角度来理解：一个角度是横向交流传播，使它具有多样性；另一个角度是纵向继承发展，使传承的内容具有延续性。可见，传承就是传播、继承、发扬所有值得保留下来的传统。

世界上各个民族的繁衍最终都归结于文化的传承，没有人一开始就会创造事物，每件事物都是经过几代人乃至几百代人不断地改造和发展，才逐渐形成了今日的模样，在今后的岁月里，也会由后人在此基础上创新改造，不断完善。只有这样，人类的生活水平、思想层面才能不断提高。通过传承，一方面，后人可以少走很多弯路，在前人探究的基础上进行深层次发展，避免了时间的浪费和过程的重复；另一方面，传承这种习惯一旦形成，将一代代传递下去，前辈的成果和精神很好地保留下来。一个学校、一个民族、一个国家只要有了这种习惯，凝聚力将空前提高，也能更好地在这个社会竞争逐步激烈、世界全球化的背景下保持独立，创造更好的成就。

推陈出新、继承创新、传承发展，是发展提高的规律。陈和新、传承和创新发展不是对立的，传承是基础，在传承基础上的创新，才符合积累、提高的规律。传承是创新的基础和源泉，创新渗透于传承之中。创新的过程既是一个改造传统的过程，又是一个创造新事物、发展先进事物的过程。创新离不开对传统的继承，继承是创新的必要前提，这是创新必然要经历的过程。对一个国家、一个民族来说，如果藐视对传统的批判性继承，其创新就失去了根基。传承的广度和深度决定了创新的广度和深度。传承不仅是创新的必经阶段，也为创新指明了发展方向。传承是创新的根本和灵魂，创新是传承的途径和升华：传承为创新注入深厚的生命力，创新为传承提供丰富的表现力。没有传承的积淀，创新就难以维系。同时，创新就是为了更好地传承，没有创新的突破，传承就难以延续。二者紧密联系，相辅相成，共同推动了人类文明科技的发展。

习近平总书记在谈中华优秀传统文化时指出："不忘本来才能开辟未来，善于继承才能更好创新。"要处理好继承和创造性发展的关系，重点做好创造性转化和创新性发展。

传承与创新相互依存、相互作用、相互渗透，它们的辩证关系要求大家做到二者的有机结合和统一。传承与创新构成一个"传承—创新—再传承"循环圈，是一个永恒运动的前进过程。一方面，要着眼于继承，绝对不能离开传统空谈创新。任何时代的学生创新能力的发展，都离不开对传统的继承。任何形式的学生创新能力的提高，都不可能抛弃传统而从头开始。缺少了传承，创新便会成为无源之水、无本之木。可见，传承和创新是不可分的，只有在"取其精华，去其糟粕"的传承中，创新才是可取的。另一方面，实现创新，需要博采众长。创新的过程，实际上也是交流、借鉴、融合的过程，是学习和吸收各行各业的优秀成果、发展本专业的过程，是不同领域之间相互借鉴、取长补短的过程。创新的过程中，必须以世界优秀成果为营养，充分吸收其有益成果。马克思作为世界无产阶级的革命导师，用毕生的心血写成了光辉巨著《资本论》，他的创新精神鼓舞了一大批的仁人志士为社会的进步而奋斗。诚然，大英博物馆的一桌一椅见证了他冥思苦想之后的豁然开朗，之后的奋笔疾书，见证了他那前无古人后无来者的理论。但是如果没有前人的专著和摘抄资料供其参阅，以及圣西门、傅里叶他们的空想理论供其参考，他也无法成功。或者可以断言，如果没有这些，《资本论》也许不会这么快地完成。

在大学生创新实践过程中，优秀的作品同样离不开学生的传承和创新。低年级学生在创新实践的过程中，往往由于专业知识的匮乏和竞赛经验的欠缺，很难取得满意的结果。然而，若高年级学生愿意将自己的实践经验与之分享并携低年级学生一同参与，成绩则会有大幅度的提升。第一年，高年级是主力，低年级是助力；第二年，助力即成为主力并帮助下一届的助力。这样逐届学习和传承下去，借助前辈的经验取其精华，并在此基础上革故鼎新，不断地完善和进步。例如，近年来，为保障创新训练和参与学科竞赛的团队能够可持续发展，河海大学土木与交通学院构建了"造血"—"输血"薪火传承机制，从大一到大四遵循"挖掘—辅导—攻坚—顾问"发展轨迹，四年磨剑，形成"学生成长，并反哺于学生"的高效传承接力创新的培养方法。

1.4　创新型土建工程示例

如前所述，创新是提升国家竞争力、增强国家国力、创造就业和不断提高生活水平的重要动力。下面就简单结合一些具体的土建工程实例，管中窥豹创新的魅力及其给社会所带来的巨大变化。

1.4.1 中国国家体育场

国家体育场是 2008 年第 29 届北京奥运会主体育场，承担开闭幕式和田径比赛，可容纳观众 91000 人，如图 1-4 所示。

项目概况：工程于 2003 年 12 月 24 日开工建设，于 2008 年 6 月 28 日竣工。位于奥林匹克公园中心区，占地面积 20.4 公顷，总建筑面积 258000m^2。体育场建筑造型呈椭圆的马鞍形，南北向长 333m，东西向宽 296m，外壳由 42000t 钢结构有序编织成"鸟巢"状独特的建筑造型；钢结构屋顶上层为聚氟乙烯膜，下层为聚四

图 1-4 中国国家体育场——鸟巢

氟乙烯膜声学吊顶。内部为三层预制混凝土碗状看台，看台下为地下 2 层、地上 7 层的混凝土框架-剪力墙结构，基础形式为桩基，建筑物高 69m。

创新之处：①针对复杂的结构体系，研究矩形钢管永久模板混凝土斜扭柱施工技术并应用；②在基础工程桩基方面，通过现场试桩研究确定桩基设计施工有关参数、成桩工艺、单桩设计参数、桩土共同工作效应和群桩效应；③应用非预应力薄壁预制清水混凝土看台板技术；④采用国内首次试制、批量生产的 Q460 高强特厚板，并在国际上首次提出了此类钢材 110mm 厚板的焊接技术；⑤研究了钢结构工程箱形弯扭构件及多向微扭节点制作及应用技术，在建筑钢结构制作领域填补了国内空白；⑥采用大跨度马鞍形钢结构支撑卸载技术填补了国内外大跨度、复杂空间钢结构工程支撑卸载技术的空白；⑦成功研制并应用了大体量钢结构、高要求的钢结构防腐技术，取得了很好的工程效果。

该项目建立了国家体育场工程总承包信息化管理平台、工程资料协同管理系统、钢结构信息化系统、4D 施工管理系统，采用了视频监控和红外安防系统、雨洪利用系统、空调水管道沟槽连接技术、虹吸屋面排水技术、综合布排平衡技术等，并进行了紧急状态疏散计算机模拟分析技术、体育场内微气候研究与控制、专业声学设计与模拟、供配电系统等关键技术的研究。

图 1-5 美国纽约帝国大厦外景图

1.4.2 美国纽约帝国大厦

美国纽约帝国大厦作为世界上早期的标志性高层建筑，是高层建筑发展中的一座里程碑，是世界七大工程奇迹之一，它保持世界最高建筑达 40 年之久，如图 1-5 所示。

项目概况：1930年建造，占地面积为0.8公顷，共102层，建造价格为6700万美元，建筑高度(地面离天线高度)为443.2m，主要建造材料为花岗岩、印第安纳砂石、钢铁、铝材等，结构形式为钢筋混凝土筒中筒结构。该大厦自下向上逐渐分段收缩，略呈阶梯形(图1-6)。

图1-6　美国纽约帝国大厦施工过程图

创新之处：为加强整个建筑物的侧向刚度，在中央电梯区的纵横向都设置了钢斜支撑，所用钢构件均用铆钉和螺栓连接。钢结构外包炉渣混凝土，以加强整个框架结构的侧向刚度。该工程用钢指标约206kg/m^2。完工后对帝国大厦量测得到的频率估算表明，实际建筑物的侧向刚度是裸露框架结构的4.8倍。

1945年一架B-25轰炸机因为迷航撞进该大厦的78～79层间，仅造成局部建筑的毁坏，对全楼无致命危害，事故两天后大厦正常开放，也从一个侧面充分体现了该建筑物结构侧向抗冲击设计的完备性和先进性。

1.4.3　美国南加利福尼亚州大学医院

南加利福尼亚州大学医院为位于美国南加利福尼亚州方塔纳市的一栋新建医院，如图1-7所示，1991年建成，拥有314个私人病房、心脏病治疗中心、儿科中心和51张病床的紧急门诊中心等，医院结构主体包括一个3层诊疗中心和一个8层护理中心。

项目概况：南加利福尼亚州大学医院地上7层，地下1层，建筑面积为33000m^2，占地4100m^2，标准层高约为4.57m，总高度约为32.31m，两个主轴方向的最大尺寸分别约为119.34m和89.38m。

图1-7　美国南加利福尼亚州大学医院(隔震结构)

创新之处：南加利福尼亚州大学医院结

构不同于传统的抗震结构，采用了橡胶支座隔震技术，包括铅芯多层橡胶隔震器和多层橡胶隔震器，以减少地震对于结构的影响和损害。

1994 年 1 月，美国圣费尔南多谷发生 6.8 级直下型地震，死亡 56 人，伤 7300 人，损失惨重，震区内共有 8 座医院，唯独南加利福尼亚州大学医院，因为采用了橡胶支座隔震技术，医院里的人只感到了轻微的晃动，手术室里，医生只是暂停了半分钟，然后继续手术。而包括橄榄景医院在内的其余 7 座医院，因为采用常规的抗震设防设计，虽然没有在强震中倒塌，但各种器材、药品在震波中晃落在地，医院无法正常工作。南加利福尼亚州大学医院在这次地震及其后的余震中，6～8ft（1ft = 0.3048m）高的花瓶等没有一个掉下来，建筑物内的各种机器等均未损坏，医院功能得到维持，成为本次地震的防灾中心。图 1-8 就是南加利福尼亚州大学医院这栋八层医院结构体系在当时地震时的振动记录，其基础加速度为 0.49g，而顶层加速度只有 0.21g，加速度折减系数为 1.8。而附近橄榄景医院采用了传统的抗震结构，其底层加速度为 0.82g，顶层加速度为 2.31g，加速度放大系数为 2.8，由此可见橡胶支座隔震系统的优越性。

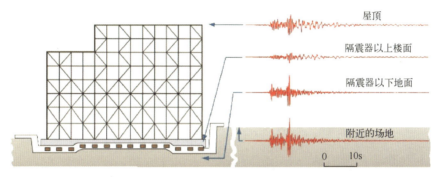

图 1-8 地震下南加利福尼亚州大学医院结构体系的振动记录

1.4.4 中国京沪高速铁路

京沪高速铁路是国家战略性重大交通工程，起自北京南站，途经北京、天津、河北、山东、安徽、江苏及上海，终到上海虹桥站，全长 1318km，全线共设 24 个车站，如图 1-9 所示。

项目概况：该工程于 2008 年 4 月 18 日开工建设，2011 年 6 月 30 日竣工通车，2013 年 2 月 25 日通过国家验收，总投资约 1958.88 亿元。全线正线桥梁长约 1060km，隧道长约 16km，路基长约 242km。包括引入既有线的联络线等工程

图 1-9 中国京沪高速铁路

在内，主要实物工程量为：路基土石方 5669 万 m^3，桥梁长约 1168.8km，隧道长约 17.9km，无砟轨道正线长约 1298.6km，牵引变电所 27 座。

创新之处：①高速铁路复杂结构桥梁建造技术创新，采用大量新结构、新材料、新工艺，解决了在温度场、风场环境下车辆、线路、桥梁之间的关系问题以及高速状态下的结构变形等问题；②大跨度桥梁承载六线重荷载，研发使用了 Q420QE 新型桥梁钢，实现了钢桁拱桥架设的空中多点精确合龙；③高速铁路超长高架桥上无砟轨道无缝线路建造技术创新，达到了国际先进水平，解决了桥梁-无砟轨道-无缝线路、高速车辆-道岔-纵连无砟轨道-桥梁之间原本存在的问题；④复杂工程环境下高速铁路路基刚性桩复合地基成套技术创新；⑤高速铁路接触网大张力和材料关键技术等的创新。

在京沪高速铁路工程建设中，设计理念、建设技术和管理体制的创新，形成了我国高速铁路建设的创新模式，完善了我国高速铁路建设标准体系。

1.4.5　中国港珠澳大桥

港珠澳大桥是中国境内一座连接香港、珠海和澳门的大型跨海通道，是中国建设史上里程最长、投资最多、施工难度最大的跨海桥梁项目，是中国新的地标性建筑之一，如图 1-10 所示。现为全世界最长的沉管隧道以及世界上跨海距离最长的桥隧组合公路，世界上唯一的深埋沉管隧道。因其超大的建筑规模、空前的施工难度和顶尖的建造技术而闻名世界，英国《卫报》称其为"现代世界七大奇迹"之一。

图 1-10　中国港珠澳大桥

项目概况：港珠澳大桥跨越伶仃洋，东接香港，西接珠海、澳门，于 2009 年 12 月 15 日动工，2018 年 5 月 23 日完工，2018 年 10 月 24 日上午 9 时通车，设计寿命为 120 年。桥隧全长 55km，其中主桥全长约 29.6km，为桥隧结合结构，包括 22.9km 的桥梁、6.7km 的海底隧道及东西两个人工岛。桥面为双向六车道高速公路，设计速度为 100km/h。通车后，驾车从香港到珠海、澳门从 3h 缩短至约 45min。

创新之处：①珠澳口岸人工岛是大桥主体工程与珠海及澳门两地的衔接中心，设计中采用了砂、泥及土三种材料作为回填料。人工岛地面标高 5m，填海并经过地基处理加固后，交工面标高 4.5m，能够防御珠江口 300 年一遇的洪潮。②海底隧道东、西出入口人工岛使用"钢圆筒建岛"方式填海，比传统方式填海快近 2 年，作为中国首创的深插钢圆筒快速筑岛技术，创造了 221 天完成两岛筑岛的世界工程纪录。另外，海底隧道西出入口人工岛成为集交通、管理、服务、救援于一体的综合运营中心。③港珠澳大桥造出了世界上最难、最长、最深的海底公路沉管隧道，巨型沉管从位于香港以南的珠海桂山岛的制造基地运输前往大桥在海上的工程施展位置，沉管隧道由 33 条沉管节连接而成，每节宽 37m。另外，沉管对接技术有新突破，港珠澳大桥隧道最后一节，只用了短短一日就对接完成。④桥梁总长约 22.9km，规模巨大，桥梁由非通航孔桥和通航孔桥相连组成，通航孔桥共有 3 座斜拉桥，其中最长的青州航道桥采用双塔双索面钢箱梁斜拉桥，全桥采用半漂浮体系，索塔采用双柱门形框架塔，塔高 163m，共设有 14 对斜拉索。桥下通航等级为 1 万吨级，净空高度为 42m，有效通航宽度为 318m。整体造型及断面形式除满足抗风及抗震等要求外，也充分考虑了景观效果。

港珠澳大桥是中国第一例集桥、双人工岛、隧道于一体的跨海通道，是中国交通建造史上规模最大、技术最复杂、标准最高的工程，其新材料、新工艺、新设备、新技术层出不穷，仅专利就达 400 项之多，在多个领域填补了空白。该项目完成了世界最大规模钢桥段建造、世界最长海底隧道的生产浮运安装、两大人工岛的快速成岛等技术，且这些技术创下多项世界纪录。港珠澳大桥的创新建设理念将引领中国桥梁及土木工程建设领域的工业化革命，是中国迈向桥梁强国的里程碑项目，也为后续特大跨海通道工程建设提供了范本。

思　考　题

1．你眼中的创新是什么？
2．你的高校所在的城市是否有创新型建筑代表，请说明其创新特征所在。

第 2 章　创新能力培养及创新思维方法

2.1　创新能力及人才培养

2.1.1　创新过程

创新能力的培养是一个系统工程，创新不是一蹴而就的，而是一个循序渐进的过程。全面了解创新活动的过程要素，并且在创新能力培养过程中定向把控，是创新人才培养的重要因素。创新活动过程一般可分为观察、思考、交流、实践四个阶段。观察就是创新活动中发现问题阶段，思考属于创新活动中分析问题和初步提出解决方案阶段，交流则是方案的修改和完善阶段，实践是实施解决方案并检验、应用创新成果阶段。在创新活动中，只有各阶段无缝对接，才能最终实现创新目标。

上海中心大厦(图 2-1)作为目前中国第一高楼，是我国自行投资建设的一座带有地标性的超高层建筑，所运用的设计理念、绿色技术、施工方法等，都离不开创新二字。上海中心大厦的设计中标者是美国甘斯勒室内设计公司，设计超高层建筑对于一个室内设计公司来说，挑战是前所未有的，但是其出色的理念和先进的技术方案为他们赢得了最后的胜利。下面就以上海中心大厦的施工建造过程为例，介绍创新过程各个阶段的核心工作。

图 2-1　上海中心大厦外景图

1. 创新观察阶段

创新观察是通过感觉器官、科学仪器等获取创新信息的手段，创新观察是人类进行创新活动中关键性的第一步，敏锐的洞察力和观察力是进行创新的先决条件。

创新观察阶段包括两个步骤：一是观察问题，即观察现有对象的相关信息和状态；二是发现问题，即通过观察和思考，找出现有对象不完善的地方。

在创新观察阶段，甘斯勒团队观察注意到了三个问题：

(1)陆家嘴地区已经有上海环球金融中心和金茂大厦两座超高层建筑，如何设计上海中心大厦的外立面，才能构成一个完美的上海城市轮廓是一个极大的挑战；

(2)在寸土寸金的中国繁华地带，绿色地带极其稀少，所建设的建筑必须是绿色环保的；

（3）针对上海这样的软土基础，且施工环境周围有众多的高层建筑的情况，解决施工基础软弱、施工范围狭隘问题是极具挑战的。

2. 创新思考阶段

创新思考作为创新活动的核心和灵魂，是贯穿创新活动的主线。创新思考阶段包括分析问题和提出解决方案两个步骤：一是分析问题，即分析和思考现有对象中各因素的利弊以及相互之间的关联性和矛盾性；二是提出解决方案，即经过调整，设计出初步的计划和方案。

针对观察阶段提出的三个问题，甘斯勒团队创新性地提出如下设计方案。

（1）为了保持与另外两座超高层建筑的整体协调性，甘斯勒团队将金茂大厦的宝塔式外观定义为代表过去的建筑，将如刀剑出鞘般犀利的上海环球金融中心定义为代表现在的建筑，而将上海中心大厦定义为代表未来的建筑，在建筑高度上，上海中心大厦定为 632m，比上海环球金融中心高出 140m，而上海环球金融中心又比金茂大厦高出 71.5m，前者的高差大约是后者的两倍，这样 3 个制高点在天空就形成一个立体上升的空间弧线，共同构成一个由古到新、由低到高的整个外滩形象。

（2）上海中心大厦致力于打造一座最绿色环保的超高层建筑，运用到了双层玻璃幕墙结构，两层玻璃幕墙之间存在温度缓冲区，大大减少了采暖制冷的能耗。同时针对中心商务区绿地面积稀少的问题，在双层玻璃幕墙之间每 10 多层做一次隔断，形成一个高挑通透的中庭空间用来作为建筑内部的空中庭院设计（图 2-2、图 2-3）。此外，在楼顶设置巨型雨水收集槽，构成一个水循环系统，大大减少了建筑的用水量。

图 2-2 上海中心大厦的双层玻璃幕墙结构示意图   图 2-3 上海中心大厦的中庭效果图

（3）针对上海地区的软土地基问题，设计师采用灌浆填缝摩擦桩的方式来解决这一难题：预先埋置 3 根灌浆管道，然后浇筑混凝土桩，在混凝土桩基半干的时候，在灌浆管道内进行注浆，高压浆液从管道内向下流动，从桩底向桩周扩散，直至填满整个桩身，使得桩基承载力大大提高。

3. 创新交流阶段

创新交流阶段是修改和完善初步方案的一个步骤，初步方案肯定不够全面，同时每个人对于问题的认识和思考也有所不同。但是，可以通过广泛的交流，集思广益，拓宽视野，汲取相关成果的精华，修改和完善拟进行的方案，从而为方案的执行和创新活动的实践打下基础。

在拟订方案过程中，针对双层玻璃幕墙投资巨大，投资商拒绝如此大的投入这一问题，甘斯勒团队的首席设计师亚瑟·甘斯勒和中国设计师夏军不断地讨论优化方案，将建筑外形最初两个正方形之间的旋转修改为内圆外方，经过团队内部交流之后，最终修改为内圆外三角的形式，并且柔和边角以减少风压带来的荷载影响(图2-4)。

图2-4 横截面内圆外三角的结构形式示意图

4. 创新实践阶段

创新实践作为创新活动的收官阶段，承担着检验、推广和应用创新成果的重任，是创新成果获得社会认可的根本保证。创新实践阶段包括实施解决问题的方案并检验、应用创新成果两个部分：一部分为尝试解决问题，即有效实施解决问题的方案；另一部分为在实践过程中，发现和记录相关问题，并及时完善和调整方案，从而能进一步促进创新成果的应用和推广。

实际上，上海中心大厦的施工过程也是挑战重重。在基础开挖、基桩浇筑、材料机械运输、材料性能、监测检验等方面遇到多种问题。为防止出现"楼倒倒"的现象，需要挖置直径为121m、深30m的基坑，该巨型基坑在施工过程中主要遇到支护问题、涌水管涌问题，但通过提前预降水、在保护对象附近形成封闭的隔水帷幕、放缓挖方进度等方法，这些问题也得到顺利解决。2014年底上海中心大厦施工落成，构成了上海最繁华地带最凝聚创新精神的建筑(图2-5)。

总而言之，无论自然科学领域的创新还是社会科学领域的创新，无论知识创新还是技术创新，无论管理创新还是方法创新，创新活动的过程一般都会经历这四个阶段。而且这四个阶段是循序渐进、融会贯通的，例如，每个阶段都需要交流，都需要观察和思考，没有绝对的界限，实际上如果将创新过程细化，又可分为以下7个步骤：观察问题、

图2-5 上海中心大厦俯瞰图

发现问题、分析问题、提出解决问题的初步方案、修改和完善方案、尝试解决问题、检验创新成果。

2.1.2　创新者能力培养

创新的核心在于人才培养，在于创新人才能力的培养。创新能力是在技术和各种实践活动领域中不断提供具有经济价值、社会价值、生态价值的新思想、新理论、新方法和新发明的能力。当今社会的竞争，与其说是人才的竞争，不如说是人的创造力的竞争。那么创新者到底需要具备哪些能力，该如何培养呢？

1. 自我创新能力

人人都有自我创新的能力，这种能力来自人的本性，但由于很多人并没有意识到这一点，所以创新能力不能恰当地发挥出来。要想将个人的创新潜能转化为创新能力，自我创新能力的开发就显得尤为重要了。自我创新能力开发包含以下三个素质。

1）勇于打破思维定式

思维定式(Thinking Set)，也称惯性思维，是由先前的活动而造成的一种对活动的特殊的心理准备状态，或活动的倾向性。在环境不变的条件下，它能帮助人应用已掌握的方法迅速解决问题。然而，在情境发生变化时，它会妨碍人采用新的方法来解决问题，而消极的思维定式，更将成为束缚创造性思维的枷锁。

要想突破思维定式，势必要坚守创新意识的信念。坚守创新意识的人绝不满足于现有的东西，而是对现有的东西不断加以改进，探索创造出新的东西。在实践工作中，要冲破一切妨碍发展的思想观念，突破思想的保守性、局限性，用新观念、新思维研究新情况，用新举措、新办法解决新问题。在港珠澳大桥隧道的建设中就有这样的例子。全世界的节段式沉管漏水率平均在 10% 左右，要做到几公里长的 100% 水密更是很难想象的，我国工程师就打破常规，通过多项技术革新，在 40 多米深的水下为沉管基床底部铺上 2～3m 厚

的块石并夯平，创造了一种新的复合地基，使沉管的沉降值大大缩小，平均值在 5cm 左右，他们的沉管预制水准被国际同行评价为"绝对是世界一流的"，从而做到了滴水不漏。如图 2-6 所示，其中沉管基础、沉管预制、沉管岛上段等是需要实验及突破界限的工程；对深插钢圆筒、半刚性沉管结构、外海沉管安装系统、沉管最终接头等工程做出了技术创新，并在历史上第一次应用。最终港珠澳大桥以 64 项创新技术，贡献于世界沉管隧道工程。

图 2-6　港珠澳大桥隧道沉管

2）锻炼创新精神

(1) 首创精神。

首创是创新最本质的特征，首创精神是敢为天下先的勇气，是探索未知的胆识，这就是创新之魂。法国著名的管理学哲理家法约尔认为：想出一个计划并保证其成功是一个聪

图 2-7　中国台北 101 大楼

明人最大的快乐之一，这也是人类活动最有力的刺激物之一。这种发明与执行的过程体现的就是人们所说的首创精神，如曾经的世界第一高楼中国台北 101 大楼（图 2-7），由中国台湾著名建筑师李祖原主持设计，是世界首创的多节式摩天大楼，同时也是世界唯一一座建在地震活动带的超高层建筑。大厦造型宛如劲竹节节高升，柔韧有余，中心则由水平的巨型悬臂桁架连接 8 根超级坚固的巨柱组成，这些巨柱就像有弹性的脊椎让大楼有弹性，虽然该项技术已经被其他工程建筑应用过，但 101 大楼的柱子尺寸将工程技术推进了一个新境界。此外，大楼的锯齿角可以大幅度降低周围的风力，并且避免了小型旋涡的形成，由此大大减少了大楼的晃动。特殊的外观造型和结构设计完美地解决了超高层建筑抗风和抗震的难题，使 101 大楼成为世界最稳固的大楼之一。

（2）献身精神。

献身精神是一个较为模糊的概念，在不同的层面具有不同的解释，笼统来说就是当一件事情可以通过牺牲小我来完成大我时，就需要我们具有献身精神，这其实是一种信念。孔子曰："朝闻道，夕死可矣。"说的正是为理想而殉道的信念；曹雪芹叙述创作《红楼梦》期间"披阅十载，增删五次"的情形时，留下了"满纸荒唐言，一把辛酸泪！都云作者痴，谁解其中味？"这样的诗句。这些记载着作者创新创造过程之艰辛的诗文，真实反映出想要追求创新，取得革命性的突破，就必定要付出一定的代价，做出相应的个人牺牲。

南京长江大桥（图 2-8）是长江上第一座由我国自行设计建造的双层式铁路、公路两用桥梁，它的建成开创了我国"自力更生"建设大型桥梁的新纪元。美国桥梁专家华特尔曾在 1927 年来南京实地勘察后留下一句话：在南京造桥，不可能。而在南京长江大桥建造初期不仅遇到严重的经济困难，苏联专家撤走，钢梁供应中断，而且大桥施工环境恶劣。面对这

图 2-8　南京长江大桥

些问题，工程师和工人并未放弃，而是努力付出，不怕艰辛，积极发扬牺牲小我的精神，最终在这个"不可能"的地方，用自己的聪明才智建起了一座争气的大桥。

（3）求是精神。

追求真理，乃求是之本。例如，著名历史学家、古典文学研究专家傅斯年说：上穷碧落下黄泉，动手动脚找东西。说的也正是他对学术的严谨和执着。又如，当代著名的科学家、教育家竺可桢曾在"科学之方法与精神"一文中对求是精神的内涵作了进一步阐述：

近代科学的目标是什么？就是探求真理。科学方法可以随时随地而改换，这科学目标，蕲求真理也就是科学的精神，是永远不改变的。

在实际工程中也不乏求真求是的经典案例，例如，过去人们曾一度认为中古世界七大奇迹之一的比萨斜塔是故意被设计成倾斜的，但事实并非如此。作为比萨大教堂的钟楼，1173 年开始建造时的设计是垂直竖立的，然而在建造初期钟楼就开始偏离了正确位置，工程因此暂停。1231 年，建造者采取各种措施修正倾斜，刻意将钟楼上层搭建成反方向的倾斜，以便补偿已经发生的重心偏离，然而进展到第 7 层时，由于纠偏过度，1278 年工程再次暂停。直至 1360 年钟楼开始最后阶段的建造，约到 1370 年完成。随后，在 1838 年，当时的建筑师为了探究地基的形态，在原本密封的斜塔地基周围进行了挖掘，希望揭示圆柱柱础和地基台阶是否与设想的相同。虽然这一行为使得斜塔倾斜加剧了 20cm，但是对斜塔倾斜的本质原因有了明确认识：比萨斜塔之所以会倾斜，的确是由于它地基下面有好几层不同材质的土层，由各种软质粉土的沉淀物和非常软的黏土相间形成，而在深约 1m 的地方则是地下水层。针对倾斜原因，斜塔又经过 11 年的修缮，塔身被扶正了 44cm，并达到 300 年内不会倒塌的效果。

建设者为探求事故本质原因的行动由于缺少技术的护卫而确实显得有相当的冒险性，不过正是这些研究才使得比萨斜塔的加固工作有了革命性的进展，这种面对工程难题坚持以客观事实和正确的科学原理为指导来进行处理的求是精神，还是值得学习的。

3) 夯实创新基础

(1) 增强自信心。

自信，就是一个人对自己能够达到某种目标的乐观充分的估计。拥有充分自信心的人往往不屈不挠、奋发向上，因此比一般人更易获得各方面的成功。培养自信心的方式主要有以下几种。

①经常关注自己的优点和成就。将自己的优点和成就列出来，写在纸上，至少写出五个优点和五项成就。对着这张纸条，经常看看、想想，强化自己对于自身长处的了解。在从事各种活动时，想想自己的优点，并告诉自己曾经有过什么成就。这称为自信的蔓延效应。这一效应对提升自信效果很好，有利于提高从事这项活动的成功率。

②懂得扬长避短，确定恰当的目标。目标太低，太容易实现了，不能提高自信心。但目标也不能太高。目标太高，不易实现，反而对自信心有所破坏。恰当的目标是：用力跳起来刚能碰到。

(2) 强化兴趣点。

古人云："知之者不如好之者，好知者不如乐之者。"教育家乌申斯基说过：没有丝毫兴趣的强制性学习，将会扼杀学生探求真理的欲望。爱因斯坦也有句名言：兴趣是最好的老师。兴趣是追求真理的第一步，学生产生了学习兴趣，就能唤起他废寝忘食的学习动力，从而能有持续的精力投入，进行创新实践活动。

2. 预测决策能力

预测与决策是密不可分的，创新者首先应具备准确的预测能力，如果没有准确的预测，将会导致决策失误。预测是决策的基础，决策是预测的实现机会。因此，创新者决策能力的培养尤为重要。培养决策能力必须克服从众心理，在团队、他人的行为正确时，从众者会遵从，但是当团队、他人的行为并不合适，而自己又没有勇气反抗时，就会被动表现为依从。此时，决策能力强的人能摆脱从众心理的束缚，做到不拘常规，大胆探索，发出不一样的声音，发现一般人不能发现的问题，并提出独到的见解。

图 2-9　巴林世贸中心

巴林世贸中心是一座高 240m、双子塔结构的建筑物，是世界上首座将风力发电机组与大楼融为一体的摩天大楼，如图 2-9 所示。设计师为了保证世贸中心建筑的整体感，避免双塔之间过于空洞、缺乏美感，同时考虑到绿色建筑理念，在双塔之间设置了三个风力发电机组。由于风速随着海拔的增加逐渐增强，并且风帆一样的楼体形成两座楼之间的海风对流，也加快了风速。虽然强风速对风力发电至关重要，但也成为施工时面临的一个重要难题。在吊装风力发电机叶片时，第一层叶片由于风速小很快就吊装完成，在吊装第二层叶片时却因风速过大无法施工，直到隔天下午风速稍微减弱，工人把握时机才将叶片吊装到第二层。

然而，吊装最后一组叶片才是最大的难关，顶处的风速一直很强，由丹麦施工小组测得风速为 25km/h，超过吊装最高标准 21km/h，施工中出现任何失误，将会带来巨大灾难。显然此时不是吊装的好时机，但是如果错过这次机会，或许还要等很多天才可能再次吊起，这是一个困难的抉择。最终丹麦施工小组决定不吊装，因为风险过大，终于他们等到风速降为 23km/h，决定起吊，虽然风速在吊装的时候增强了，但施工人员奋力控制叶片，起吊继续，最终第三组叶片顺利到达顶层。丹麦施工小组的抉择在这一施工过程中起到了至关重要的作用，在关键时刻，关键节点，如何判断，如何抉择，对创新团队来说都是非常艰难的，不拘常规，勇于探索有时候才能取得成功。

3. 应变能力

现代社会发展瞬息万变，每个人都要面临各种困扰，提高应变能力，遇到状况时能够以冷静的心态面对显得尤为重要。应变能力主要体现在两个方面：①在变动中辨明方向，持之以恒；②在变化中制定应对策略，体现创意。例如，在实际比赛过程中，针对规则的变动、细节的调整、意外的发生等，需要我们能够冷静对待，努力去克服困难，解决问题。应变能力就是通过及时处理各类实践活动以及实际工程中出现的突发状况，而得到锻炼提升的。

堪称世界七大工程奇迹之一的金门大桥，开创了土木建筑史上的一系列最字。然而其在建设期间却突遇资金等非技术问题。初期，工程师根据政府的态度，认为政府会提供资金支持。然而，经济危机突然爆发，政府根据项目的经济效益并没有支持大桥的建设。先前也有因资金缺乏而导致项目落马的先例，但大桥的设计者施特劳斯与工程师并没有放弃，通过建设工程中的多项管理创新引导金门大桥工程成功打破了资金困境。在筹资方面，设计师施特劳斯提出成立金门建桥协会，游说议会同意有关县区组成一个桥区，并可以通过贷款、发行债券、收取过桥费来建设和维护金门大桥。在工期管理方面，工程师制定了严格的时间规划表，并采用平行工序法(图 2-10)，力争相同、相近工序同时完成，以减少工序间不必要的等待时间，节省开支，最终金门大桥顺利完工。

图 2-10　金门大桥平行工序法

面对如此突发状况，建设者仍然能够提出科学的解决方法以保障工程的成功，这种不乱阵脚的应变能力，对于克服重重壁垒走向创新成功具有重要指导意义。

以上的经典案例深深地触动着大家，实际工程中随时会出现各种突发状况，任何一个状况处理得是否得当都将直接影响工程的安全稳定。有一句老话讲得好：办法总比困难多。面对突发状况，不管是工程师还是施工者，都需要拥有强大的应变能力，并能冷静思考，通过技术手段各个击破。

4. 实践操作能力

在科技成果的发明过程中，往往需要大量的试验与实验，这就需要创新者具有较强的实践操作能力。科技成果向现实生产力的转化，是推动生产快速发展的首要因素，同时，也是实现科技成果产生现实价值的必不可少的途径。因此，不仅需要科技成果的创造者，而且需要能够实现其转化的运作者、创新者，二者兼能的创新者则更为理想。这一类的创新者，不仅要具备专业知识，而且要拥有实际操作的技能，并且这种技能在某种意义上来讲还更为可贵。例如，玛丽·居里若没有掌握提炼技术和实际动手操作能力，她就无法从 1t 铀矿石中提炼出 0.1g 的纯白色粉末，那么镭这种新的放射性元素也不会被发现。而我国"两弹一星"的成功发射，仅就制作来讲，就需要多方面的、多环节的技术和技能，没有这方面的制作者和创新者，其"上天"也只能是一句空话。从这个意义上讲，能工巧匠的高超技术及实际的制作、操作能力无疑是非常重要的。

实践是一切生产的最终环节，再多关于创新的想法都需要付诸实践才有意义。建筑师关于建筑外观的构想，常常具有很高的艺术性和审美价值，但是这些方案只有经过结构设计师的设计，才能使其在力学上具有可行性，才能作为一个建筑的设计方案真正被建造出来。一个无法"变现"的创新想法是毫无意义的。

2.1.3　创新团队组织建设与管理

如何成立一个优秀的创新团队一直是团队管理者比较头痛的问题。其实创建一个优秀创新团队的关键不是创新团队有没有足够的人才供挑选，而在于管理者有没有一个正确的组织团队的观念。无论经验论、学历论还是形象论的管理者，都希望创新团队中的每个成员都是骨干，拿过来都能独当一面，这样创新成果才会蒸蒸日上。在管理者有正确组织观念的前提下，一个优秀创新团队的构建还要讲究团队成员的相辅相成和互相配合。

恩格斯有一句意义颇深的名言：人与人之间的差别，比人与猴子之间的差别还大。团队建设与管理的关键在人，那就必须做到以人为本，也就是以学生为本。而个人的优秀只代表个人，集体的出色才是更值得称赞的。那么对于管理者来说，如何建设与管理一个团队，尤其是组建勇于突破、具有战斗力的创新团队呢？以下几个创新团队组织建设与管理的核心要点应予以重点关注和实践。

1. 团队负责人要注重自身素养的提高，做好团队建设与管理的"头"

团队负责人既是管理者，又是执行者；既是工作计划的制定者，又是实施计划的领头人，作为团队的"头"，其个人素质起着至关重要的作用。要做好这支团队的领头羊，不仅要用平和之心，客观公正地对待每件事和每个人，更重要的是全面提高自身素质。前面提到创新能力包括自我创新能力、预测决策能力、应变能力、实践操作能力。虽说创新需要团队集体的智慧，但作为团队负责人则必须全面具备各项能力才能审时度势、把握方向。

2. 在管理者和团队之间取得平衡

管理者和团队成员或团队之间要取得平衡。授权并不意味着放弃控制，给团队成员过多的自由，势必会影响团队凝聚力，管理者不能推脱对团队最终成绩的责任。

好的团队是灵活的，可以在管理者的决策和最合适的团队解决方案之间取得平衡。实际上，在功能完善的团队中，成员相互之间具有高度的信任感，管理者在做出某些决定时不必讨论、也不必解释。相反，无效的团队中缺乏信任感，即使管理者做最明白的事情，团队成员都要质疑。以河海大学组织成立美国土木工程师学会国际学生组织(ASCE-ISG)分会的工作为例。从2015年6月起，负责具体落实此项工作的河海大学土木与交通学院开始积极组建团队，推进会员申请和参加美国大学生土木工程竞赛(简称美赛)的备战工作，到2016年4月，仅用不到一年的时间就成为ASCE-ISG的正式会员(河海大学也成为近年来中国最快成为ASCE-ISG正式会员的高校)。能够高效完成这个既定目标，很大程度上，有赖于在此期间，土木与交通学院作为团队管理者及时掌握进展，动态调整政策，并在一些关键节点，如申请报告、会员选拔、参赛队伍组建等重要环节上积极介入、严格把关，而其余的各项工作则完全授权给学生自行判断解决，管理者与成员或是老师与学生之间的默契配合及合理分工在这个事例中得到了充分体现。

3. 聚拢人才，挖掘精英

一个优秀的创新团队离不开好的创新人才，有一部分人才是创新团队必备的，但是有一部分精英则需要管理者去挖掘，激发其潜能。将优秀的人才聚在一起，由点成面，扩大影响力，从而又能以面促点，提升个人能力。当然团队要能吸引人才，它必须有一个严格的规章制度和和谐的团队氛围，同时能够利用和发挥团队每个成员的积极性，如此方能聚拢人才。同时，在吸纳人才时，做到多关注成员的优点和长处，真正的精英团队要做到用其长，避其短，团队和谐发展。另外，优秀的团队中需要有一个闪闪发光的队员，其因为取得的累累硕果可以站立在金字塔的顶端，成为团队的核心和支柱，但这并不意味着团队中的其他成员就是无足轻重的。一个优秀的团队是成员的有机结合，各取所长才是精英团队的成功之道。

4. 提升团队凝聚力，鼓励团队成员之间的支持和对抗

团队需要营造一种成员之间互相激励和支持的氛围。在这种环境下，团队成员之间会形成一种内在的凝聚力。他们会对其他成员的想法真正感兴趣，愿意接受其他具有专长或经验的决策相关人员的领导和影响。但是，如果团队成员太过于互相支持，他们则会停止互相对抗，将会抑制他们个人的想法和感受，不会再互相批评对方的决策和行动，团队决策时将不会出现不同意见，因为没有一个人想制造冲突。如果持续出现这种情况，团队成员很可能产生压抑的挫折感，他们将只是想走自己的路，而不是真正解决问题。有效的团队要想办法允许冲突，而又不至于因此而使整个团队受损。不管是全国大学生结构设计竞赛、全国大学生岩土工程竞赛，还是全国大学生交通科技大赛，在漫长又艰难的备赛期，团队中摩擦、争吵时有发生，这就需要团队有一个强有力的核心，带领成员化解矛盾，互相理解，互相支持，为了大家共同的目标劲往一处使，全力协作，实现预定目标。

5. 储备后备力量，做好梯队建设

任何团队都会面对成员的更替，如何才能持续地保持战斗力呢？储备后备力量，做好梯队建设尤为重要。梯队建设就是未雨绸缪地培养人才接班人，做好人才储备。这是一个长期过程，需要一个完善的分级培养与管理机制，同时定期进行人才更新管理。例如，河海大学土木与交通学院学科竞赛梯队的培养方法值得借鉴，针对不同年级的学生特征，学院通过启迪挖掘、观摩辅赛、选拔攻坚、教练顾问四阶段(图 2-11)，实现覆盖本科生全员、全过程的学科竞赛梯队培养，有效实现了从"输血"到"造血"的转变，为后续的赛事做

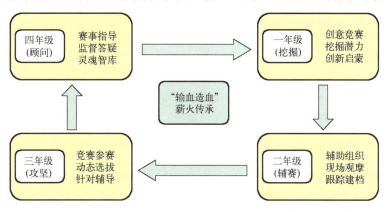

图 2-11　河海大学土木与交通学院学科竞赛梯队建设示意图

好接力准备,形成了发展梯队,不断地传承发展,团队的鲜活性和传承性得到了保证。从 2012 年至今,学院本科生就获得了全国大学生结构设计竞赛冠军,全国土木工程专业本科生优秀创新实践成果赛冠军,全国大学生岩土工程竞赛冠军,全国大学生交通科技大赛一等奖(蝉联三届),以及美国大学生土木工程竞赛可持续结构赛冠军,加拿大全国大学生土木工程竞赛钢桥赛亚军,美国大学生土木工程竞赛中太平洋赛区可持续结构赛、挡土墙赛、交通赛冠军等优异成绩,不能不说梯队建设在其中发挥了关键作用。

6. 营造团队文化,明确共同目标

打造团队精神,首先要提出团队目标,抓好目标管理,没有目标,团队就失去了方向。因此,建立一个明确的目标并对目标进行分解,同时通过组织讨论、学习,使每一个团队、每一个成员都能够理解团队或成员所应该承担的责任、应该努力的方向,是团队形成合力、劲往一处使的前提。

2.2　创新思维方法

创新思维是指发明或发现一种新方式用以处理某件事情或表达某种事物的思维过程,也称为创造性思维。它是一个相对概念,是相对于常规思维而言的。一个人的能力高低主要是思维能力在起作用,同样,构成创新能力的核心也是创新性思维能力。众所周知,好结果的前提是想法正确,即有正确的思想才能输出正确的结果,因此,培养和开发大学生的创新思维对青年学生的成长、成才具有极为特殊的意义,是使他们成长为创新型人才不可或缺的重要方面。一个人要想有所发现、有所发明、有所创造,首先要学会发现问题,而发现问题必须借助于创新思维。爱因斯坦曾说过:提出一个问题往往比解决一个问题更重要。因为解决一个问题也许仅仅是一个数学上的或者实验上的技能而已,而提出新的问题、新的可能性,从新的角度去看旧问题,都需要创造性的想象力,而且标志着科学的真正进步。只有具备了创新思维,才能在常人以为“不可能”的境地中另辟蹊径,使人们的智慧和能力在超越习常思维的探索进取中得到整合和“裂变”,为人们的创新实践和创造力的发挥扫清道路,指明方向。由于创新思维对创新实践及整个社会进步具有巨大的推动和加速作用,因此,培养和开发创新思维是培养造就一大批高素质创新型人才队伍,提高团队创新能力,进而增强国家创新能力的重要途径。

创新思维的形式主要包括多向思维、侧向思维、组合思维、逆向思维和前瞻思维,其方法也多种多样,据不完全统计,目前已提出的创新思维方法有 300 多种。本书将结合一些土建工程中的创新实例来介绍几种典型的创新思维方法,如优缺点互补创新法、逆向思维创新法、组合技术创新法、希望点列举创新法、触类旁通创新法、强制联想创新法、缺点列举法、奥斯本检核表法、头脑风暴法、菲利普斯 66 法等。

2.2.1　优缺点互补创新法

优缺点互补创新法就是将两种或者多种事物相结合,结合其优点,克服其缺点,取长补短,从而得到新的发明技术。

"十全十美"是人们在日常生活中对美好事物的想象,事实上,没有任何完美的事物,每个事物都有其优点也有其缺点。正因为如此,创新就可以在各个事物之间的优缺点互补中发生。我们经常可以看到这样的现象,两种事物都有各自的优点和缺点,但是其中一种事物的缺点在另外一种事物上呈现的恰好是优点,而通过一定的方式,将两种事物的优缺点进行杂糅,很可能会产生另外一种有特点的事物。例如,在互联网商城出现之前,我们都知道互联网可以联系很多的人,但是所有的东西都是虚拟的,人们很难建立信任;而实体商店可以很容易建立顾客对商店的信任,但是实体商店所涉及的客户非常有限。通过将两者结合,并建立一定的信用监督,就出现了我们现在看到的互联网商城。

优缺点互补创新法的实施首先需要确定亟待解决的问题,并尽可能多地找出目前解决这种问题的各种方法,将各种方法的优点和缺点列举出来;然后逐条分析各种方法的优点和缺点,找寻它们的相似特征和互斥特征,主要分析一种方法的优点是否可以弥补另外一种方法的缺点;最后通过分析和比较,思考这些特点是否可以通过一定的条件合并在一起,并考虑可行性与成本。

一项发明创造能不能采用优缺点互补创新法创造成功,关键取决于所选取的两个对象是否具有互补性。如果所选取的两个对象优缺点类似,或者两个对象之间的优缺点毫无关联,一个对象的缺点不能被另一个对象的优点克服,那么这项发明创造很难通过优缺点互补创新法得以实现。因此,在发明创造之前,对象的选取非常重要,必须选取优缺点互补的两个对象,才能创造一个有用的对象。

钢筋混凝土结构就是优缺点互补创新法应用的典型实例。钢筋混凝土(Reinforced Concrete)是指通过在混凝土中加入钢筋、钢筋网、钢板或纤维而构成的一种与之共同工作从而改善混凝土力学性能的组合材料。混凝土是水泥(通常为硅酸盐水泥)与骨料的混合物。当加入一定量水分时,水泥水化形成微观不透明晶格结构,从而包裹和结合骨料成为整体结构。混凝土结构拥有较强的抗压强度(大约 35MPa),但是其抗拉强度较低,通常只有抗压强度的 1/10 左右,任何显著的拉弯作用都会使其微观晶格结构开裂和分离,从而导致结构的破坏。而现实中,绝大多数结构构件内部都有受拉应力作用的需求,故未加钢筋的混凝土目前极少被单独应用于工程实践中。相较混凝土而言,钢筋抗拉强度非常高,一般在 200MPa 以上,但是钢筋的刚度较低,直接作为建筑材料变形大,隔音效果也很差。故通常人们在混凝土中加入钢筋等加劲材料与之共同工作,由钢筋承担其中的拉应力,混凝土承担其中的压应力。钢筋混凝土材料成功地实现了混凝土与钢筋的优势互补,并在一定程度上克服了二者存在的缺陷,从而得到了广泛的应用。

优势互补的前提是两种事物不仅能够在优缺点上互相补充,在其他方面也能够相应地融合。混凝土与钢筋能够优势互补的前提则是:其一,钢筋与混凝土有着近似相同的线膨胀系数,不会因为环境不同产生过大的应力;其二,钢筋与混凝土之间有良好的黏结力,例如,钢筋的表面会被加工成有间隔的肋条(称为变形钢筋)来提高混凝土与钢筋之间的机械咬合,当此仍不足以传递钢筋与混凝土之间的拉力时,也会将钢筋的端部弯起 180°弯钩;其三,混凝土中的氢氧化钙提供的碱性环境在钢筋表面形成了一层钝化保护膜，使钢筋相对于中性与酸性环境下更不易腐蚀。钢筋与混凝土两个原本看起来没有关联的事物，因为这些性能方面的融合和互补被广泛应用于实际工程中。从 19 世纪中叶，相继出现了钢筋混凝土结构的房屋、水坝、管道、楼板等。1875 年，法国的约瑟夫·莫尼尔设计了世界上第一座钢筋混凝土桥——Chazelet Bridge（长为 13.8m，宽为 4.25m），如图 2-12 所示，由此人类建筑史上一个新纪元开始，钢筋混凝土结构从 1900 年至今在工程界里得到了广泛的应用。

　　2011 年获得国家技术发明二等奖的现浇混凝土大直径管桩(简称 PCC 桩)及复合地基技术也是利用优缺点互补创新法的思路开发的，如图 2-13 所示。复合地基是目前国内外软土地基加固的主要方法，主要包括柔性桩复合地基和刚性桩复合地基两大类。柔性桩技术造价低，但桩身强度低、加固深度有限，而刚性桩桩身强度高、加固深度大，但是成本较高。因此，研发出一种桩基承载力高且成本低的新桩型技术迫在眉睫。软土地基处理复合地基中的桩基一般是通过提高侧摩阻力来提高承载力的，这可通过增大桩径来增大侧表面积，从而达到提高侧摩阻力的效果。然而，桩径增大，混凝土用量也会变大，成本也相应提高。在使用等量混凝土的前提下，大直径空心管桩的承载力远大于实心桩，所以，既要增大直径、又要降低成本，只有大直径空心混凝土管桩才能实现。从此思路出发，专家通过列举柔性桩和刚性桩的优缺点，取长补短，在大量的工艺实验研究基础上，成功研发了PCC 桩及复合地基技术，并通过研发新的设备技术和工艺，节省了混凝土用量并有效地提高了基桩承载力。这种既具有刚性桩的承载力又能实现柔性桩低成本的新型优质桩型技术在实际工程中具有重大的工程意义和经济效益。

　　图 2-12　世界上第一座钢筋混凝土桥　　　　图 2-13　现浇混凝土大直径管桩实物图

2.2.2　逆向思维创新法

　　心理学研究表明：每一个思维过程都有正向与逆向两种互相关联的思维过程。正向思维就是沿袭某种常规去分析问题，按照事物发展的进程进行思考、推测，通过已知来揭示事物本质的思维方法；逆向思维是一种求异思维，即不按照一般常理思考问题，而是采用与一般常理相反的方法进行思考。人们习惯于沿着事物发展的正方向去思考问题并寻求解决办法。但是对于某些问题，尤其是一些特殊问题，从结论往回推，从求解回到已知条件，倒过来思考，反而会使问题简单化，并更容易解决，甚至会有所发现，创造出全新的东西。生活中有很多逆向思维的观点，如"反其道而行之"，"明知不可为而为之"，"明知山有虎，偏向虎山行"，"最危险的地方就是最安全的地方"等。古代司马光砸缸救人的故事广为流传，其中也包含了逆向思维的思想。

逆向思维创新法在自然科学领域也已广泛应用，如数学研究、公安刑侦等都用到了逆向思维的方法。逆向思维创新法案例中大家最为熟知的就是电磁感应定律的发明。1820 年丹麦哥本哈根大学物理教授汉斯·克里斯蒂安·奥斯特发现电流磁效应后，许多物理学家便试图寻找它的逆效应，提出了磁能否产生电、磁能否对电作用的问题。而英国物理学家法拉第受德国古典哲学中的辩证思想影响，认为电和磁之间必然存在联系并且能够相互转化，既然电能产生磁场，磁场也能产生电。为了实现这一设想，法拉第从 1821 年开始进行磁产生电的实验，虽然屡遭失败，但他始终坚信通过逆向思考是正确的。10 年后，法拉第设计了新实验：将一块条形磁铁插入一只缠绕着导线的空心圆筒里，导线两端连接的电流计指针有了微弱的转动，由此，电流产生了。随后，著名的电磁感应定律诞生了，根据这一定律世界上第一台发电装置出现了。法拉第成功地发现了电磁感应定律，这是运用逆向思维创新法的一次重大胜利。

工程施工中的逆作法是一项近年发展起来的新兴基坑支护技术，是土建工程中逆向思维创新的典型案例。早期，高层建筑较少，基坑开挖深度较浅，所以基坑支护多以放坡开挖或悬臂式支护为主。随着国民经济的发展和生活水平的提高，高层建筑逐年增多，且越来越高，基坑开挖深度逐渐加深，对基坑支护技术的要求也越来越高，这时传统的开挖或支护方式可能已不能再满足相关的工程需求。同时开挖基坑的一般想法是先把基坑开挖下去，然后做好支护，之后再从下往上做结构，这对于基坑上方和周边原始场地的影响也很大。而通过逆向思维创新法及工程经验的积累，近几十年来一项称为逆作法的施工技术应运而生。逆作法是一种利用主体地下结构的全部或部分作为支护结构，按地下结构自上而下并与基坑开挖交替施工的施工工法，是一种与顺作法顺序截然相反的施工技术。围护结构及工程桩完成后，并不是进行大开挖，而是直接施工地下结构的顶板或者开挖一定深度再进行地下结构的顶板、中间柱的施工，然后依次逐层向下进行地面以下各层的挖土，并交错进行各层楼板的施工，每次均完成本层楼板施工后才进行下层土方的开挖。上部结构的施工可以在地下结构完工后进行，也可以在下部结构施工的同时从地面向上进行，上部结构施工的时间和规模可以通过整体结构的施工工况计算(特别是计算地下结构以及基础受力)确定。

采用逆作法，一般地下室外墙与基坑围护墙采用两墙合一的形式，一方面省去了单独设立的围护墙，另一方面可在工程用地范围内最大限度地扩大地下室面积，增加有效使用面积。此外，围护墙的支撑体系由地下室楼盖结构代替，省去了大量支撑费用。另外，楼盖结构即支撑体系，还可以解决特殊平面形状建筑或局部楼盖缺失所带来的布置支撑的困难，并使受力更加合理。由于上述原因，再加上总工期的缩短，在软土地区对于具有多层地下室的高层建筑，采用逆作法施工具有明显的经济效益，一般可节省地下结构总造价的 25%～35%。我国人口众多，人均占地面积小，逆作法具有积极的推广价值，目前在国内外已广泛应用，收到了较好的效果。上海静安区亚洲最大地下变电站(图 2-14 为该工程超深基坑逆作法施工作业场景图)、日本的读卖新闻社大楼、美国芝加哥水塔广场大厦的基础都采用了逆作法施工。

图 2-14　上海静安区地下变电站超深基坑逆作法施工图

2.2.3　组合技术创新法

在生活中，将两种或者两种以上的事物，部分或全部进行有机地组合、变革、重组，从而诞生新产品、新思路或形成独一无二的新技术，就是组合技术创新。

人类的许多创造成果都来源于组合，学者布莱基曾说过：组织得好的石头能成为建筑，组织得好的词汇能成为漂亮文章，组织得好的想象和激情能成为优美的诗篇。爱因斯坦也说过这样的话：组织作用似乎是创造性思维的本质特征。组合创造创新的机会无穷，技术方法很多，也离不开现有技术、材料的组合。有人对 1900 年以来的 480 项重大创新成果进行了分析，发现从 1950 年以后，原理突破型成果的比例开始明显降低，而组合型发明开始成为技术创新的主要方式。据统计，现代技术创新中组合型成果已经占到了 60%～70%。这也验证了晶体管发明者肖克莱所说的一句话：所谓创新，就是把以前独立的发明组合起来。

组合创新是一种极为常见的创新方法，目前，大多数创新的成果都是通过采用这种方法取得的。组合创新的形式主要有功能组合、意义组合、构造组合、成分组合、原理组合、材料组合。其中，功能组合就是把不同物品的不同功能、不同用途组合到一个新的物品上，使之具有多种功能和用途。例如，按摩椅就是按摩功能和椅子功能的结合体，具有计算功能的闹钟也是一种新的组合。意义组合是功能不变，但组合之后赋予了新的意义。例如，在文化衫上印上旅游景点的标志和名字，就变成了具有纪念意义的旅游商品。同样，一本著作有了作者的亲笔签名，其意义也会不同。构造组合是把两种东西组合在一起，使之有了新的结构并带来新的实用功能。例如，房车就是房屋与汽车的组合，它不仅可以作为交通工具，还可以作为居住的场所。电脑桌也是构造组合的结果。成分组合是两种物品成分不相同，组合在一起后，就构成了一种新的产品。例如，柠檬和红茶组合在一起，就开发出了柠檬茶。调酒师调制鸡尾酒采用的也是不同的成分组合。原理组合是把原理相同的两种物品组合在一起，产生一种新产品。例如，将几个相同的衣服架组合在一起，就可构成一个多层挂衣架，以分别挂上衣和裤子，从而达到充分利用衣柜空间的目的。材料组合是将不同材料组合在一起，不仅可以改善原物品的功能，还能带来新的经济效益。例如，现在电力工业使用的远距离电缆，其芯用铁制造，而外层则用铜制造，由两种材料组合制成的新电缆，不仅保持了原有材料的优点(铜的导电性能好，铁硬不下垂)，还大大降低了输电成本。

随着社会的发展，人们对混凝土结构的要求也越来越高，迫切需要一种可以精确测试出混凝土结构应力、应变值的工具，与此同时，半导体材料以及电子信息应用的日益广泛，为解决这个问题提供了可能。应变片作为一种半导体材料，正是电子信息领域与土木工程领域的内容相互结合创新出来的重要产品。

　　根据欧姆定律，在电压不变的情况下，电流会随着电阻的改变而发生相应的变化。而电阻丝长度改变导致电阻发生变化，从而导致电流改变。在土木工程领域中，当结构受力的作用时会产生应变变形。设想将电阻丝的长度与结构协调变化，并对电流进行处理，将结构的物理变化转换成电信号的变化，进而通过采集电信号来得到结构的应变值，最终就有了电阻丝与应变的结合体——电阻应变片的发明，其具体组成结构如图 2-15 所示。将应变片粘贴在被测试件上，随着试件受力变形，应变片里的金属丝敏感栅也获得同样的变形，电阻则随之发生变化，而此电阻变化是与试件应变成比例的。就是应用这个原理，通过一定测量线路将这种电阻变化转换为电压或电流变化，然后通过仪表采集电信号的变化来确定被测试件的应变。

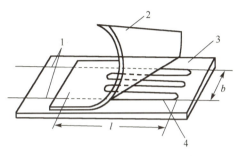

1-引线；2-保护层；3-基底；4-金属丝敏感栅

图 2-15　应变片结构

　　应变片的应用十分广泛，可测量应变、应力、弯矩、扭矩、加速度、位移等物理量。应变片的应用可分为两大类：第一类是将应变片贴于被测试件上，然后将其连接到应变仪上可直接读取被测试件的应变量；第二类是将应变片粘贴于某些弹性体上，并将其接到测量转换电路（又称为桥路）上，根据桥路的不同，就构成了测量各种不同物理量的专用应变式传感器，常见用于现场检测、自动化生产和起重运输等。应变片与应变式传感器已广泛应用到工程施工、现场检测以及生产运输等过程中。图 2-16 为润扬大桥的动/静载试验、

图 2-16　润扬大桥的动、静载试验和模态试验

模态试验系统,主要包括应变类、振动类、位移类三类信号处理,其中应变、力、位移、加速度等数据都是借助应变片、应变式传感器等进行采集而得的。

组合创新思维是一种积极发散的思维,利用它可以对研究对象在空间上进行拓广思考,多方位、多角度探索组合的可能性;或者对研究对象在时间上进行延伸思考、"三维"扫描,既看到它的过去,又看到它的现在,还预测它未来的趋势。它是以某一对象为中心,思维向上下左右、四面八方散发,并在其中探求新思路、新点子的创造性活动。组合技术创新要求有广博的知识、丰富的实践经验、灵通的市场信息;要善于积累、勤于思索、思维触角向四处延伸,从而引发"共振"。正是这种跨学科的结合与创新才促进了应变片的发明,进而有了应变式传感器、应变仪等仪器的出现,为科学研究、工程施工以及生产运输等提供了便利,从而创造了社会福利。

2.2.4　希望点列举创新法

希望是人们期望事物发展的方向,是人们对现实的某种需求或对更美好生活的向往,因此希望是创造发明的强大动力。希望点列举创新法就是发明创造者从个人愿望和广泛搜集的他人愿望出发,通过列举希望和需求来形成创新的创新技法。希望点的背后往往是新问题和新矛盾的解决与突破。只要能想出满足希望要求的新点子、新创意和新方法,就意味着新的创造的诞生。

为了更好地理解希望点列举创新法,将它与缺点列举法作比较。缺点列举法就是找出现有产品的缺点,然后再选出最具有价值的点作为创新主题。而在现实生活中,我们或许对某个产品的功能已经形成习惯,所以对很多产品的缺点变得麻木而视而不见。但作为设计师,应该正确地认识产品的特征,客观地分析它的优点和缺点。故列举缺点的方法就是找出人们对产品的不满,找到一种改进这些问题的创新方法。与缺点列举法不同的是,希望点列举创新法是一种主动的设计方法,它完全可以不受现有产品的约束,而是从人们的希望点出发进行创造性设计。

在运用希望点列举创新法进行创造设计时,可以分别从不同的角度,如以人类的需求、特殊群体的需求、现实的需求以及潜在的需求为基础进行思考和分析。

(1)人类的需求。希望实际上是人类需求的反映。因此,利用希望点列举创新法进行创造发明就必须重视对人类需求的分析。人类的需求有很多,如求新心理、求美心理、求奇心理、求快心理等。不仅要注意人类的普遍需求,还要分别站在不同层次人的立场上进行分析,如不同年龄、不同性别、不同文化、不同爱好、不同种族、不同区域、不同信仰的人,他们的需求各不一样。

(2)特殊群体的需求。因为盲人、聋哑人、残疾人、孤寡老人、精神病患者等这些特殊群体在社会中只占有很小的一部分,所以大部分设计忽略了他们的存在。随着经济的发展,社会越来越多地关注这些特殊群体,而这些群体的需求也远远比普通人要迫切,所以针对特殊群体的设计空间就显得格外广阔。

(3)现实的需求。现实需求是摆在眼前的需求,是人们急于实现的需求,是几乎每个人都感觉到的需求。现实的需求是设计师首要关注的因素,切莫置人们的现实需求于不顾而进行一些不切实际的研究。

(4)潜在的需求。潜在需求是相对于现实需求的一种未来需求。这要求设计师把目光放长远,能灵敏地发觉到事物的发展趋势。根据有关资料介绍,潜在需求占总需求的60%～70%。因此,世界著名企业无不重视对潜在需求的研究。

全球每年都有一大批老旧建筑被拆除,产生了大量的建筑垃圾,给环境和土地资源带来了巨大的压力,这些建筑垃圾的处理成本也很高。于是有专家学者提出对这些建筑垃圾进行再利用,再生混凝土便应运而生。再生混凝土是指将废弃的混凝土块经过破碎、清洗、分级后,按一定比例与级配混合,部分或全部代替砂石等天然集料(主要是粗集料),再加入水泥、水等配置而成的新混凝土。再生混凝土在刚出现时性能较差,主要是由于废旧混凝土在破坏过程中受到较大外力作用,在其内部会出现大量微裂缝,从而导致吸水率上升,混凝土的和易性较差。但随着人们对再生混凝土性能改善的期望值增强,各种基于再生混凝土的创新手段层出不穷,进而使得再生混凝土的性能得到较大程度的改善。部分学者从改善再生集料入手,对集料进行机械活化,破坏弱的再生颗粒或去除黏附于再生颗粒表面的水泥砂浆,从而提高再生集料的强度;或者用酸液活化,用酸液与再生集料中的水泥水化物 $Ca(OH)_2$ 反应,起到改善集料表面特征的作用;或者用化学浆液、水玻璃溶液进行处理。也有学者从改善配合比方向改善再生混凝土的性能,使其满足混凝土早期强度要求。从提出利用废旧建筑材料到再生混凝土的发明再到再生混凝土的不断改善,这一系列过程都是人们根据希望点列举创新的思路进行的。既控制了环境污染、满足了实用要求,又节约了资源消耗。因此,这不但满足了人类需求,也满足了现实需求,更体现出了一种潜在需求。

目前,日本和欧美已经有了再生材料结构应用的成功范例,如德国达姆施塔特的新型住宅区"螺旋森林"和奥斯纳布吕克的德国联邦环保局总部大楼,日本的 ACROS Shin-Osaka 建筑等。国内再生商品混凝土主要用于墙体材料、道路基层和面层、基础工程中。2007 年武汉王家墩机场拆除,将废弃商品混凝土破碎成不同粒径的再生骨料后,主要用于铺设道路路基和基层,也有的应用于路面和步行道砖的制备中。2010 年上海世博园浦西区的沪上·生态家的外立面(图 2-17)、楼梯踏面、内部地面装修材料都是源于建筑垃圾的再生性材料,这栋房子的外墙完全是用 15 万块上海旧城改造时拆除的旧石库门砖头砌成的。

图 2-17　上海沪上·生态家外立面

希望点列举创新法作为一种积极主动的创造性思维方法,在开发新产品的过程中起着重要的作用。准确地发现人们的希望和需求,并及时迅速地推出满足此需求的产品是成功的关键。人们的希望是多种多样的,但真正有价值能够投入设计开发的只占少数,所以对这些希望点要加以分析鉴别。而在运用该方法进行设计时,要注重观察联系,调查研究。要使列举的希望点尽量符合社会的需求,就必须善于观察发现人们在日常生产、生活、学习中所有有意或无意流露出来的某种希望和要求，充分利用联想构思出满足需求的方案。从征求的意见和调查的结果中选出目前可能实现的若干项进行研究，从而制定具体的创新方案。

2.2.5　触类旁通创新法

触类旁通，出自《周易·系辞上》：“引而伸之，触类而长之，天下之能事毕矣也。”其含义指掌握了某一事物的知识或规律，进而推知同类事物的知识或规律。把这个换成另外一个如何？提出疑问再进行发明。例如，人们根据蝙蝠在夜间活动发射超声波的现象，触类旁通发明了雷达。

盾构机技术的发明是触类旁通创新法在土木工程中应用的一个典型案例。该发明来自蛀虫蛀孔的启示。1806 年，法国工程师布鲁内尔在一次偶然的情况下发现蛀虫在钻穿木板时，分泌出液体涂在孔壁上形成坚韧的保护壳，用以抵抗木板潮湿后的膨胀，以防被压扁。在蛀虫钻孔的启示下，布鲁内尔发现了盾构掘进隧道的道理，并在英国注册了专利。他发

图 2-18　布鲁内尔与其设计的英国泰晤士河隧道

明了一种圆形铁壳，同时利用千斤顶在土壤中推进，在铁壳里的工人一边挖掘，一边衬砌轨道，从此，世界上的第一台盾构机便问世了。1825 年，布鲁内尔开始在伦敦泰晤士河下修建高 6.1m、宽 11m 的矩形盾构隧道，历时 18 年，到 1843 年布鲁内尔完成了全长 400m 的隧道（图 2-18）。盾构机主要由动力部分、顶进主轴、导向系统、刀盘系统、纠偏系统、中继顶进系统、排运岩土机构等几个部分组成。盾构机的工作原理就是一个圆柱形的钢件壳沿隧洞轴线一边对土壤进行开挖，一边同时向前推进。这一钢件壳的作用是分担来自周围土层的压力，起到对正在施工作业隧洞的保护以及支撑作用，排土、挖掘、衬砌等作业都在该圆柱形组件的支撑下进行。由于工作原理的不同，盾构机主要有混合型、泥水加压式、土压平衡盾构等多种。考虑到盾构机给实际工程带来了极大便利，目前已广泛应用于地铁、铁路、隧道、公路、市政、水电等地下工程。

2.2.6　强制联想创新法

强制联想创新法是指人们运用联想思维，强制激发人的大脑想象力和联想力，迫使人们去联想那些根本想象不到的事物，并产生思维的大跨越，跟踪逻辑思维的轨迹产生更多的新异奇怪的设想，提高创造性思维能力，从而产生有创造性设想的方法。其思维理论是先选择欲改善的焦点事物，多方罗列与焦点无关的事物，然后强行列举事物属性与焦点对象对应匹配，最后选择最佳方案。

强制联想创新法是相对自由联想法而言的，是对事物有限制的联想。这种限制以完全

相同、完全相反、细节描述与整体统一等为主要法则。在自由联想的基础上进行设计活动，往往会导致连锁反应的联想，容易出现很多意想不到的创意。但要解决一个具体的问题，有目的地创造一个新产品或产生一个新概念，通常运用强制联想，使人们集中所有的精力在可控制的时空范围内进行联想，使所有要设计创新的项目更有目的性和可控制性。强制联想思维是指强制性地运用各种联想，试图将世界上所有不同的事物、不同的设计巧妙地组合，根据实际情况和具体需求，进行转化、调整、完善，并重构成一个新的创意设计。强制联想创新法应用的基本程序是：首先确定焦点事物和参照物，再分别列举两者的属性和结构特征并根据两者的属性和结构特征进行交叉配对，然后分析甄别，确立创新设计的新概念，最后针对新概念进行创新设计。例如，花和椅子之间没有什么相似性，但若设计一种新式椅子，从一朵花身上汲取启示找到彼此的类似属性，通过联想使二者建立联系，这便是强制联想创新法的创新机理。悬挂式多功能组合书柜就是采用书柜与壁挂的强制联想设计成功的。壁挂是装饰手段较为丰富的室内装饰物，将书柜与壁挂强制关联，把书柜按照形式美的规律做成像壁挂那么美观的形式，挂在墙上，放上书籍有更广泛的表现力。

　　在工程结构中布置阻尼器是现代结构抗震领域非常重要的创新。阻尼器是以内部填充物提供运动阻力，耗减运动能量的装置，以达到减振耗能的效果。阻尼器的性能主要取决于内部填充物的性能和密封装置的可靠性。阻尼器最初利用硅胶作为中间介质，但是硅胶受温度影响较大，阻尼器改进为用液体介质。液压黏滞阻尼器经历了三代发展：第一代阻尼器是在一个密封容器内充满硅油，由一活塞杆带动一组平板运动，与另一组平板产生剪切运动，起到阻尼作用，这种阻尼器效率低，受温度影响也比较大；第二代阻尼器采用圆管缸体形式，一侧设置拉杆，连接处有小孔活塞，充满硅油，当活塞运动时硅油从高压侧有控制地向低压侧流动，通过调节油压室起到平衡作用；第三代阻尼器是在第二代单杆的基础上改为双杆，改进密封技术，取消内设油室，进一步提高了阻尼器的稳定性和可靠性，阻尼器体积也较第二代大大减小（图 2-19）。

　　起初阻尼器主要应用在汽车的悬吊系统及摩托车中，但是随着高层建筑的快速发展，大楼抗风防震的问题日益凸显，工程师开始考虑如何有效地抗风防震。而阻尼器在汽车的抗震中应用广泛，且效果显著，于是通过强制性的联想，人们考虑是否可以在工程结构中安装阻尼器，在地震或者风来临时，通过阻尼器有效地消耗掉导致结构振动的能量。由此，在结构中安装阻尼器来有效抗震的创新案例不断出现，非常闻名的就属中国台北 101 大楼的悬浮阻尼球（图 2-20）。这种创新成果正是来自强制联想创新思维，通过强制性的联想寻

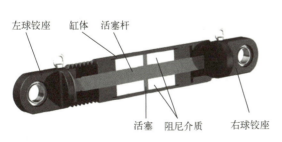

图 2-19　阻尼器结构形式

图 2-20　中国台北 101 大楼的悬浮阻尼球

找与问题解决方法有关的各个因素，分析其匹配度，试图找到组合，产生新的想法与新的解决方案。

在具体运用强制联想创新法时，需要注意以下几个问题：首先，要多方位、多角度、多层次地强制联想到不同的事物、不同的设计，差异性和跳跃性越大越好，这样能将不同想法进行非凡的组合；其次，必须结合不同的发散思维方式，尽可能广泛地强制组合，收拢联想思维，越密集越好；最后，运用矩阵排列和电子计算机辅助设计，把各种强制性的联想和强制性的结合划分为现有的、常规的、改进的、创新的、奇特的五类，删除第一、二类，保留部分第三、四类，变换和纠正第五类。

2.2.7　缺点列举法

缺点列举法是创造技法中非常重要的一种。缺点列举法就是发现已有事物的缺点，将其一一列举出来，通过分析，确定创新目标，制定革新方案，从而进行创造发明的创造技法。它是改进原有事物的一种创新方法。

运用缺点列举法需先选定某项事物，事物的类型不限，范围不限；之后运用扩散思维尽可能多地列出现有事物的各种缺点；然后找出亟须解决的1~2个缺点，并围绕主要缺点应用各种创新思维尽可能多地提出解决方案；最后在众多的解决方案中选出最佳方案并加以实施。一般来讲，创新者总有做不完的课题，但对于初学者，可能会遇到"不知道创新什么"这样的问题。下面，以圆珠笔为例，来介绍一下缺点列举法的思路。

思路一：从事物的功能和用途入手，这属于事物的动词属性。圆珠笔作为市场上销售量很大的一种产品，它的基本功能是书写。但是在没有灯光的黑夜中，书写功能就不能实现，这就是一个很大的缺点。因此，人们在圆珠笔的另一端加上了一个小灯，从而给夜间在野外工作的人提供了极大的方便。圆珠笔还有一个缺点，就是天气冷时影响书写，因为里面的油墨被"冻住"了。于是有人想到了增加一个保温层来解决这个问题。

思路二：从事物的构成入手，如结构、材质、制造方法等。这属于事物的名词属性。从构成入手，我们可以提出这样一些问题：现有的材质和结构需要改进吗？包括笔杆、笔帽、笔芯、笔珠、油墨、弹簧等。现有的材质有哪些缺点？笔帽不是很容易丢掉吗？可以改用哪些材质来解决这一问题？是用塑料、竹子、木头、钢、不锈钢、磁铁、铝还是用纸？

思路三：从事物的描述方面入手，如色彩、造型、长短、轻重、大小等。这是事物的形容词属性。现有的圆珠笔颜色需要改进吗？为什么不多生产些绿色的、对眼睛有保护作用的圆珠笔呢？造型单调吗？可以改进成哪些样子？大小可以变化吗？

缺点列举法可帮助选题，它属于选题的方法，且是一种易于掌握、被广泛采用的创新方法。但成功地利用缺点列举法创新的前提是坚信"任何事物都不完美，都是没有完成的创新"，这不但是进行创新的前提，也是缺点列举法存在的前提。

对于创新来说，常见不疑的心理极大地影响了人们的创新活动和创新效果。带着这样的心理就很难看到事物的"问题"，而问题意识的缺乏，恰恰是创新的首要敌人。看不到问题，久而久之，人们就容易形成思维定式。"现在已经很不错了"，"祖祖辈辈都这样"，"别人也是同样啊"，"这是专家定了的"等，诸如此类的话语都是思维定式的表现。

桥梁的不断改进是缺点列举法的典型实例。原始的桥梁如图 2-21 所示，人可以正常通行，但是随着人类的发展，交通工具开始逐渐丰富起来，如早期的马车、后来的汽车等通行困难，且桥体下方的水路通行受阻，无法满足使用需求。于是人们针对这些缺点改进了桥梁的类型，如图 2-22 所示的拱桥。

图 2-21　石桥——鄱阳湖千眼古桥　　　　图 2-22　拱桥——赵州桥

拱桥建筑历史悠久，这种桥梁很大程度地提高了桥上和水上的通行能力。可是当跨度变得越来越大时，拱桥由于自重而导致跨中弯矩较大，造成跨中出现开裂、变形、承载力降低等多种问题。在解决这些问题的过程中，桥梁的造价开始升高。为了克服这些缺点，人们进一步改进了桥梁的类型和材料，并逐渐出现了梁式桥、悬索桥(图 2-23)、斜拉桥(图 2-24)等大跨度桥梁。

图 2-23　悬索桥——金门大桥　　　　图 2-24　斜拉桥——苏通长江大桥

梁式桥、悬索桥和斜拉桥相比早期的桥梁，建筑高度降低、结构重量减小、梁体内弯矩减小，不但节省了材料，还可以在保证桥梁美观的同时增加桥梁跨度。悬索桥在各种体系桥梁中的跨越能力最强，而斜拉桥又比梁式桥的跨越能力大，但是同样跨度的斜拉桥相比悬索桥造价要低 30%左右，所以斜拉桥是大跨度桥梁的最主要桥型。斜拉桥是将主梁用许多拉索直接拉在桥塔上的一种桥梁，是由承压的塔、受拉的索和承弯的梁体组合起来的一种结构体系。世界上建成的著名斜拉桥有俄罗斯岛大桥(主跨 1104m)、苏通长江大桥(主跨 1088m)以及 1999 年日本建成的当时世界上最大跨度的多多罗大桥(主跨 890m)等。人们通过对桥梁体系的缺点进行列举，不断分析和解决问题，从而一步步改进桥梁的结构体系，正是因为有了这样一个创新改进的过程，才有了源源不断的新的桥梁体系的出现。

缺点列举法可以帮助我们突破问题感知障碍，启发我们发现问题，找出事物的缺点和不足，从而有针对性地进行创新和发明。这是一种易于掌握而又应用广泛的创新方法，用这种方法需要抛弃安于现状的心理状态，培养"吹毛求疵"的作风，只有这样才能取得创新的成果。

2.2.8　奥斯本检核表法

检核表法就是围绕需要解决的问题或者创新的对象，把所有的问题罗列出来，然后逐个讨论，以促进旧的思维框架的突破，引发创新设想。它可以引导人们根据检核项目的逐条思路来求解问题，以此求得比较周密的思考。而奥斯本检核表法是指以该技法的发明者奥斯本命名、引导主体在创造过程中对照 9 个方面的问题进行思考，以便启迪思路、开拓思维想象的空间、促进人们产生新设想和新方案的方法，主要涉及 9 个大问题：能否他用、能否借用、能否改变、能否增加、能否缩小、能否代替、能否调整、能否颠倒、能否组合，具体如表 2-1 所示。奥斯本检核表原本主要用于新产品的研制开发，后来由于它突出的效果被誉为"创造之母"。

表 2-1　奥斯本检核表法

检核项目	含义
能否他用	现有一事物有无其他用途，保持不变能否扩大用途，稍加改变有无其他用途
能否借用	能否引入其他的创造性设想，能否模仿别的东西，能否从其他领域、产品、方案中引入新的元素、材料、造型、原理、工艺、思路
能否改变	现有事物能否做些改变，如颜色、声音、味道、式样、花色、音响、品种、意义、制造方法，改变后效果如何
能否增加	现有事物可否扩大使用范围，能否增加使用功能，能否添加零部件以延长它的使用寿命，能否增加长度、厚度、强度、频率、速度、数量、价值
能否缩小	现有事物能否体积变小、长度变短、重量变轻、厚度变薄以及拆分或省略某种部分(简单化)，能否浓缩化、省力化、方便化、短路化
能否代替	现有事物能否用其他材料、元件、结构、力、设备力、方法、符号、声音等替代
能否调整	现有事物能否变换排列顺序、位置、时间、速度、计划、型号、内部元件
能否颠倒	现有事物能否从里外、上下、左右、前后、横竖、主次、正负、因果等相反的角度颠倒过来用
能否组合	能否进行原理组合、材料组合、部件组合、形状组合、功能组合、目的组合

现实生活中，大部分人总是自觉或者不自觉沿着长期形成的思维模式来看待事物，对问题不敏感，即使看出了事物的缺陷和问题，也懒于去进一步思考，不进行积极的思维革新，因此难以有所创新。而检核表法的最大特点就是多向思维，用多条提示引导人们去发散思考，突破了不愿提问或不善提问的心理障碍，同时在进行逐项检核时，强迫人们进行思维扩展，突破旧的思维框架，开拓了创新的思路，有利于提高发明创新的成功率。

在创新过程中，可以根据表 2-1 中的条目逐一分析问题的各个方面，从而提高创新的成功率。下面以工程材料、工程施工中的经典案例来分析能否改变、能否增加、能否代替、能否组合四项创新方法的运用。

1) 能否改变

在工程施工中，水泥加水拌和后，由于水泥颗粒分子引力作用，水泥浆形成絮凝结构，部分拌和水被包裹在水泥颗粒之中，不能参与自由流动和润滑作用，从而影响了混凝土拌和物的流动性，无法满足现实需求。随后，通过添加减水剂改变工艺方法，利用减水剂表面电荷形成的静电排斥作用，促使水泥颗粒相互分散，参与流动，有效地增加了混凝土拌和物的流动性。可见，当一种材料或技术无法满足工程需求时，需要进行相应的工艺改变和技术创新，从而更好地满足工程需求。

2) 能否增加

冻结法施工技术作为一种成熟的施工方法，早期主要应用于煤矿井筒开挖施工，经过多年的发展，通过业内人士对工艺的不断改进创新，冻结法施工开始广泛应用于各大城市地铁工程，逐步实现"能否增加"中使用功能的增加和使用范围的扩大(图 2-25 是武汉过江地铁采用冻结法施工的场景)。

图 2-25　武汉过江地铁冻结法施工

3) 能否代替

原始时期，房屋建筑材料主要依靠木材、土、砖瓦等，随着人类的创新和技术的进步逐渐被混凝土所替代；而为了满足现代建筑要求，钢筋混凝土又取代了混凝土，并经过了一系列的创新和变更，发展趋于成熟。由此可见，创新是一个新技术代替老技术、新材料代替旧材料的变更过程。

4) 能否组合

水泥土搅拌桩作为加固饱和软黏土地基的一种经典方法，是采用材料组合和原理组合的一种典型的工程技术。水泥土搅拌桩通过水泥与软土进行强制机械拌和而成。该技术采用水泥作为固化剂，利用其与软土之间产生的一系列物理化学反应，使软土硬结成具有整体性、水稳定性和一定强度的优质地基。

2.2.9　头脑风暴法

萧伯纳曾说：倘若你有一个苹果，我也有一个苹果，而我们彼此交换，那么，你和我仍然是只有一个苹果。但是，倘若你有一种思想，我也有一种思想，而我们彼此交流，我们每个人将各有两种思想。可见，交流沟通是提高创新能力的有效途径，而头脑风暴(Brain Storming，BS)法正是通过会议交流的形式实现创新的。头脑风暴法，是以小组的形式，无限制地自由联想和讨论，产生新观念或激发创新设想，是由美国创造学家亚历克斯·奥斯本于 1939 年首次提出的一种激发性思维方法。

头脑风暴法分为两个阶段：准备阶段和实施阶段。头脑风暴法所研究的问题首先要是特殊的，而不是一般性的问题。所以在准备阶段应使所讨论的问题具体、明确、不宜过大或过小，不要同时将两个或者两个以上的问题混淆讨论。对于那些略复杂的问题，可以将问题分开，并针对每个问题专门召开一次会议。其次头脑风暴法仅能用来解决一些要求探寻设想的问题，不能用来解决那些事先需要做出判断的问题，如"是否应对学校的德育教学进行改革"这样的问题就不适用，面对这一问题必须先说明实施改革或者不实施改革的理由，也就是用头脑风暴法来分析问题，再根据讨论结果决定是否实施。在讨论的问题确定以后，应通知参与者并发放问题资料。组织者应提前一个星期左右将所要讨论的问题发给参与者。事先通知的目的是让参与者有时间酝酿解决问题的设想。之后应安排记录员来记录发言人的设想，在此过程中，可以通过录音设备协助记录讨论会的全部过程，同时应为每个参与者都配备一张纸和一支笔，让他们及时把想到的设想记录下来。在实施阶段，组织者可用幻灯片介绍头脑风暴会议的基本原则并补充说明要解决的问题。如果参与者没有头脑风暴的经验，组织者可以带领大家做一些适应性的练习，以敞开思路，然后阐明该次会议的目标议题，鼓励大家进行头脑风暴。接着由各参与者提出自己的设想，并详细阐述设想。如果参与者没有提出相关的设想，组织者需做相应的引导，鼓励大家积极思考，最大限度地发挥个人的创造力。

在头脑风暴法的推动下，借助现代科技与信息业的资源，产业界兴起了一种智慧型产业——现代咨询业。其经营服务活动是通过社会调研、市场预测、科学分析、准确论证、正确决策，探寻经济社会运行的规律和发展态势，对政府出台政策或企业投资进行风险评估与规避，并提出战略性的规划方案或策略性的建议。北美、英国及其他西欧国家的咨询业逐步有了新发展：一是规模扩大，个体咨询发展为集体咨询；二是服务领域拓宽，从土木工程领域扩展到工业、农业、交通运输等经济基础领域。目前，美国作为咨询业发达的国家，其咨询公司有86万多家，占全球比重的44%，其中智囊团类型的综合咨询研究机构为1800余家，且人才队伍庞大，人才素质高，人才结构合理、类型广泛、复合型人才较多。

有一年，美国北部大雪导致输电线路严重破坏，造成重大经济损失。美国通用电气公司召集不同专业背景的技术人员，快速成立讨论小组，针对这一问题展开头脑风暴会议，以"自由思考、延迟评判、以量求质、结合改善"为基本原则，在自由畅想的气氛中共提出90多条新设想。会后，公司组织专家对设想进行分类论证，发现"直升机扇雪"方案简单可行，这一难题就这样在思想的碰撞中得到了巧妙解决。

为了使参与者畅所欲言，互相启发和激励，达到较高效率，头脑风暴法必须严格遵守下列原则。

(1)推迟判断，禁止批判。对别人提出的任何想法都不能批判、不得阻拦。只有这样，参与者才可能在充分放松的心境下，在别人设想的激励下，集中全部精力开拓自己的思路。力求做到大家提的设想越多越好。

(2)提倡自由发言、畅所欲言、任意思考、任意想象、尽量发挥，主意越新、越怪越好，因为它能启发人们产生新的想法。

(3)综合改善。鼓励巧妙地利用和改善他人的设想，这是激励的关键所在。每个参与者都要从他人的设想中激励自己，从中得到启示，或补充他人的设想，或将他人的若干设想综合起来提出新的设想等。

在头脑风暴进行过程中，组织者以主持人的身份出现，组织者不仅要熟悉问题，而且必须熟练掌握头脑风暴法的处理程序、方法和技巧。组织者需要按照一定的顺序组织参与者发言，让每位参与者都有机会提出设想。若轮到的人当时无新的设想，可以跳到下一个。

集体头脑风暴的方法可以提出大量设想,当一个参与者提出一种设想的时候,他会自然地将其想象引向另一个设想,但是就在这一瞬间他提出的设想会激发其他成员的联想能力,这就是连锁反应。组织者应鼓励大家提出一些从已经提出的设想中派生出来的设想,这种连锁反应很有价值。参与者在头脑风暴中应积极思考,尽可能提出设想,不用害怕自己的设想会遭到别人的嘲笑,哪怕是荒唐、怪诞的设想。无论如何,参与者不能照本宣科,若有准备好的设想,应在会议前交给组织者。当有多人要求发言时,后发言的参与者由于很可能受到提前发言的参与者的影响而忘记自己的想法,因此应及时把自己的想法记录下来。每次发言最好只提一条设想,否则就会因为失去许多很好的"辩解"机会而使提出设想的效率明显下降。记录员需要记录参与者的设想和名字,并按照设想提出的顺序进行编号以供组织者掌握设想的数量。速记无法做到一字不漏,因此只需要记录大意即可,当然也可以使用录音设备记录全部过程。

头脑风暴何以能激发创新思维?根据奥斯本本人以及其他研究者的看法,主要有以下几点。

(1)联想反应。联想是产生新观念的基本过程。在集体讨论问题的过程中,每提出一个新的观念,都能引发他人联想,相继产生一连串的新观念,产生连锁反应,形成新观念堆,为创造性地解决问题提供了更多的可能性。

(2)热情感染。在不受任何限制的情况下,集体讨论问题能激发人的热情。人人自由发言、相互影响、相互感染,形成热潮,突破固有观念的束缚,最大限度地发挥创造性的思维能力。

(3)竞争意识。在有竞争意识的情况下,人人争先恐后,竞相发言,不断地开动思维机器,力求有独到见解和新奇观念。心理学告诉人们,人类有争强好胜的心理,在有竞争意识的情况下,人的心理活动效率可增加50%或更多。

(4)个人欲望。在集体讨论解决问题过程中,个人的欲望自由,不受任何干扰和控制是非常重要的。头脑风暴法有一条原则,即不得批评仓促的发言,甚至不许有任何怀疑的表情、动作、神色。这就能使每个人畅所欲言,提出大量的新观念。

随着信息时代的到来,社会分工更加精细,逐步形成跨地区、跨企业甚至全球合作商业新模式,为经济社会的发展带来了机遇与挑战。面对日益复杂的各类问题,技术创新的重要性日益凸显,当前,高校学科交叉与融合已经成为技术发展和进步的必然趋势。针对土木工程与水利水电、计算机科学、材料、机械等学科之间的交叉机制,国内很多高校选择开设学术沙龙,邀请不同学科领域的专家担任交叉学科顾问,邀请国内外知名学者担任客座专家定期组织专题讲座,各学科研究人员、学生均可参与,围绕有关目标和主题,结合来自政府的政策和社会的需求等信息,引导参与人员共同思考、讨论,通过头脑风暴等形式,从客观上创造有利于学科交叉的条件;并以土木工程、计算机科学等学科为核心,以信息类、土木类、建筑类、材料类、机械类相关学科为支撑,围绕"打造节能智慧的建筑"这一研究领域,在学术上相互渗透,在技术上优势互补,建立高质量的交叉学科群体。

另外,也有部分高校开辟了全新的大学生创新培养模式,例如,河海大学土木与交通学院为学生开设第二课堂,以土木微讲堂、土木大讲堂、导师制、海外访学等形式的平台

为载体，针对各类创新实践活动，成立头脑风暴顾问团，通过学生间、学生与老师间的相互交流，互通有无，扩大学生的知识面(图 2-26 为 2016 年 ASCE-ISG 河海大学分会赴中国香港科技大学访学交流、共同讨论学习分会发展的场景)。河海大学土木与交通学院结合头脑风暴法，成立顾问团，打造催生创新人才的传承机制，形成适合自身的思维方式，提升学生创新素质，这不但符合"卓越工程师教育培养计划"的要求，也提高了学生的创新意识和学习能力。

图 2-26　头脑风暴法模拟举例(ASCE-ISG 河海大学分会赴中国香港科技大学交流)

2.2.10　菲利普斯 66 法

菲利普斯 66 法也叫小组讨论法，该方法以头脑风暴法为基础，采用分组的方式，限定时间，即每 6 人一组，围绕主题限定只能进行 6min 的讨论。该方法是由美国密歇根州 J. D. 菲利普斯发明的，因此称为菲利普斯 66 法。

菲利普斯 66 法的最佳应用环境是大会场，因人数很多，可通过分组形成竞争，使会场气氛热烈，犹如"蜜蜂聚会"，因此也有人把这种方法称为"蜂音会议"。

施行菲利普斯 66 法需要首先确定要解决的问题，然后将规模较大的团体分为 5～10 人的几个小组，并且在分组之后确定一位主持人兼记录员。小组讨论的时间为 6min，最长不能超过 10min，在讨论结束后，各小组整理记录并报告结果。组织者需要汇总各小组的报告然后向全体参与者汇报，由全体成员进行讨论和评价。

在施行菲利普斯 66 法时，主持人在会前应考虑小组的构成，现场宜迅速识别参与者的能力，并任命各小组的主持人。作为主持人事前宜熟悉头脑风暴法的原则和要领，同时准备好相关的书面材料，交给参与者。在讨论中未被列入报告的设想不应该舍弃，应该加以搜集供将来应用。

菲利普斯 66 法是头脑风暴法的延伸，其特色是能很快成立讨论小组，参与者在讨论前不需要准备，也不必熟悉团体讨论的技巧，因此对刚形成的团体极为适宜。该方法克服了大集体进行智力激励活动时，因为人数多限制自由发言，而影响参与者积极性的缺陷。也能够使各小组形成竞争，更有利于激发出创造性的火花，从而提升效率。

思　考　题

1. 请分别找出体现本章各创新能力的国际工程项目。

2. 你和同学共同参与结构创新设计竞赛，在方案设计阶段，你和队长的想法不一致，并且分歧较大，你会如何处理？若你是队长，你又将如何解决？

3. 如何通过试验确定如图 2-27 所示的混凝土薄壳结构的最佳形状？

参考答案：逆吊试验法(对应 2.2.2 节逆向思维创新法)。

利用逆吊试验法实现形效结构设计最早由西班牙建筑师 Gaudi 提出，其后瑞士工程师 Isler 又对其进行了发展。逆吊试验法的基本思想是利用只拉结构(即结构构件只承受拉力作用)和只压结构(即结构构件只承受压力作用)在受力形态上的一致性。具体做法是：通过在丝线、布等柔软材料上施加(悬挂)重力荷载，并调整荷载分布和边界约束条件，获得设计所需的形状。由于丝线和布等材料只能承受拉力，不能受弯和受剪，因此判定此时的模型构件中只有拉力。假设将模型固化并翻转 180°，则在相同荷载条件下模型构件中只有压力，如图 2-28 所示。

图 2-27　某薄壳结构　　　　　　　图 2-28　逆吊试验模型

4. 钢板焊接时的温度一般超过 3000℃，普通应变传感器以及传感器粘贴材料在焊接过程中容易失效，试想如何通过试验测量焊接残余应力？

参考答案：钢板开槽法(对应 2.2.5 节触类旁通创新法)。

首先将钢板焊接完成，等冷却后粘贴应变传感器，然后进行开槽，残余应力将释放，通过测量释放的应力而得到焊接残余应力。

5. 手边现有一支重约35g 的钢笔和一张 A4 尺寸的普通白纸，假设白纸在长边方向两端受简支约束，钢笔位于白纸中心，试问：

(1)白纸能否有效支承钢笔？请从受力角度解释原因并给出简要的分析过程。

(2)若题(1)答案为否定，请在不改变约束条件和材料参数的情况下列举几种提高白纸承载能力的方法，并重新回答题(1)的问题。

(3)根据上述分析和理解，试举例说明实际工程中哪些构件的设计也运用了与题(2)类似的方法。

注：A4 纸尺寸为 210mm×297mm×0.1mm，重量约为 5g，抗拉强度为 22.2N/mm^2，抗压强度为 7N/mm^2；假设 A4 纸为均质弹性材料，弹性模量约为 40MPa 且不考虑层数变化对其的影响；纸质简支结构的挠度限值假设为跨度的 1/200，即$[f] = l_0/200$。

参考答案：

(1)本题中纸梁跨度为 210mm，两端简支，纸自重及钢笔对梁的压力可视为作用于梁中点的集中荷载，故该题可简化为图 2-29 所示的模型进行分析。

纸梁在中点处有最大的正应力，梁中最大弯曲正应力为

$$\sigma_{\max} = \frac{M_{\max} y_{\max}}{I_x}$$

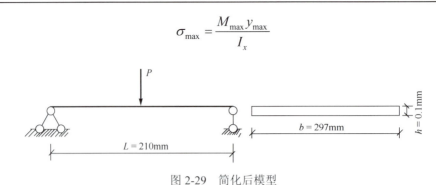

图 2-29　简化后模型

梁跨中挠度为

$$f_{\max} = \frac{PL^3}{48EI} = \frac{ML^2}{12EI}$$

梁所受剪力与弯矩如图 2-30 所示。

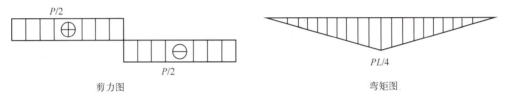

图 2-30　梁剪力图与弯矩图

当白纸不承载时，纸梁上只有自重，由于截面高度很小，截面惯性矩很小，纸梁抗弯刚度 EI 很小。因此，纸梁仅在自身重量情况下就会出现挠度过大而破坏的情况，更不用说承受 35g 的钢笔了。

（2）由（1）可知，梁抗弯刚度越大，相同荷载下的挠度越小。所以，校核纸梁的承载能力的关键在于计算截面的抗弯刚度 EI；由于本题假设纸的弹模保持不变，因此在此仅需考虑截面惯性矩的影响。具体分析过程如下。

①惯性矩影响分析。

惯性矩因截面的不同而不同，纸梁可以做成以下几种截面形式：

图 2-31（a）是 A4 纸沿长边方向对折 4 次形成的矩形截面；

图 2-31（b）是 A4 纸沿长边方向叠 4 层形成的圆环截面；

图 2-31（c）是 A4 纸沿长边方向叠 4 层形成的箱形截面（正方形）；

图 2-31（d）是 A4 纸沿长边方向叠两层形成的双箱形截面；

图 2-31（e）是 A4 纸沿长边方向叠两层形成的锯齿形截面（由两个等边三角形组成）。

由表 2-2 可知，针对一张 A4 纸的情况，双箱形截面的惯性矩最高，圆环截面次之，而箱形截面略小于圆环截面，锯齿形截面小于箱形截面，矩形截面最小。

②最大抗拉压应力影响分析。

根据题目的已知条件，A4 纸的最大拉应力为 22.2N/mm²，约相当于最大压应力（7N/mm²）的 3 倍。对于图 2-31（a）～（d）所示的四个截面，中性轴恰好就是截面的对称轴，

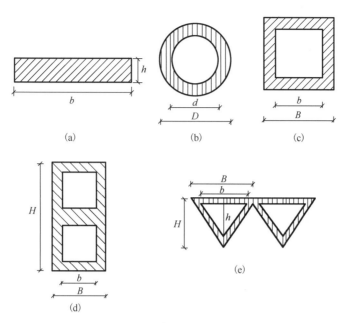

图 2-31　几种可能的截面形式

表 2-2　各截面参数及相关计算结果

截面类型	尺寸/mm				惯性矩 I_x /mm^4	承重 35g 时	
						挠度 f/mm $[f] = 1.05$	截面正应力 /MPa
图 2-31(a)	b	h	—	—	6.34	>250	2.319×10^{-2}
	18.56	1.6	—	—			
图 2-31(b)	D	d	—	—	2018.75	0.838	1.09×10^{-3}
	24.01	23.23	—	—			
图 2-31(c)	B	b	—	—	1713.99	1.013	1.02×10^{-3}
	18.99	18.19	—	—			
图 2-31(d)	B	b	H	—	57377.39	0.030	6.01×10^{-5}
	18.76	18.36	37.53	—			
图 2-31(e)	B	b	H	h	875.30	1.984	3.11×10^{-3}
	24.95	24.55	21.61	21.26			

所以截面受到的最大拉压应力是完全一样的，截面应力分布如图 2-32 所示。而对于等边三角形截面，其截面应力分布则如图 2-33 所示，并非沿 1/2 高度处对称。

因此，在设计时，应充分考虑抗拉压强度不同这一重要特性，设计出上下不对称的截面，如等腰三角形截面。

③平面结构稳定性分析。

因截面由纸折叠而成，所以横截面具有薄壁特性。在设计时应充分考虑平面结构的稳定性。一般来说，闭口截面比开口截面稳定，三角形比平行四边形稳定。

综上分析可知，双箱形截面具有最大的惯性矩，而等边三角形截面又最能充分利用 A4

纸的抗拉压能力不同的特性。因此，在实际设计中还要根据实际结构的受力特点和功能要求选择合适的截面。

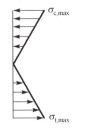
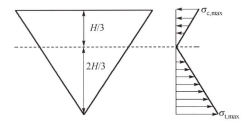

图 2-32　一般截面应力分布　　　　图 2-33　等边三角形截面应力分布

(3) 题(2)的分析结果表明，在相同的材料参数条件下，可以通过对结构受力特点的分析和构件截面形状的设计来获得最优的承载能力。在实际工程中，如桥梁工程和高层建筑中的箱形基础多采用图 2-31(c)、(d)所示的截面；水利水电工程中，输水、输油、输气管道多采用图 2-31(b)所示的圆环截面；钢结构中的屋面板和轻质隔墙多采用图 2-31(e)所示的锯齿形截面的薄壁组合结构。

第3章 土木类大学生小型创新实验

实验教学是衔接课程理论与实践的重要桥梁。在很长一段时期内，高校中一般都仅提供常规的指标测定实验供学生操作，忽视了在这个基础性实践环节中对学生创新精神的培养。近年来，为了激发学生的创新能力，创新设计型实验在一些工科基础力学课程中广泛开展，尤其鼓励学生自主设计实验、自主制作实验模型装置，来验证实验原理或模拟实际现象。这不仅加深了学生对书本理论知识的理解记忆，也为原本枯燥的教学过程增添了乐趣。

本章介绍河海大学为土木、交通专业研制的几个演示模型实验装置及其操作方法。这些小型实验灵活、简便、易操作，性价比较高，并且其实验装置可以分解成多个模块，不同模块的拼装组合可用于不同的实验。实验者可以自己动手组装，更大程度地发挥动手能力及思维创新能力，从而加深对土木类专业基础课程(如土力学、钢筋混凝土结构、道路材料等)相关理论知识的理解。

3.1 高液限土的膨胀特性演示实验

以蒙脱石为主要矿物成分的膨胀土是一种高塑性黏土。其具有吸水膨胀、失水收缩和反复胀缩变形、浸水承载力衰减、干缩裂隙发育等特性，致使膨胀土地基易在干湿交替环境下产生不均匀的竖向或水平胀缩变形，从而导致上部建构筑物的位移、开裂、倾斜甚至破坏，危害很大。在工程中，一般不将其直接用作填料，必须经过必要的技术处理。

我国膨胀土分布广泛，地质环境多变复杂，随着工业化和城镇化的不断推进，膨胀土对工程建设的不利影响也逐渐凸显，对膨胀土的相关研究也得到了越来越多的重视。在《土力学》的学习中常常接触土体压缩沉降的我们似乎难以想象膨胀土的膨胀过程，也不能直观感受到膨胀土到底能膨胀到什么程度。

那么如何在实验室中模拟出膨胀土的膨胀现象呢？又如何减弱膨胀土的膨胀特性呢？以下就是一种设计实验的描述。

1. **实验材料与仪器**

(1)选用一种高液限土(小于 0.074mm 的颗粒含量大于 50%，液限大于 50%，塑性指数大于 26 的土称为高液限土)作为实验对象，例如，本书中所选用的膨胀土液限为 139.3%，塑限为 32.2%，颜色呈浅红色。

(2)膨胀土的膨胀特性演示模型包括：①模型置样槽及土体；②真空泵；③镂空隔板；④密封盖，模型筒直径为 14cm，高 18cm，如图 3-1 所示。

(3)直径为 13cm 的滤纸。

(4)纯水。

(5)饱和石灰水。

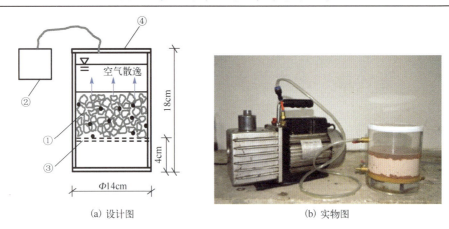

| (a) 设计图 | (b) 实物图 |

图 3-1　膨胀土膨胀特性演示模型

本实验采用真空泵来类似进行真空抽气饱和,使膨胀土孔隙中的空气逸出,孔隙中充满水。此外,应注意避免饱和石灰水与空气长时间接触。

2. 实验步骤简述

(1)在距模型筒底部 4cm 处设置一镂空隔板,隔板下部注水,上部垫滤纸。将实验所采用的膨胀土承装入筒,倒入适量的纯水,并在模型筒顶部添加一个可与真空泵直接相连的密封盖,记录土体高度。

(2)打开真空泵开始抽气,可以看到气泡从土上层的水中逸出,上部的水慢慢下渗。土体表面先是出现几个较小的隆起,然后隆起部分逐渐增多增大,最终土体整体向上膨胀。继续抽气直至基本没有气泡逸出后半小时,如图 3-2 所示,并记录土体高度。

| (a)实验前 | (b)实验后 |

图 3-2　膨胀土膨胀特性演示实验现象

(3)打开密封盖,加入适量的饱和石灰水,重复步骤(2),如图 3-3 所示,并记录土体高度。

3. 实验结果揭示

未加入饱和石灰水时,土体高度上升为原始土体的 1.3 倍左右,即土体体积膨胀为原始土体的 1.3 倍;而加入饱和石灰水后,土体体积膨胀为原始土体的 1.2 倍。

(a)实验前　　　　　　　　　　　(b)实验后

图 3-3　改良膨胀土膨胀特性演示实验现象

4. 实验原理揭秘

吸水膨胀、失水收缩性质是黏性土的共性,只有当黏性土的胀缩性增大到一定的程度,产生膨胀压力或收缩裂缝,足以危害建筑物的稳定安全时,才可将其称为膨胀土。通过以上实验,可以观察到,随着土体含水率的增加,膨胀土的体积变化十分明显,这一体积变化极大地影响了工程施工的安全稳定。

那么膨胀这一过程是如何产生的呢?

显微电镜下可以清晰地看出,蒙脱石的晶胞是由两层硅氧四面体和一层夹于其间的铝(镁)氢氧八面体组成的 2:1 型层状硅酸盐矿物结构。晶胞外围以负电性的二价氧离子为边界,两个晶胞表面的同性相斥使得晶胞间距增大,加之一些晶胞中还存在内部正电荷的置换或损失,将导致晶胞间负电性增强,斥力进一步增大,在宏观上就表现为土粒比表面积增大、土粒间孔隙增加,水容易侵入。更因为水分子具有极性,侵入孔隙中,不是到此一"流",而是到此一"留",也就进一步增加了晶胞间距和宏观孔隙。

蒙脱石强大的吸水能力造成以其为主要组分的黏土拥有显著膨胀的特性,诞生了名为膨胀土的特殊工程土。

而在实验中可以发现,加入饱和石灰水可以减少土的膨胀,那么这样做的原理又是什么呢?石灰解离出的钙离子与黏土胶体颗粒中的钾离子、钠离子进行交换,增加了晶胞的正电价,从而一定程度上中和了土粒带有的负电性,减少了同性相斥,缩小了水分子可以"见缝插针"的空间,里面的水被挤出去,外界的水也进不来,膨胀土的胀缩特性也就得到了缓解。

5. 拓展延伸

目前膨胀土改良方法主要有物理方法、化学方法、生物技术改良及利用固体废弃物改良等。物理方法有掺纤维改良、风化砂改良;化学方法有石灰改良、水泥土改良、固化剂改良、改性剂改良;利用固体废弃物改良有粉煤灰改良、掺绿砂改良、电石渣改良、碱渣改良、煤矸石改良、矿渣复合料改良等。

建议学生查阅相关资料,在实验条件允许的情况下选择几种改良方法,自行设计实验,比较各种方法对膨胀土性质的改良作用,并综合考虑经济效益与施工工艺,采用数学分析法评判各种方法的优劣。

3.2 盐碱地形成过程演示实验

盐碱地是一种独具特色的重要生态类型,也是宝贵的土地资源,根据联合国教科文组织和联合国粮农组织不完全统计,全世界盐碱地的面积为 9.5438 亿公顷,其中我国为 9913 万公顷。我国碱土和碱化土壤的形成,大部分与土壤中碳酸盐的累积有关,因而碱化度普遍较高,严重的盐碱土壤地区植物几乎不能生存。

各种盐碱土都是在一定的自然条件下形成的,其形成的实质主要是各种易溶性盐类在地面做水平方向与垂直方向的重新分配,从而使盐分在集盐地区的土壤表层逐渐积聚起来。影响盐碱土形成的主要因素有气候条件、地理条件、土壤质地和地下水、河流、海水以及耕作管理等。在实验室,如何来模拟盐碱地的形成过程呢?下面就是一种盐碱地形成过程演示实验的描述。

1. 实验材料与仪器

(1)盐碱地(实验选用了渗透性较好的砂土,砂土渗透系数为 1.4×10^{-2}cm/s,并采用饱和食盐水进行实验)形成演示模型包括:①模型置样槽;②镂空隔板;③水位控制阀;④碎石垫层;⑤陶瓷加热灯;⑥温度计。演示模型的直径为 15cm,高度为 18cm,如图 3-4 所示。

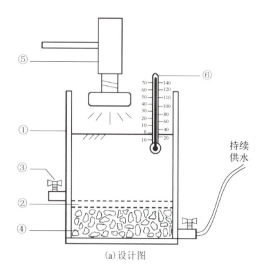

(a)设计图　　　　　　　　　　　　　　　(b)实物图

图 3-4　盐碱地形成演示模型

(2)滤纸,直径约为 14cm。

(3)可溶性盐类,主要为 NaCl 等。

2. 实验步骤简述

(1)制作一规格直径为 15cm、高 18cm 的模型筒，距底部 4cm 处设置一镂空隔板，隔板下部放置碎石垫层，上部垫滤纸，承装 10cm 厚的透水性较好的砂土。

(2)摆好加热灯，灯泡伸入置样槽中，靠近土体表面(模拟阳光的热辐射)。

(3)在碎石垫层中放入足量的盐。

(4)将供水管另一头连接水龙头，打开水位控制阀及水龙头，对实验装置持续供水，观察现象。

3. 实验结果揭示

如图 3-5 所示，持续供水 1h 左右，在砂土表面沿着与筒体接触的位置开始出现一些颜色较淡的白斑，陶瓷加热灯底部砂土表面也出现白斑，白斑逐渐向四周扩大且白色越来越深。

(a)实验前　　　　　　　　　　　　　(b)实验后

图 3-5　盐碱地形成实验前后正常土体表面变化

持续供水 2～3h 后，砂土表面出现大量的白色晶体，与初始的颜色差别较大，现象较为明显。

4. 实验原理揭秘

本实验主要模拟了现实中盐碱地的形成，其影响因素主要有以下几种。

(1)气候。在我国东北、华北的半干旱地区，春季地表水分蒸发强烈，地下水中的盐分随毛管水上升而聚集在土壤表层，这是主要的"返盐"季节，类似于实验中的"出现白斑"现象。而夏季雨水多而集中，大量可溶性盐随水渗到下层土中或溶于地下水中流走，这就是"脱盐"季节，类似于实验中的"白斑消失"这一现象。但在西北地区，由于降水量很少，土壤盐分的季节性变化不明显。

(2)地形。从大地形看，水溶性盐随水从高处向低处移动，在低洼地带积聚。盐碱土主要分布在内陆盆地、山间洼地和平坦排水不畅的平原区，如松辽平原。本实验中在碎石垫层中放入足量的盐，水经过碎石垫层时，盐分即会溶解形成浓度较高的盐水，类似于现实中水溶性盐的积聚。从小地形(局部范围)来看，土壤积盐情况与大地形正相反，盐分往往积聚在阳光充足的局部小凸处，类似于本实验中白斑主要出现在陶瓷加热灯的底部。

（3）土质。质地粗细可影响土壤毛管水运动的速度与高度，本实验中应采用透水性较好的砂土。

（4）地下水。地下水影响土壤盐碱主要在于地下水位的高低及地下水矿化度的大小，地下水位高，矿化度大，容易积盐。本实验通过水位控制阀控制土体下部恰好淹没在水面中，且保证了液面稳定在一定高度，并且本实验中的"地下水"含盐量较高。

5. 拓展延伸

目前全球盐碱地面积已达 9.5438 亿公顷。土壤盐碱化已成为重要的环境问题之一。究其原因主要是不适当灌溉、植被破坏和海水内侵。在人口不断增长、耕地逐渐减少的情况下，改良利用盐碱地具有重要意义。采取的基本方法包括工程措施、耕作措施和综合措施。植树造林是改良盐碱地的生物措施之一，不但可以改善环境，抑制土壤盐碱化，而且可以直接利用盐碱地生产林木果品，提高盐碱地的生产能力和经济效益。

盐碱地是一种重要的土地资源。随着人口压力不断增大，人们越来越重视开发改良大片分布的盐碱荒地来缓解危机。当前，有关盐碱地的研究主要集中在土壤盐渍化的评估与测量、土壤水盐运动、劣质水利用和利用物理、化学、生物等不同措施改良盐碱地效果方面。我国盐碱地面积大、分布范围广，如何科学合理、可持续地对其进行开发利用对国家生态环境建设和后备耕地资源拓展具有重要意义。

上面已经介绍了盐碱土的形成与气候条件以及土壤质地有关，在实验条件允许的情况下，学生可自行设计实验、改变实验条件，如在不同温度、不同土质条件下，观察盐碱地形成的情况。

3.3　管涌及流土现象演示实验

提起土的渗透破坏，学习过《土力学》的学生在脑海里应该立刻会回想到两个名词——管涌与流土。管涌是指在渗流作用下，土体中的细颗粒被地下水从粗颗粒形成的孔道中带走，从而造成土体塌陷的现象。流土是指在渗流作用下，土体表面出现局部土体隆起，甚至某一范围内的颗粒或颗粒群同时运动而流失的现象。

到此学生可能会有疑问，只有细小颗粒流失而粗大颗粒留在原位的管涌真的会发生吗？"沸腾"般的流土到底有多剧烈呢？以下就是一种设计实验的描述。

1. 实验材料与仪器

（1）管涌及流土演示实验模型包括：①模型置样槽；②排水阀；③水位控制阀；④镂空隔板；⑤流速控制阀；⑥恒压供水瓶；⑦气压控制阀；⑧水流控制阀；⑨起升架，如图 3-6 所示。

（2）滤纸。

（3）本实验中所采用的管涌型土的粒组频率曲线如图 3-7 所示。渗透系数为 1.7×10^{-2} cm/s。流土型土为较细颗粒黏土，渗透系数为 4.8×10^{-5} cm/s。

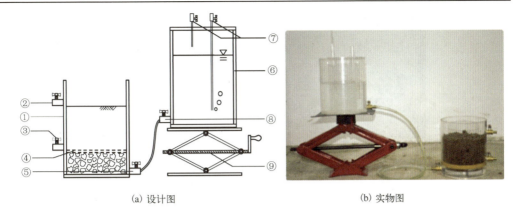

(a) 设计图　　　　　　　　(b) 实物图

图 3-6　管涌及流土演示实验模型

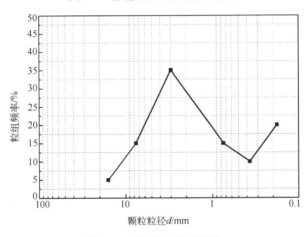

图 3-7　管涌型土粒组频率

2. 实验步骤简述

(1) 组装好供水装置以及置样装置，用水管将两者连接，保持所有水阀均为关闭状态，并在供水装置的恒压供水瓶中加入足量的水；分别根据管涌型土的判别标准和流土型土的判别标准配置一组管涌型土和流土型土。

(2) 在实验筒中放入事先配好的管涌型土，打开排水阀、流速控制阀及水流控制阀。

(3) 将实验筒中的管涌型土改为流土型土，重复实验步骤(2)。

3. 实验结果揭示

管涌实验开始阶段，渗透作用较小，颗粒无明显错动现象。通过起升架提升供水装置，当水头逐渐增大时，可以看到细颗粒开始在粗颗粒中错动，开始时错动较慢且数量较少，随着水头增大而逐渐增快增多，并在土体表面出现一些颗粒翻动，最终翻动强化，形成砂沸的现象，如图 3-8 所示。

在流土实验中，当土体破坏时，可以看出土体出现明显的裂缝。随着水头的增大，裂缝逐渐发展扩大，直至裂缝基本贯通土体，如图 3-9 所示。

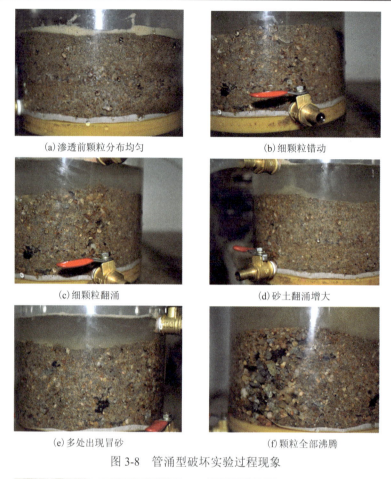

(a)渗透前颗粒分布均匀　　　　　　　　　(b)细颗粒错动

(c)细颗粒翻涌　　　　　　　　　　　(d)砂土翻涌增大

(e)多处出现冒砂　　　　　　　　　　(f)颗粒全部沸腾

图 3-8　管涌型破坏实验过程现象

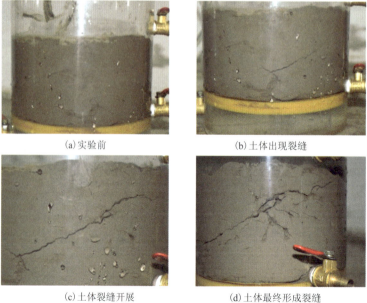

(a)实验前　　　　　　　　　　　(b)土体出现裂缝

(c)土体裂缝开展　　　　　　　　　(d)土体最终形成裂缝

图 3-9　流土型破坏实验过程现象

4. 实验原理揭秘

大量实验和理论研究表明，当无黏性土的骨料孔隙中仅有少量填料时，土的级配较差，土中细粒填料在水流作用下发生渗流流动遇到的阻力较弱，只要较小的水力梯度就足以推动填料发生管涌；而如果无黏性土的骨料孔隙中填料含量增多，以致骨料孔隙内全被填料塞满时，填料受到的阻力最大，土体便不会发生局部的管涌，而只能发生整体流土破坏的状况。

5. 拓展延伸

实验的一个重要变化因素在于，水力梯度需要通过供水的水头变化来实现。由于一般的自来水水头在 10m 以上，相较于实验所需的水头大得多，所以连接到水龙头通过水龙头调节供水水头，改变水力梯度是不可行的。因此初步设计采用一个手摇式起升架抬高供水桶，而供水桶设计为一个可以提供恒压恒定流速水流的装置，从而实现供水水头的连续变化。

但是对于一般的开口供水瓶，随着溶液不断流出，水位一直下降，而水流的流速与静水压力成正比，因此所提供的水流流速是越来越慢的，不能提供恒压恒定流速的水流。用于医用洗滤的马里奥特瓶可以提供恒定流速的水流。在实验时将马里奥特瓶加塞塞紧，塞中插入玻璃管，使玻璃管下口深入洗脱液的底部，从而当液体流出时，瓶顶形成真空，空气只从玻璃管中进入，玻璃管下口即为接触空气点，因此只要溶液不低于玻璃管下口，玻璃管下口以上溶液的增减将不影响静水压，从而自动保持了流速的恒定。所提供的静水压即插入水中的玻璃管下口高出土样进口处的高度差。由此将马里奥特瓶引进了模型中，作为供水装置，从而模拟渗流情况。实验装置设计如图 3-10 所示。

图 3-10　马里奥特瓶示意图

管涌和流土的产生需要具备两个条件：一个是土体所受的水力坡降的大小；另一个是土体的组成。防止渗透破坏的主要措施如下：设置水平及垂直防渗体，增加渗径，以降低渗透坡降或截阻渗流；设置排水沟、减压井等，降低下游渗流出口处的渗透压力；对易发生管涌的地段铺设反滤层；对下游可能发生流土的地段加设盖重等。

在实际工作中，管涌和流土一般难以严格区分，特别是防汛抢险时，也通常把二者统称为管涌险情。当发生管涌险情时，常采用反滤铺盖法、无滤反压法、透水压渗台法和水下管涌抢护法等抢护方法。

3.4　土的剪胀剪缩性演示实验

提及松砂与紧砂的区别，学过《土力学》的学生会立即想到剪胀性与剪缩性。顾名思义，土体因剪切而体积膨胀的现象为剪胀，因剪切而体积缩小的现象为剪缩。为什么土体在受剪的时候会出现不同的体积变化呢？这个现象蕴涵着什么样的土力学原理呢？以下就是一种设计实验的描述。

1. 实验材料与仪器

(1)剪胀剪缩实验模型包括：①内外螺纹接口；②套箍；③橡胶管，内部承装土体；④测压管及水位线，如图 3-11 所示。

(2)较粗颗粒的砂土，1mm 以上粒径占 80%。

(3)带颜色的水。

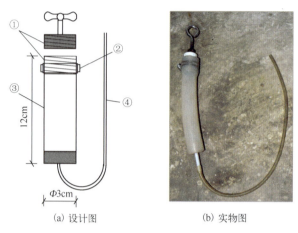

(a) 设计图   (b) 实物图

图 3-11 剪胀剪缩实验模型

2. 实验步骤简述

(1)将适量砂土分层装入上述剪胀剪缩实验模型中，每装一层便将其压缩紧密，盖上上盖，用手指扭剪橡胶管，观察测压管液面位置的变化。

(2)将砂土以极其自然的状态装入橡胶管中，重复实验步骤(1)，观察测压管液面位置的变化。

3. 实验结果揭示

通过上述实验，可以清楚地看到，同样通过手指扭剪，与装有密实砂土橡胶管相连的测压管液面明显下降，而另一个液面却明显上升了，如图 3-12、图 3-13 所示。

(a)剪胀前液面   (b)剪胀后液面   (a)剪缩前液面   (b)剪缩后液面

图 3-12 剪胀性实验效果   图 3-13 剪缩性实验效果

4. 实验原理揭秘

广义的剪胀、剪缩性是指剪切路径下引起的材料体积变化。

土的剪胀性实质上是由剪应力引起的土颗粒间相互位置的变化，对于密实的砂土而言，就是使得土体由排列紧密的状态错动为较为疏松的排列不规则状态，使颗粒间的孔隙加大，发生了土体体积增大。对于本实验而言，为了更清晰地看出土体的剪胀变化，采用测压管及有颜色的液体来标记对比，一旦土体体积增加，就会表现为从右侧的管线中吸水，右侧管线的水头就会下降。

土的剪缩性与剪胀性恰恰相反，土颗粒由排列不规则的状态趋向于排列规则的状态，颗粒间孔隙减小，从而体积减小，表征为向右侧管线中排水，右侧管线水头就会上升。

5. 拓展延伸

本实验操作简便，演示时可以邀请学生扭剪橡胶管，让学生亲身感受土体受剪体变的神奇特质，从而加深对土体剪胀、剪缩性的记忆与认知。

土体的剪胀、剪缩性是由多种效应控制的。颗粒间的相互翻越或抬起是产生剪胀的主要原因。颗粒在外力作用下的相互滑动、颗粒间的胶结破坏及颗粒的压碎是导致剪缩的重要影响因素。而颗粒的形状和取向在不同剪切条件下既可产生剪胀，也能产生剪缩。一般认为，土体的剪胀、剪缩性是这几种效应的综合表现，在不同土中或者同种土的不同剪切阶段中这几种效应互有消长。

因此，在实际的工程及试验研究中，往往还存在土体剪胀与剪缩性的相互转化，尤其是砂土。无论多密实的砂土，在剪切初期都会出现短暂的剪缩现象。另外，砂土越密实，其剪缩过程越短，剪胀过程越明显。学生可以通过查阅资料，进一步了解相关知识。

3.5　朗肯土压力以及库伦土压力原理演示实验

朗肯(Rankine)土压力理论和库伦(Coulomb)土压力理论是计算主动土压力和被动土压力的两种基本理论。朗肯土压力理论认为挡墙后填土达到极限平衡状态时，与墙背接触的任一土单元体都处于极限平衡状态，然后根据土单元体处于极限平衡状态时应力所满足的条件来建立土压力的计算公式。朗肯土压力理论假设土体是具有水平表面的半无限体，墙背竖直光滑。采用该假设，目的是使墙后土单元体在水平方向和竖直方向为主应力方向。

库伦土压力理论是库伦于 1776 年根据研究挡土墙后滑动土楔体的静力平衡条件，提出的计算土压力的理论。他假设挡土墙是刚性的，墙后填土是无黏性土。当墙背移离或移向填土，墙后土体达到极限平衡状态时，墙后填土以一个三角形滑动土楔体的形式，沿墙背和填土土体中某一滑裂平面通过墙踵同时向下发生滑动。根据三角形土楔体的静力平衡条件，求出挡土墙对滑动土楔体的支承反力，从而解出挡土墙墙背所受的总土压力。下面就是一种对朗肯土压力以及库伦土压力原理演示实验的描述。

1. 实验材料与仪器

(1)土压力破坏模型包括：①模型槽体；②挡土墙；③手旋式推进装置；④顶撑及滑墙，如图 3-14 及图 3-15 所示。

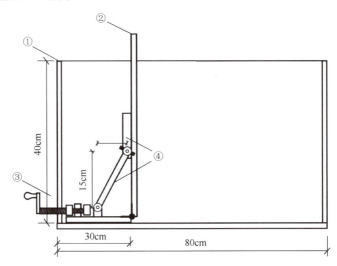

图 3-14　土压力破坏模型设计正视图

图 3-15　土压力破坏模型实物图

(2)染料。

(3)无黏性砂土，内摩擦角约为 30°。

2. 实验步骤简述

(1)制作长 80cm、高 40cm、宽 25cm 的透明槽体；根据螺旋测微计的结构，采用螺旋推进的方式改变位移，螺距采用 0.6mm，扩大悬臂，则旋转半圈可以在破坏位移数量级内；为了改变挡土墙角度，墙角用活页连接，设计采用可滑移的支撑固定角度。

(2)正式演示土压力破坏实验时，在实验槽中分层填土，用染料染色的砂土和原色砂土间隔填充。

（3）将挡土墙直立，将挡土墙面涂油以减小墙背的摩擦，填土应填充平整。

（4）旋转手轮，使挡土墙分别背离和向着土体旋转，直至土体发生破坏，观察实验现象。

3. 实验结果揭示

土体均发生了破坏，但两种土体破坏的形态却不相同。背离填土方向旋转的土体出现了近似竖直方向上的贯穿裂缝而发生破坏，如图 3-16 所示；向着填土方向旋转的土体出现了斜向上的贯穿裂缝，如图 3-17 所示。

图 3-16 主动土压力破坏（局部渐进变化图）

图 3-17 被动土压力破坏（全景图）

4. 实验原理揭秘

通过对《土力学》相关知识的学习可以知道，当土体达到极限平衡状态时，产生的破坏面与大主应力面的夹角为 $\theta_f = 45° \pm \varphi/2$。因此，当土体达到主动极限平衡状态时，若竖直面是光滑平面，则水平面为大主应力面，所以破坏面与水平面的夹角为 $\theta_f = 45° + \varphi/2$。对于本节中的土，内摩擦角 $\varphi = 30°$，所以发生主动破坏时，θ_f 约为 60°，因此在实验过程中发现，背离填土方向旋转的土体出现了近似此夹角的倾斜向下裂缝而发生破坏；而当土体达到被动极限平衡状态时，竖直面为大主应力面，则破坏面与水平面的夹角为 $\theta_f = 45° - \varphi/2$，易知此时 $\theta_f = 30°$ 左右，故而实验过程中，向着填土方向旋转的土体出现了近似此夹角的倾斜向上裂缝而发生破坏。

5. 拓展延伸

朗肯土压力理论与库伦土压力理论是计算土压力的基本理论,在工程中得到了广泛的应用。朗肯土压力理论通过研究半无限土体在自重作用下的极限平衡状态的应力条件,求出作用在挡土墙上的土压力强度及土压力大小,属于极限应力法。库伦土压力理论则是根据挡土墙后滑动楔体达到极限平衡状态时,用静力平衡条件得出作用于墙背上的总土压力,属于滑动楔体法。

应用朗肯土压力理论一般要求墙背竖直、光滑,墙后填土表面水平,而库伦土压力理论则考虑了墙背粗糙、墙背倾斜等多种情况,适用范围较广。但由于朗肯土压力理论公式简单易记,因此人们即使在墙背倾斜的情况下,也经常使用朗肯土压力理论进行近似计算。

本实验选用了无黏性砂土作为实验土体,选用了墙背竖直,填土面水平作为条件,学生可在实验条件允许的情况下,自行设计实验,观察在填土面水平的黏性土、填土面倾斜的无黏性土、填土面倾斜的黏性土等情况下,土体发生主动破坏和被动破坏时,裂缝开展变化的情况。

3.6 饱和土体振动液化演示实验

在实际工程中,饱和松散的砂土地基,在强震情况下,可能会产生液化破坏,造成建筑物失稳。液化现象,是地基土粒骨架应力与水的应力发生改变的结果。在正常情况下,建筑物地基应力 σ 全部由土粒骨架承担;但当遭遇地震时,砂土颗粒由于受到振动,将由松散状态趋于密实,使孔隙水受到挤压而产生孔隙水压力;同时由于地震波历时短暂、排水受到限制,从而引起地基中孔隙水压力的瞬时升高,此时地基中的应力由式(3-1)表示:

$$\sigma = \sigma' + u \tag{3-1}$$

式中,σ 为建筑物地基总应力;σ' 为砂土骨架应力,称为有效应力;u 为孔隙水压力。

在地震过程中,砂土因振动不断趋于密实,孔隙水压力 u 也不断累积升高,有效应力 σ' 随之不断减小,达到一定程度后,地基就因抗剪强度的减小而失稳。若继续振动,可使孔隙水压力 u 的升高达到总应力 σ,有效应力 σ' 近于零,此时即使是在平坦无荷载作用的地基上,也会产生砂土流动的液化现象,使地基完全失去承载能力。可见砂土液化是与振密现象相互联系的。那么,在实验室中如何模拟土体的振动液化过程呢?下面就是一种饱和土体振动液化演示实验的描述。

1. 实验材料与仪器

(1)振动液化模型包括:①实验振动台;②弹簧支架;③模型置样槽;④测压管;⑤电机;⑥偏心砝码;⑦直流电源;⑧建筑模型,如图3-18、图3-19所示。

(2)较细颗粒的砂土,砂土粒径<1mm 的颗粒含量为60%。

(3)水。

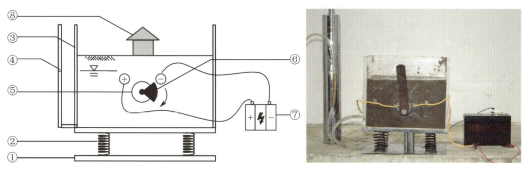

图 3-18　振动液化模型设计图　　　图 3-19　振动液化模型实物图

2. 实验步骤简述

(1)根据混凝土制作时所采用的振动台的样式,设计了合适大小的模型槽,下方用四根硬质弹簧支撑。

(2)采用小型电机提供动力,将电机固定在模型槽侧壁上,用塑料管套封使塑料管与土隔绝。电机上安装合适重量的偏心砝码,从而带动整个模型槽在左右和上下方向上振动。

(3)从模型底部引出一根测压管,用以观察振动液化时孔隙水压力的变化。

(4)在槽中装好砂土,并使初始水位略低于砂土表面。

(5)打开电源,观察现象。

3. 实验结果揭示

振动前砂土表面潮湿但无积水。打开电源,振动开始后,测压管水位有 2~3cm 的上升,重物逐渐下沉且表面开始积水,最终重物完全沉入土体表面以下,土体表面大量积水,如图 3-20 所示。

(a)液化前表面　　　　　　　　　　(b)液化后表面

图 3-20　液化前后土体表面状态

4. 实验原理揭秘

饱和土体振动液化现象是指饱和砂土或粉土在振动作用下表现出液体性质的现象,也可以说是在往返荷载作用下饱和砂土或粉土骨架间的连接遭到破坏而产生体变的现象。

在振动荷载作用时,砂土颗粒离开原来稳定的位置而运动,并力求达到一个新的稳定位置，使饱和砂土或粉土趋于密实。而由于细粒砂土或粉土的渗透性比较弱，孔隙中的水不能及时排除，所以孔隙水压力不断增大。根据太沙基有效应力原理，颗粒间的有效应力也就相应地减小。当孔隙水压力增长直至有效应力成为零时，砂土颗粒局部或全部处于悬浮状态。此时，土体抗剪强度等于零，形成液化现象。

5. 拓展延伸

液化问题是土动力学和岩土地震工程研究的重要课题之一。强震下饱和砂土易发生液化并可能加重震害，在机械和波浪荷载作用下土体也存在液化问题。研究液化及相关工程问题具有重要的理论和工程意义，一直是工程抗震领域的前沿方向。

随着液化问题研究的深入，现场条件下直接开展实验成为一条新途径。这种方法可以从一个新的角度了解土体液化的响应规律。在此研究需求背景下，人工源振动下现场液化实验得到了发展，用于补充上述认识手段的不足，以便更好地掌握实际场地中土体液化响应规律和液化土体的特征。目前以此开展的研究，总体成果有限，国内更是处于起步阶段，需要大力发展。

通过对《土力学》书本上相关知识的学习，在实验条件允许的情况下，可自行设计实验，观察不同级配的砂土在动荷载作用下，颗粒的液化变化情况。

3.7 混凝土动态弯拉实验

混凝土作为一种非均匀的准脆性材料，在损伤断裂破坏过程中具有应变软化、损伤局部化的特征。随着近年来实验技术、理论方法和数值分析水平的不断进步，对混凝土力学行为的研究方法和模型方法也经历了不断发展的过程。混凝土受到地震或冲击等动力荷载作用时，与静力状态下有完全不同的破坏过程和耗能机制，对混凝土的动态破坏过程进行研究具有重要意义。

在进行混凝土的 SHPB(分离式霍普金森压杆)弯拉实验时(霍普金森压杆冲击实验是将混凝土试件夹在入射杆和透射杆之间，使用高压气体、爆炸等方式对撞击杆进行加速，冲击入射杆并传递应力波，对试件进行动力加载)，很可能在透射杆发生响应之前，试件就破坏了，不仅试件达到准静态平衡的假设无法满足，透射杆上也采集不到有效数据，无法求得试件的动态弯拉强度。那么怎样解决这个问题呢？在冲击过程中，惯性力的作用是否影响了试件的强度呢？惯性力的大小又该如何确定呢？如果让你来解决这些问题，你会怎么做？下面就是一种混凝土动态弯拉实验的描述。

1. 实验材料与仪器

(1)水泥胶砂三联试模，尺寸为 40mm×40mm×160mm(高×宽×长)。
(2)分离式霍普金森实验装置包括入射杆、透射杆、撞击杆、气源、发射管、发射器、示波器、动态应变采集仪、氮气、应变片，如图 3-21 所示，具体参见河海大学结构工程实验室分离式霍普金森实验装置。
(3)凡士林。

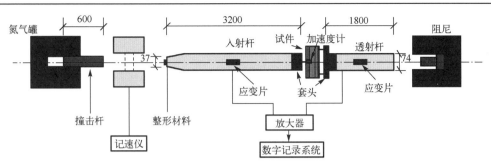

图 3-21　动态弯拉实验加载装置设计图(单位：mm)

2. 实验步骤简述

(1)准备好实验所用的混凝土试件。

(2)在入射杆和透射杆中部粘贴应变片，应变片的长向与杆轴线方向相同，采用全桥接线。

(3)将桥盒与应变片的导线连接，并使应变仪调零，若不能调零，则线路连接有问题，检查连接线路。

(4)将撞击杆用软管推动到发射管底部，在入射杆受冲击截面粘贴一枚特制紫铜片，进行波形整形，并将试件两个端面涂抹适量凡士林，夹紧，使得试件不能移动。

(5)打开气源阀，将气压调至预定实验方案中的气压，开启发射器开关，待撞击杆撞击入射杆后，保存数据。

3. 实验结果揭示

图 3-22 是混凝土试件及其夹持方式。加载过程中,混凝土试件中部截面逐渐出现裂缝,裂缝区域不断扩大,最终混凝土试件发生断裂。

(a)混凝土试件浇筑

(b)试件夹持方式

图 3-22　混凝土试件及其夹持方式

4. 实验原理揭秘

霍普金森实验的基本原理主要基于一维弹性波理论,在实验过程中,入射杆和透射杆皆处于弹性阶段,利用应变片记录相应测点处的应变。实验开始时,应变片首次记录到的波形为入射波,由于波阻抗发生了改变,在入射杆与试件接触面会形成反射波,只有部分应力波会传播到试件中，最后传到透射杆中，由于透射杆中无法得到有效数据，此时可以通过测得的入射杆上的应变计算出冲击力的大小：

$$F_c(t) = -C_B Z_B [\varepsilon_i(t) + \varepsilon_r(t)] \tag{3-2}$$

式中，F_c 为冲击力；C_B 为波速；Z_B 为波阻抗；ε_i 和 ε_r 分别为入射杆上记录的入射波和反射波。

本实验采用的混凝土是一种准脆性的材料。在动态弯拉实验过程中，试件的支撑点在试件断裂前不会受到力的作用，即在实验过程中测量不到透射波。因此不能通过普通的静态弯拉模型计算断裂面处的强度，采用了一种无限长梁模型来等效计算断裂面处的弯拉强度，通过该模型的等效关系式和边界条件求得弯矩与冲击力之间的关系表达式：

$$M = \frac{1}{4\alpha} \int_0^t \frac{F_c(\tau)}{\sqrt{\pi(t-\tau)}} d\tau \tag{3-3}$$

式中，α 为参数，$4\alpha^4 = \dfrac{\rho S}{EI}$（$\rho$ 表示混凝土密度，S 表示混凝土试件的计算跨度）；M 为弯矩；F_c 为冲击力；t 为试件的断裂时间；τ 为时间变量。

由于试件本身在撞击过程中会有一定的惯性力存在，这又是与静态实验不同的，为了得到惯性力，在试件上粘贴加速度计，可以得到该点处的位移，根据材料力学中的虚位移原理即可得到该点处的惯性力，从而得到真实的冲击力和真实的弯矩。

5. 拓展延伸

混凝土是典型的准脆性材料，其力学性能和试件几何尺寸密切相关，存在尺寸效应。研究混凝土材料尺寸效应规律对于大尺寸混凝土构件设计与应用具有重要的工程意义。混凝土材料尺寸效应研究主要集中在抗压强度尺寸效应方面。弯拉强度是混凝土材料的基本力学参数，是判断结构开裂、发生脆性破坏的重要指标。目前，关于混凝土材料弯拉强度尺寸效应的全面研究较少。

有研究表明，随着粗骨料粒径的增大，混凝土材料的弯拉强度降低。关于粗骨料粒径对混凝土材料弯拉强度尺寸效应影响的文献较少。因此，学生可在实验条件允许的情况下，开展最大骨料粒径为 10mm、20mm 和 30mm，尺寸为 100mm×100mm×400mm（高×宽×长）、150mm×150mm×550mm（高×宽×长）和 200mm×200mm×700mm（高×宽×长），27 组素混凝土梁动态弯拉实验，分析不同骨料粒径下混凝土材料弯拉强度尺寸效应的规律。

3.8 正交异性钢桥面板顶板-U 肋连接细节疲劳开裂实验

近年来，随着经济的快速发展、交通需求的日益增长，大跨度桥梁已经逐步成为现代桥梁的主要结构形式，我国相继修建了大批大跨度桥梁，如润扬长江大桥、江阴长江大桥、苏通长江大桥等。大跨度桥梁要求更小的结构自重和更高的结构强度，而钢箱梁因具有自重轻、承载能力高、抗扭刚度大、抗风性能好、制作与施工便捷等优点，被广泛应用于大跨度桥梁的主梁结构中。正交异性钢桥面板（图 3-23）作为钢箱梁的重要组成部分，在使用过程中，疲劳开裂日益严重，如图 3-24 所示。目前，针对正交异性钢桥面板的应力分析复杂，理论分析困难，足尺实验开展不易。因此，如何在实验室模拟实际工程状况呢？又怎样通过实验模拟研究开裂背后的原因呢？下面以正交异性钢桥面板顶板-U 肋连接细节(即截取面板中部分顶板和 U 肋)为疲劳实验标准试件设计实验进行模拟分析，并进行详细讲解。

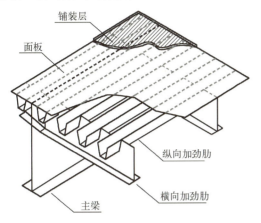

图 3-23　正交异性钢桥面板典型构造

图 3-24　正交异性钢桥面板疲劳裂纹

1. 实验材料与仪器

(1)疲劳实验标准试件——正交异性钢桥面板顶板-U 肋连接细节(图 3-25、图 3-26)。

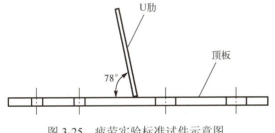

图 3-25　疲劳实验标准试件示意图

图 3-26　疲劳实验标准试件实物图

(2)疲劳试验机(图 3-27 中偏心电动机)。

(3)机架、基座等。

2. 实验步骤简述

(1)将试件固定在机架上，拧紧螺栓，使试件和机架形成一个整体。

(2)将应变片贴至试件表面，贴片位置如图 3-28 所示。

(3)将疲劳试验机安置在试件上，拧紧螺栓，使试件和疲劳试验机形成一个整体。

(4)开启疲劳试验机，加载至试件破坏。

(5)另留一组试样做静载实验，以确定在相同应力静载下，试件经过相同实验时间，并不会发生破坏。

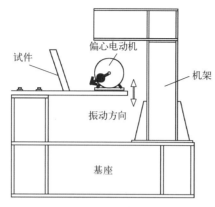

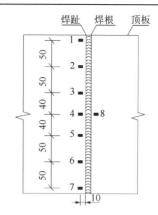

图 3-27 整体实验装置 图 3-28 贴片位置尺寸图(单位:mm)

3. 实验结果揭示

在实验过程中,可以发现,试件在疲劳试验机的长期反复荷载作用下,即使施加的应力低于钢材自身的抗拉强度,甚至于低于其屈服点,试件仍会出现开裂等破坏现象。实验初期,试件并无明显变化,实验后期,试件焊趾或焊根处出现微观裂纹并不断开展,最终试件断裂破坏。而在相同应力、时间作用下,静载实验的试件并无明显的破坏。

4. 实验原理揭秘

现实生活中,钢桥面板的疲劳开裂主要由以下几方面因素造成:钢桥面板在直接承受车轮荷载时,局部应力集中严重,车辆经过时可在局部引起数次应力循环;焊缝处难以避免地存在焊接缺陷和残余应力;设计时没有考虑疲劳或疲劳考虑不合理等。同时,在实际生产实践中,材料内部总存在着微小裂纹、气泡等微观缺陷,在反复荷载作用下,缺陷相对明显处应力集中现象较为突出,产生应力高峰区,继而微观裂纹不断发展。顶板与 U 肋连接处,应力集中现象突出,当荷载反复循环达到一定次数,即 n 次(一般将 n 称为金属疲劳寿命)后,试件有效截面承载力不足以继续承载外部荷载,试件开裂,发生疲劳破坏。本实验利用疲劳试验机对试件施加定幅正弦波荷载,并实时采集或定时采集(根据需要)应力数据,进行分析,同时,利用磁悬液、超声探测仪等辅助探伤工具探测试件的损伤情况。

5. 拓展延伸

事实上,发生疲劳破坏并非名义最大应力 σ_{max} 反复作用的结果,而是破坏部位足够大小的应力幅反复作用的结果。

影响疲劳寿命的因素有很多,包括循环应力(寿命因应力及其效应的复杂程度而异,如应力的周期图形、应力分布、应力幅度等)、残留应力(金属经焊接、切削、铸造、抛磨等加工过程后,可能会产生足以降低疲劳强度的残留应力)以及材料的内部缺陷(铸造缺陷,如气体孔隙、非金属夹杂物、缩孔铸疵等会降低疲劳强度)等。

针对疲劳开裂现象,国内外学者已进行过大量研究,尤其在断裂力学学科起步、微观结构研究进一步发展以及有限元分析软件开发后,疲劳开裂研究也更进一步,对此方面有兴趣的读者则可以找一些相关文献阅读。

针对疲劳实验的长期性，许多研究人员对疲劳试验机做了大量的改进工作，读者也可以发挥自己的聪明才智，提出新的创意来改进实验仪器，以缩短实验时间。同时，也可以从提高实际工程结构的疲劳性能角度出发，开拓思路，对实验进行改进。

3.9 钢筋混凝土柱拟静力实验加载装置设计

强震作用下，钢筋混凝土结构或构件会进入非线性反应状态，并在经受有限次循环荷载作用后发生破坏。为研究地震中钢筋混凝土结构或构件自加载至破坏过程中的受力特点及变形性能，通常需对钢筋混凝土结构或柱、桥墩及剪力墙等竖向承重构件进行拟静力实验(又称低周反复荷载实验)，即在研究对象的正反水平方向重复加载和卸载过程以模拟地震过程中结构或构件所受的往复振动。在实验室，如何模拟这种过程呢？下面以钢筋混凝土柱为研究对象，展开拟静力实验加载装置设计的描述。

1. 实验材料与仪器

假设实验条件受限制，开展钢筋混凝土柱拟静力实验仅有以下实验仪器和条件：
(1)液压千斤顶加载系统若干套。
(2)力传感器、位移计若干。
(3)数据采集系统一套。
(4)固定螺栓及工字型钢若干。
(5)500t 长柱压力试验机一台。

而实验构件及装置设计如下所述：考虑到钢筋混凝土柱在水平力作用的情况下，柱子的反弯点通常在柱半高位置处，此处仅存在轴力与剪力，因此柱子的受力模型为图 3-29。根据该受力模型，采取柱端固定(铰接)、柱上部施加水平力的加载方式进行实验，对应的实验装置如图 3-30(a)所示。力传感器和滑车等辅助设备的安装如图 3-30(a)所示。通过在钢横梁

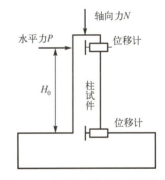

图 3-29 钢筋混凝土柱受力模型

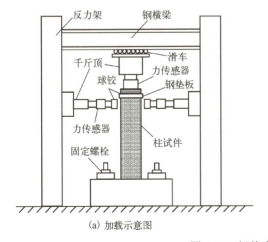

(a) 加载示意图

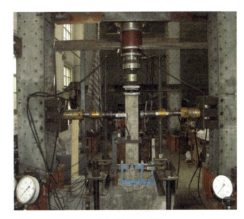

(b) 装置实物图

图 3-30 拟静力实验加载装置

跨中安装液压千斤顶加载系统，对柱子试件施加竖向荷载，通过水平方向安装的液压千斤顶施加水平力。具体的拟静力实验加载装置实物图如图 3-30(b)所示，液压千斤顶加载系统如图 3-31 所示。

(a)加载千斤顶　　　　　　　　　　　　(b)液压油泵

图 3-31　液压千斤顶加载系统

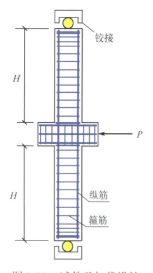

图 3-32　试件及加载设计

而根据地震中钢筋混凝土柱同时受轴向力和水平力作用的特点，同时考虑到采用悬臂柱试件进行实验时柱顶摩擦约束可能对实验结果产生不利影响，尤其当实验轴压比较高时，因此，拟静力柱试件可设计为"十"字形构件，并采取柱端固定（铰接）、柱中部施加水平力的加载方式进行实验，柱试件及加载设计如图 3-32 所示。由图可知，柱试件中部无水平约束，可自由水平移动，相当于悬臂柱的柱顶自由端的水平侧移不受限制，因此不存在柱顶摩擦约束的影响。

由于柱试件主要承受水平力作用，因此在进行拟静力实验设计时，需要考虑水平力施加支撑点问题。利用 H 形钢制作成如图 3-33(a)所示的"口"字形钢框架，在钢框架立柱中部可安装液压加载系统以施加水平力。钢框架由两个半"口"字形钢架组成，在框架顶底两端的中部采用连接装置和锚固螺栓连接后形成一个自平衡体系，松开框架两端的连接装置及锚固螺栓后可方便地进行柱试件安装。此外，力传感器、位移计及其他辅助设备的安装如图 3-33(a)所示。

对于柱试件竖向荷载，一是可以通过在钢框架顶部中间安装液压加载系统施加；二是可利用已有的 500t 长柱压力试验机施加，利用钢框架和压力试验机组成的钢筋混凝土柱拟静力实验加载装置实物图如图 3-33(b)所示。需要说明的是，无论采用哪种方案来施加竖向荷载，均不影响实验结果及实验顺利进行。此外，与图 3-30 所示的实验加载装置相比，图 3-33 所示的实验加载装置在高度调节上会更便捷，能更好地满足不同剪跨比的柱试件进行拟静力实验。

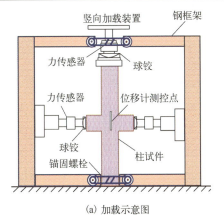

(a) 加载示意图

(b) 加载装置实物图

图 3-33　实验加载装置

由于"十"字形柱试件的上下端均为铰接，因此其端部弯矩为零，最大弯矩出现在试件中部，可按梁柱节点边缘处的弯矩取值。将其按照图 3-29 所示的等效悬臂柱进行分析时，应将实验实测的力和位移值分别除以 2 绘制荷载-变形滞回曲线。

2．实验步骤简述

(1)设计并制作实验构件。

(2)安装实验构件。

(3)先施加恒定的竖向荷载，以模拟上部结构自重及其他竖向荷载对结构柱产生的轴向压力。

(4)确定单向反复加载制度(位移控制、荷载控制以及变形-荷载双控制)。

3．实验结果揭示

图 3-34 为某钢筋混凝土柱拟静力荷载(P)-变形(Δ)实验结果，其中荷载由力传感器测得，位移由位移计测得。实验曲线从第一次加载到峰值，从峰值卸载到零，再反向加载至峰值，从反向峰值卸载到零，形成第一个滞回环。如此重复，由一系列滞回环形成的曲线称为滞回曲线，如图中浅色曲线所示；滞回曲线包围的面积衡量了构件的耗能能力，耗能能力强则地震破坏的风险降低。

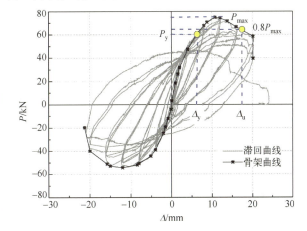

图 3-34　某钢筋混凝土柱拟静力实验结果

将第一次加载曲线及滞回曲线各峰值点相连，可得到滞回曲线的包络线(或称为骨架曲线)，如图中深色曲线所示。包络线反映了构件从加载到破坏全过程的变形能力，并通常用位移延性系数 $\Delta = \Delta_u / \Delta_y$ 进行定量表征，其中，Δ_y 为屈服位移，一般取构件纵筋首次屈服时对应的位移；Δ_u 为最大位移，一般取荷载下降至峰值荷载

80%时对应的位移。位移延性系数Δ越大则表明地震变形能力越强，反之地震破坏危险性越大。

4. 实验原理揭秘

进行结构或构件实验就是通过在实验室条件下模拟结构或构件所处的环境或作用情况，对其所处工况下的受力特点和变形性能进行分析，以达到指导结构设计并保障结构安全的目的。尽管建筑结构在服役过程中会受到各种作用，但以荷载作用最为主要，因此结构工程实验重在如何有效模拟实际荷载作用，并以所模拟荷载工况下的结构受力情况（强度）和变形性能分析为主要着眼点。完整的结构实验是一项复杂而细致的工作，实验能否达到预期目的主要取决于实验前规划是否周详、实验中测量方法和仪器装备是否合适、实验后现象和数据分析是否合理等，其中就包括实验方案和实验装置设计，它们可以说是结构实验成功与否的关键。一套好的实验方案和合适的实验装置设计，能有效保证模拟的荷载工况与实际受力情况相一致，所得的实验结果除可用于结构计算理论验证或创立外，还可用于指导实际工程设计和施工；反之则可能导致实验失败，无法达到预期目的。

本节要求进行结构实验装置设计，就是要求在明确地震作用下结构柱的受力特点后，利用结构实验室的实验条件和简易设备完成柱拟静力实验方案设计。尽管地震作用非常复杂，但等效后的结构柱受力模型相对简单，可按压弯构件的受力特点设计实验方案。当然，即便是简单的结构受力模型，当实验目的和荷载工况有改变时，采用不同实验装置进行实验所得的实验结果仍差别很大，甚至可能得到不合理的结果。图 3-30 和图 3-33 所示的结构柱拟静力实验装置均可完成相关实验，但当试件所受的轴向力较大时，前一种设计方案由于存在柱顶摩擦力影响，其实验精度会比后一种设计方案差。此外，由于结构实验主要考量结构在荷载作用下的受力和变形性能，有效模拟实际工况下的荷载施加往往是实验成功的关键，因此利用结构实验室的有限设备和仪器搭建符合自己研究目的的实验装置和平台是进行结构工程研究和创新实验的常用手段与必备技能。

需要说明的是，结构工程创新实验并不单单指改进或搭建实验装置和平台，还包括温度、湿度及收缩等非荷载作用环境的模拟和创立，新型结构体系的创立和实验，以及新型结构材料及体系的相关实验等。但这些结构类创新实验对实验者的理论基础和知识储备要求相对较高，随着学习和研究的深入，学生会接触到更多的结构类创新实验。

5. 拓展延伸

地震作用下钢筋混凝土柱受到轴向和水平两个方向反复荷载的共同作用，受力状态复杂。国内外对地震作用下钢筋混凝土柱受力性能的研究主要集中在拟静力实验和数值模拟两个方面。数值模拟研究主要集中在数值模拟方法的探讨，提出了纤维模型、多弹簧模型等计算模型。经过大量的实验验证，数值模拟方法具有一定的准确性。

在查阅有关资料、学习相关有限元软件后，学生可利用纤维模型对地震作用下钢筋混凝土柱的受力性能进行数值模拟研究，更真实地模拟钢筋混凝土柱在地震作用下的力学行为。

3.10　大空隙沥青混合料渗水性能测试实验

随着工业化与城市化建设的进一步推进,当今中国正面临着各种各样的水问题。在这一背景下,"海绵城市"理论的提出为这些问题的解决提供了新的思路。道路透水性铺装作为"海绵城市"的重要基础设施,其表层材料大空隙沥青混合料(OGFC)具有吸水、渗水和蓄水的功能,在很大程度上决定了"海绵城市"建设的成败。那么在考虑路面横坡和降雨强度的情况下,如何模拟雨水在路面 OGFC 表层中的完整流动路径呢?如何在 OGFC 渗水能力达到饱和形成路表径流时,分析 OGFC 表面的径流特征呢?如何准确测试和全面评价 OGFC 的渗水性能呢?以下就是一种设计实验的描述。

1. 实验材料与仪器

(1)渗水性能测试装置包括:①蓄水槽;②高度调节螺栓;③平板;④下底板;⑤沥青混合料试件;⑥通孔;⑦泄水孔;⑧铰链;⑨内部渗水排水管;⑩表面径流排水管,如图 3-35(a)、(c)所示。

(2)蓄水槽包括:①储水槽;②通孔;③隔板;④排水管;⑤泄水槽;⑥泄水孔;⑦螺丝,如图 3-35(b)所示。

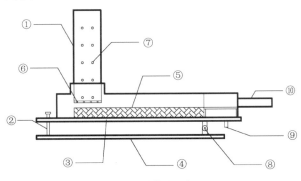

(a)渗水性能测试装置设计图

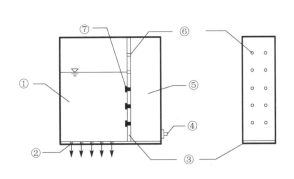

(b)渗水性能测试装置蓄水槽设计图

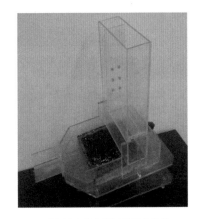

(c)渗水性能测试装置实物图

图 3-35　渗水性能测试装置

（3）蜡、加热电炉、量筒、黏土太空泥、游标卡尺、水桶。

（4）实验所用的大空隙沥青混合料。

2. 实验步骤简述

（1）为满足模拟雨水流动路径的需求，采用石蜡密封试件的四个表面（三个侧面和一个底面），如图 3-36 所示的未标阴影表面，将上表面作为雨水接承面，右侧竖直面作为渗水面。

（2）将密封完成的试件放入装置的凹槽中，使用黏土太空泥填充装置与试件间的空隙并用石蜡密封，如图 3-37 所示。

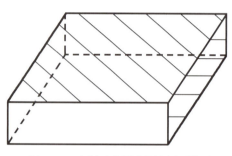

图 3-36　密封试件四个面（未标阴影）　　图 3-37　密封完成后实物图

（3）按指定路面横坡旋转螺栓，调节平板左侧的高度，以达到指定路面横坡。

（4）向蓄水槽中注水，待水头达到相应高度后稳定水头，如图 3-38 所示。

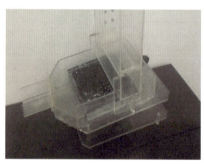

图 3-38　大空隙沥青混合料渗水性能测试实验过程图

3. 实验结果揭示

在试件表面径流排水管和内部渗水排水管处放置盛水容器，计时 ts 后停止集水，分别测量所收集的试件表面水的体积 V_1 和渗透水的体积 V_2。计算全面评价 OGFC 渗水性能的三个指标：表面排水系数 SDC、渗透系数 PC 及渗透系数衰减度 PL。

1) 表面排水系数 SDC 和渗透系数 PC

分别按式(3-4)和式(3-5)计算 OGFC 的表面排水系数 SDC 和渗透系数 PC：

$$SDC = V_1/t \qquad (3-4)$$

$$PC = V_2/t \qquad (3-5)$$

式中，V_1 为 OGFC 表面排出水的体积(ml)；V_2 为 OGFC 渗透面流出水的体积(ml)；t 为蓄水槽泄水时间(s)。

2) 渗透系数衰减度 PL

按照式(3-6)计算车辙引起的渗透系数衰减度：

$$PL_i = \frac{PC_0 - PC_i}{PC_0} \times 100\% \qquad (3-6)$$

式中，PL_i 为车辙实验 $i$min 后混合料渗透系数衰减度(%)；PC_0 为车辙实验前混合料的初始渗透系数(ml/s)；PC_i 为车辙实验 $i$min 后混合料的渗透系数(ml/s)。

4. 实验原理揭秘

经过大量的实验，可以得出外部因素(降雨强度、路面横坡)和内部因素(OGFC 的永久变形)对 OGFC 渗水性能的影响如下。

1) 降雨强度和路面横坡

当路面横坡不变、降雨强度改变时，在 5 种不同降雨强度下，两组不同空隙率的试件对应的表面排水系数 SDC 和渗透系数 PC 的变化曲线如图 3-39 所示。由图可知：①OGFC 的渗透能力未饱和时(No.2)，表面排水系数 SDC 和渗透系数 PC 随着降雨强度的增加而增加，前者的增长幅度小于后者；②OGFC 的渗透能力饱和后(No.1)，表面排水系数 SDC 随着降雨强度的增加而增加，渗透系数 PC 趋于稳定。因此，在 OGFC 设计过程中，应根据所在地区的降雨强度，确定合适的 OGFC 空隙率，保证足够的渗透能力，从而降低雨水从 OGFC 表面排走的概率，确保路面的抗滑性能。

当降雨强度不变、路面横坡变化时，两组不同空隙率的试件对应的表面排水系数 SDC 和渗透系数 PC 的变化曲线如图 3-40 所示。由图可知：①随着路面横坡的增加，在 OGFC 渗透能力未达到饱和时，雨水优先从 OGFC 的连通空隙中渗透，因此渗透系数 PC 增加；②降雨强度一定、路面横坡增加时，渗透系数 PC 增加，表面排水系数 SDC 相对减小。因此在应用中，可适当选择较大的路面横坡，使 OGFC 具有较佳的渗水性能。

2) OGFC 的永久变形

在车辙实验中，选取 8 组不同空隙率的 OGFC 试件，使用车辙实验仪分别碾压 10min、20min、30min、40min、50min 和 60min 后取出试件。采用研制的新装置测试每种 OGFC

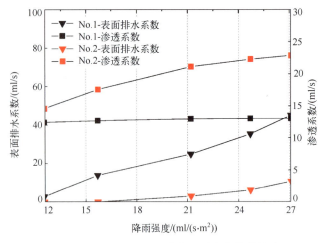

图 3-39　SDC 和 PC 随降雨强度变化曲线

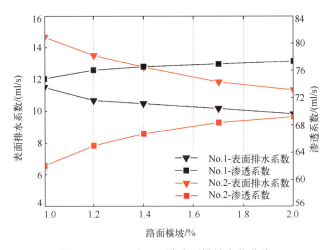

图 3-40　SDC 和 PC 随路面横坡变化曲线

试件在不同碾压时间下的渗透系数，记为 PC_{10}、PC_{20}、PC_{30}、PC_{40}、PC_{50} 和 PC_{60}。实验后得到的渗透系数衰减度如图 3-41 所示。由图可知：随着车辙碾压时间的延长，8 组 OGFC 试件的渗透系数均呈现先快速下降后缓慢下降的趋势，这说明车辙永久变形在试件内部形成了渗水"瓶颈"，延缓或部分阻碍了水流的顺利渗透。

5. 拓展延伸

　　OGFC 路面不仅需要具有耐磨耗、耐气候、耐水流侵蚀等耐久性，还需要具有排水及降噪等功能，这是进行配合比设计的同时需要考虑的问题。尽管这种路面已经应用于国外，并且有了较为成熟的设计方法，但我们设计时可以结合对此种路面的应用范围、适合当地气候条件的集料级配、改性沥青纤维的品种、马歇尔设计指标要求以及施工方法等内容的研究，形成适应我国道路现状的 OGFC 设计方法。

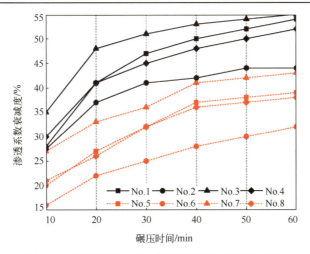

图 3-41　渗透系数衰减度随车辙碾压时间变化曲线

思　考　题

1. 参考本章的"盐碱地形成过程演示实验"相关内容，请学生自行设计对比实验，分别探究温度、不同土质、地形地势、地下水位等因素对盐碱地形成情况的影响，并与其他同学讨论不同因素对盐碱地形成过程的影响机理。

参考答案：温度对盐碱地形成情况的影响。

设计三组盐碱地形成演示模型，除温度设置不同外，其他因素和变量保持一致。如图 3-42 所示，三组实验设置的温度分别为 50℃、25℃ 和 0℃，对应盐碱地所处的温度类别分别为高温区、常温区和低温区。简要实验步骤为：①制作一规格直径为 15cm、高 18cm 的模型筒，距底部 4cm 处设置一镂空隔板，隔板下部放置掺入足量盐的碎石垫层，上部垫滤纸，承装 10cm 厚的透水性较好的砂土；②摆好加热灯，灯泡伸入置样槽中，靠近土体表面，对三组试样分别进行加热，

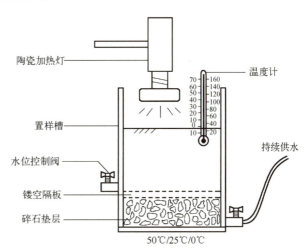

图 3-42　不同温度下的盐碱地形成演示模型

并在加热完成后将三组试样均置于恒温箱中；③将供水管另一头连接水龙头，打开水位控制阀及水龙头，对实验装置持续供水，观察实验现象并记录实验结果，再进行对比分析。

2. 混凝土结构加固工程中，加固层材料与旧混凝土之间通过界面间的有效黏结协同受力变形；当截面黏结不好时，新老材料间会出现脱黏问题，并进一步导致加固失败。因此，新老材料结合面处的黏结性能通常备受设计人员和研究者关注，一般采用图 3-43 所示的界

面抗剪强度 τ 进行表征。假设有水泥基复合材料和 FRP 片材两种加固材料，拟分别对混凝土结构进行外贴加固。正式加固前为了解新老材料结合面处的黏结性能，想利用实验室的压力试验机（仅能提供压力）作为加载设备，进行测量界面抗剪强度 τ 的试验，请根据题意设计分别适用于两种加固材料的界面抗剪强度试验的简易装置，并绘制加载示意图。（提示：两种加固材料的力学特性不同，水泥基复合材料可对应钢筋网砂浆，FRP 片材可对应碳纤维布。）

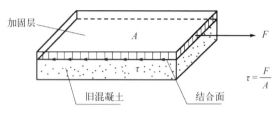

图 3-43　新老材料界面黏结示意图

参考答案：

根据题意可知，新老材料间界面黏结性能试验的关键是要在两种材料的结合面处形成有效剪应力，所设计的试验装置要能使新老材料间形成错动。通过分析两种加固材料的特性可知，水泥基复合材料中的水泥基抗拉强度有限，易受拉开裂，因此不能直接采用让加固层受拉的试验方案，同时考虑到试验设备限制，宜采用图 3-44 所示的双面剪切试验装置；同样，由于 FRP 片材很薄，刚度不足，无法承受较大压力，因此，宜让片材受拉形成界面剪应力，同时考虑压力试验机只能提供压力的特点，宜采用图 3-45 所示的双面剪切试验装置。

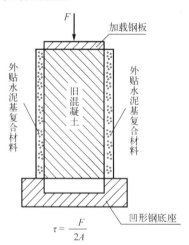

图 3-44　水泥基复合材料加固混凝土的剪切试验装置

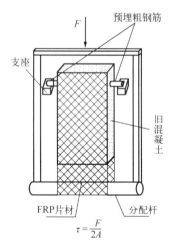

图 3-45　FRP 片材加固混凝土的剪切试验装置

3. 结合所学，你是否还了解其他土木类小型创新实验，请简要列举一个，并说明其实验原理和关键实验步骤。

解答提示：本章大部分篇幅主要介绍岩土类演示实验，学生不要被内容限制了思维，可以将思维发散至结构类、桥梁类、隧道类乃至交通类的小型创新实验，感受土木类创新实验带给自己的乐趣和收获。

第4章　土木类常见模型分析与构建

4.1　结构类模型分析与构建

4.1.1　模型结构概念设计方法

参赛学生在拿到赛题后，会根据审题获得的信息初步构建一个符合赛题约束条件的空间(三维)结构方案。但是，整个结构必然由一些大致是平面的单元所组成，因此参赛学生可进一步思考如何将基本结构体系，尤其是那些熟知的平面(二维)结构体系包括进去，如图 4-1 所示。最后在选定的平面结构体系内，处理一维构件的设计及其节点连接。

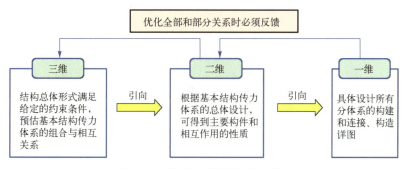

图 4-1　结构概念设计流程与层次

图 4-1 中所述概念设计层次中，承上启下的是二维结构体系。因为二维结构体系可通过平行阵列、旋转阵列等方式或者不同体系的混合搭配，构成三维结构体系；同时二维结构体系往往具有各自明确的荷载传力特点，对其所含的构件形式有对应的要求。此外，参赛学生在材料力学、结构力学等课程的学习过程中，接触最多的也是平面结构体系，所以灵活运用已知结构体系构建新的结构形式是一个大胆创新、理论联系实践的过程。

参赛学生往往通过两个途径学习结构体系：①实践学习；②理论学习。学生通过对现有建筑、桥梁等结构形式的参观学习，以及对往届比赛作品的观摩，建立了一些对结构体系的感性认识。但是，需要指出的是，直接模仿实际结构体系往往导致作品难以制作或过于安全而显得笨重，缺乏竞争力。这是因为一方面结构设计竞赛的模型制作工艺、功能要求、安全系数以及材料特性均不同于实际日常所见的结构设计；另一方面实际结构除抵抗外部荷载之外，更重要的是提供使用功能，而结构设计竞赛中仅着重于模型结构的受力性能。所以，参赛者在参照实际结构的基础上，应该借鉴其中的力学概念，同时兼顾比赛中指定材料的特性和需要采用的制作工艺，做出合理的决定。

通过理论课程的学习，参赛学生可以初步了解桁架、框架、压拱等结构体系以及一些基本构件的受力分析。作者结合多年的竞赛指导经验，对模型结构中常见的传力体系进行

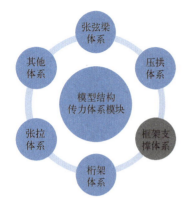

图 4-2　模型结构传力体系模块

了梳理和总结，并提出了"模型结构传力体系模块"的思想，如图 4-2 所示。常用于结构设计竞赛的结构体系包含张弦梁、压拱、框架支撑、桁架和张拉体系。学生在掌握各类基本（二维）结构体系的传力特性后，便可在空间结构形式的概念设计阶段，通过基本结构传力体系的拼装组合，快速合理地确定初步方案。此外，良好的开端是成功的一半，选择了合理的结构体系可以使参赛学生在后续的模型优化和制作过程中事半功倍。

1. 基本（二维）结构体系

接下来对图 4-2 中所提及的各类结构体系模块进行初步介绍。

1）桁架体系

桁架体系一般由竖杆、水平杆及斜杆组成，可用于桁架桥、屋架等。桁架体系在力学上是由几何不变的三角形单元组成的刚性结构，杆件主要承受轴力，结构效率很高。对于结构的悬挑和跨越，桁架具有显著的优势。

由于桁架体系是由一系列杆件组合而成的，为了充分利用材料，杆件的数量和几何尺寸可随着荷载的位置及分布形式进行调整和优化，确保所有杆件都能受力。相应的，演化出了很多的桁架形式。例如，在图 4-3（a）中，南京长江大桥的主体结构为平面桁架结构，是一种典型的平行弦菱形桁架结构，不仅承载能力强，而且造型优美。而在图 4-3（b）中，两根上弦杆和一根下弦杆通过直撑杆和斜拉杆连接组成空间桁架，桁架外形与均布荷载作用下简支梁的弯矩图基本相似，具有较好的稳定性，并可提供较大的跨越能力。

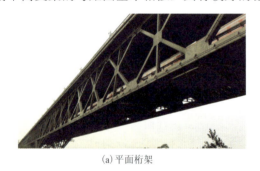

（a）平面桁架　　　　　　　　　　（b）空间桁架

图 4-3　桁架在桥梁与建筑结构中的应用

2）（压）拱结构体系

拱结构体系在实际工程中非常常见，尤其在桥梁结构中，它是一种以承受轴力为主的结构体系。按照桥面的位置可分为上承式、中承式及下承式拱桥（图 4-4）；按支座形式可分为三铰拱、两铰拱及无铰拱。

拱自身平衡外部荷载，支座需要承受水平推力。若缺少这样的支座条件，可以设置水平系杆形成轴力自平衡的系杆拱。而在实际很多情况中，荷载不直接作用在拱上，而是通过吊杆或者撑杆传递到拱,如图 4-4 中的下承式和中承式拱桥。为了满足这种要求,水平系杆可以由梁来替代,充分发挥梁受弯拉、拱受压的结构性能和组合作用。考虑拱承受轴压的受力机理,拱结构体系比较适合承受对称均布荷载。

(a)上承式拱桥　　　　　　　　(b)中承式拱桥　　　　　　　　(c)下承式拱桥

图 4-4　拱结构在桥梁结构中的应用

3)张弦梁体系

张弦梁是由上弦刚性构件和下弦高强张拉索/杆,再通过若干撑杆连接而组成的刚柔混合结构,是一种高效的大跨度空间结构体系。图 4-5 展示了张弦梁的分类与演化。单个拱或单根索都能较好地承受均布荷载,但是端部的约束需要承受较大的水平力。一旦有一根水平杆件连接两端,就可以变成一个轴力自平衡体系,形成了张弦梁的雏形。一方面是沿着系杆拱的方向做"加法",在拱和弦中间增加撑杆;另一方面是沿着鱼腹梁的方向做"减法",去掉斜腹杆仅保留直杆。所以,张弦梁的上弦刚性构件既可以是梁也可以是拱,而下

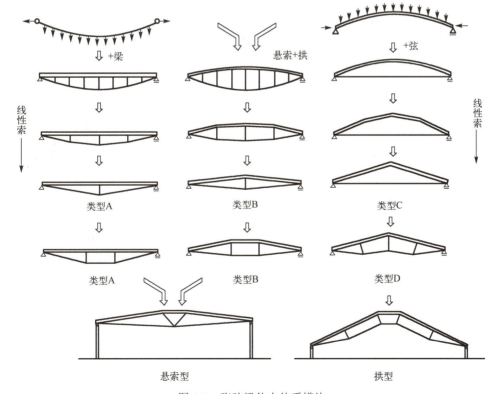

图 4-5　张弦梁传力体系模块

弦的形状取决于撑杆的数量。图 4-6 分别展示了平行阵列的平面和空间张弦梁。单个平面张弦梁的面外稳定性较差，所以需要以平行阵列或者旋转阵列的形式通过系杆或屋盖对上弦杆进行连接。若要提高单根张弦梁的稳定性，可将两根刚性上弦连接一根柔性下弦或者将一根刚性上弦连接多根柔性下弦，形成空间张弦梁。最后需要强调一下，由于张弦梁是从拱和索演化而来的，比较适合承受对称均布荷载。

(a) 平面张弦梁　　　　　　　　　　　　　(b) 空间张弦梁

图 4-6　张弦梁在大跨结构中的应用

4）框架支撑体系

框架体系主要用于建筑结构，但侧向刚度相对较小。为了提高刚度，可将框架和刚性支撑或柔性支撑组合成框架支撑体系。可以在单跨单楼层内设置普通斜撑，也可以为多跨多楼层设置巨型斜撑，如图 4-7 所示。框架斜撑体系在抵抗水平集中力时有较大优势。

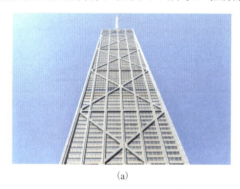 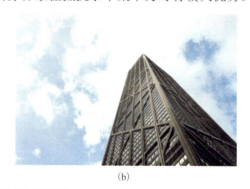

(a)　　　　　　　　　　　　　　　　(b)

图 4-7　巨型斜撑框架结构

5）张拉体系

张拉体系指采用拉索和拉条等构件传递重力和水平荷载并保持结构稳定性的结构体系，可提供较大刚度，结构承重与质量比高。注意，这里强调的是结构体系中使用了拉索或者拉条，并不是特指整体张拉结构。如图 4-8 所示，对于局部张拉结构，常见的是在平面内布置拉索，如系杆拱、斜拉桥、悬索桥和张弦梁。基于拉索的面内布置，又可通过平行阵列或旋转阵列形成空间张拉结构。从受力角度看，荷载作用方向与拉索轴线方向的夹角对结构性能的影响非常显著。若该夹角很小，拉索自身的刚度直接贡献给结构；若该夹角很大，拉索的材料刚度作用有限，在施工中通常需要施加预应力进行定形，且允许一定的变形才能发挥拉索的作用。

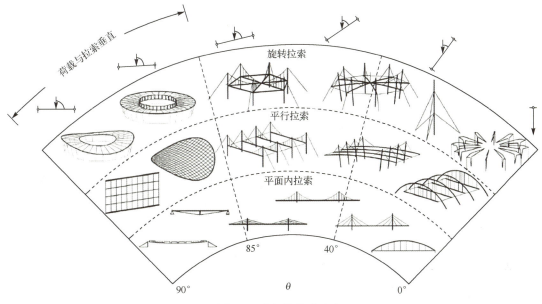

图 4-8　张拉结构形式

6) 体系组合

基于设计对象允许的形式及功能，在概念设计阶段可以将不同基本结构体系进行组合，从而充分利用各种结构体系的特点，形成更加高效的整体结构体系。例如，图 4-9(a)展示的桥梁由压拱体系和桁架体系组合而成。桁架构成的压拱在满足承载力和刚度需求的同时，相对于单根巨型压拱可以减轻结构的重量，材料利用率更高。图 4-9(b)展示的雨棚由桁架体系和张拉体系组合而成，整体结构非常轻盈，可以尽可能少地影响地表使用面积。

(a) 拱+桁架　　　　　　　　　　　　(b) 张拉+桁架

图 4-9　不同结构体系的组合

2. 结构构件、截面和节点连接

选择了结构传力体系后，还需要关注每种体系组成中所含的构件及其截面形式。在构件层次上，受轴力构件比受弯构件经济，拉杆比压杆节省材料。一方面是因为对于纸、竹皮、木条之类的材料，抗拉强度高于抗压强度；另一方面是因为拉杆只需考虑强度，而压杆很可能由于长细比过大在达到承载力前而失稳失效，不同约束条件下细长压杆的屈曲模式如图 4-10 所示。因此，拉杆可以做得比较纤细，而压杆则必须相对粗壮，并小于一定的长细比。另外，如果采用组合截面，各薄壁在受压时可能会发生局部屈曲(即薄壁出现鼓曲)而导致构件失效，方形截面铝管受压条件下的局部屈曲破坏如图 4-11 所示。为了保证压杆的局部稳定，需要引入加劲肋，从而增加了制作上的难度。

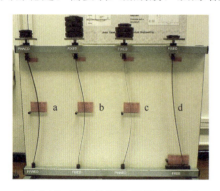

图 4-10 不同约束条件下屈曲模式
a-两端铰接；b-两端固接；c-端固接-端铰接；
d-端固接-端自由

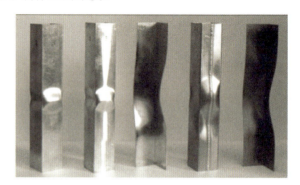

图 4-11 方形截面铝管受压条件下的局部屈曲

在截面层次上，对于弯压构件，薄壁组合截面(如 H 形、T 形、三角形和箱形截面)比实心截面效果更好，因为在相同用材的条件下，薄壁组合截面的截面边长更大，对应的抗弯惯性矩更大；或者实现相同抗弯惯性矩(或者刚度)时，薄壁组合截面仅需要较少的材料；在有扭矩的条件下，闭口截面(如三角形和箱形截面)比开口截面(H 形和 T 形截面)更好，因为开口截面容易翘曲。

构件交会的位置务必相对集中，形成明确的节点，使力的传递路径变得简洁；构件相交时最好能够在轴线相交位置处设置连接，减少由杆件轴线交错引起的局部扭矩。节点的连接可以分为刚接、铰接和半刚性连接。一般来说，使用 502 胶水等黏结起来的节点或者通过 3D 打印连接件连接的节点可视作刚性节点，如图 4-12 所示。在节点的制作工艺上，应该尽可能地保证节点连接的可靠性，确保在结构加载过程中节点不先于构件破坏，即强节点弱构件。一旦节点先于构件破坏，结构整体性会遭到破坏，很有可能造成结构的整体破坏。

(a)胶水连接

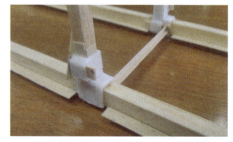

(b)3D 打印连接件连接

图 4-12 模型结构的节点连接

3. 其他考虑因素

（1）"以柔克刚"的结构体系的应用。在模型遭受由振动台激发的地震作用时，如果为了限制结构的变形，就需要采用相对粗壮的构件将结构刚度做得非常大，耗费了大量的材料，增加了结构的自重。自重的增加，反过来又会增大结构在地震加速度影响下的惯性力。所以采用"硬碰硬"的方法设计结构抗震模型是非常不经济的。而"以柔克刚"的方法是允许结构在地震作用下发生较大变形而不至于倒塌，这是由于变形的发展可以增加结构的耗能能力，有效抵御地震作用的影响。所以，采用"以柔克刚"的方法在以地震作用为荷载的结构设计竞赛中非常有利，不仅抗震效果显著而且节省材料。

（2）隔震减震技术的应用。这些技术主要在结构承受地震作用以及冲击荷载等动力荷载作用下才会发生效用。例如，在 2014 年全国大学生结构设计竞赛中，要求用竹皮制作的结构模型可承受地震作用，地震作用通过支撑模型的底板传入。其中就有参赛队将上部结构的柱子放置在与底板连接的截面尺寸较大的柱筒（或柱靴）内，并在筒内留有部分细腻的竹粉，以减小摩擦力，从而在地震作用下实现柱子相对于柱筒的滑动，等效于隔震作用。

此外，参赛者还可以参照一些书目中关于实际结构设计常用的概念，如《感知结构概念》和《结构概念与体系》，并借鉴到结构设计竞赛中。在《感知结构概念》一书中，提到了内力对结构刚度的影响：内力传递路径越直接，结构刚度越大；内力分布越均匀，结构刚度越大。

遵从上述基本概念，《感知结构概念》一书中提出了用于布置框架支撑系统的五条准则，以获得直接的传力路径，提高结构刚度。对应准则为：①支撑杆件应从结构的底部到顶部层层布置；②不同层之间的支撑杆件应该直接连接；③支撑杆件之间应尽量直线连接；④顶层和相邻跨的支撑杆件应尽量直接连接（适用于那些跨数多于层数的结构，如临时看台和脚手架结构等）；⑤如果需要额外的支撑杆件，其布置应遵循以上四条准则。

本节以有限元分析软件做一个简单的数值模拟来验证这五条准则。采用 Midas Gen 模拟分析一个四层四跨的平面框架结构，节点之间的连接形式均为刚接。所有杆件都为梁单元，截面尺寸均相同。框架柱底均固支，在框架右上角顶点施加 100N 的荷载，计算每个方案条件下的各节点位移，对比不同支撑布置条件下的结构变形情况。

图 4-13 显示的是无支撑杆件的框架，图 4-14 显示的是最外侧两跨范围内每层均有斜撑，但是斜撑杆件之间不直接连接，相反，图 4-15 中的斜撑直接连接。图 4-16 中的斜撑从顶层开始贯穿相邻跨直至柱底。图 4-14～图 4-16 的平面框架变形均比图 4-13 中对应的要小，表明有斜撑的框架体系比无斜撑的框架体系变形要小得多，所以斜撑的存在可以大大减小框架结构的变形情况。图 4-15 比图 4-14 的位移要小，由此比较验证了第二条准则——不同层之间的支撑杆件应该直接连接。图 4-16 中结构顶点位移不足图 4-15 中顶点位移的 1/3，说明了第三条准则"支撑杆件之间应尽量直线连接"的正确性。由此比较可以说明根据一定的结构概念设计，会达到快速设计和优化结构的作用。

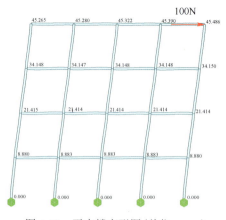

图 4-13   无支撑变形图(单位：mm)

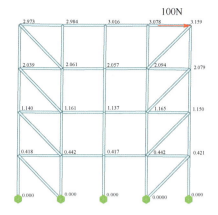

图 4-14   不相连支撑变形图(单位：mm)

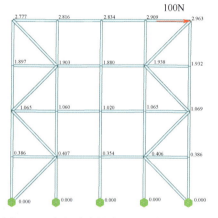

图 4-15   有相连支撑变形图(单位：mm)

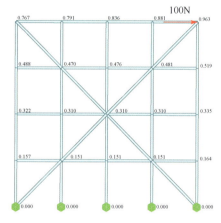

图 4-16   连续支撑变形图(单位：mm)

4.1.2   常见模型结构与构建

1. 桁架模型结构

1)基本概念与受力特点

桁架结构(图 4-17)是一种各杆件在两端使用铰链相连的结构，主要由上弦杆、下弦杆及腹杆组成，其中腹杆一般为斜杆或竖杆。桁架的截面高度称为桁高，两个节点之间的长度称为节间长度。

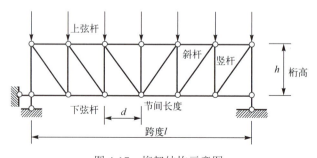

图 4-17   桁架结构示意图

　　桁架结构中各杆件的受力均以单向拉、压为主，不存在或仅存在很小的弯矩与剪力，从而充分利用材料的强度，提高结构或构件的承载能力。桁架结构中水平方向的拉、压内力能自身平衡，整个结构不对支座产生水平推力，这使得结构受力合理、布置灵活。在抗弯方面，由于桁架的受拉与受压杆件集中布置在结构的上下边缘，最大限度地利用了结构的内力臂，使得相同材料用量下，桁架结构比其他结构形式能获得更大的受弯承载力。在抗剪方面，通过调整腹杆的布置数量和角度，能够合理地将剪力传给支座，具有较好的受剪承载能力。

　　桁架结构按几何组成可分为三角形桁架、梁桁架、梯形桁架、多边形桁架、空腹桁架五种类型(图 4-18)。第一种三角形桁架(图 4-18(a))的特点是外形如三角形。在均布节点荷载作用下，其上、下弦杆的轴力在端点处达到最大，并向跨中逐渐减少；而其腹杆的轴力分布情况则刚好相反。由于其内力差别较大，材料利用不够合理，因此多用于承载较小的屋架中。第二种梁桁架又称为平行弦桁架(图 4-18(b))，主要特征是上、下弦杆相互平行。各个弦杆与腹杆的长度易于统一，桁架节点构造也基本相同，方便工厂批量生产构件，建造效率高。第三种梯形桁架(图 4-18(c))与三角形桁架相比，杆件的内力差异情况有所改善，而且更易满足厂房屋架的特定工艺要求。当梯形桁架的上、下弦平行时，该桁架同样属于平行弦桁架。第四种多边形桁架也称折线形桁架(图 4-18(d))，多边形桁架的外形和均布荷载作用下简支梁的弯矩图相似，因此其上、下弦轴力分布均匀，腹杆轴力较小，用料最省，是工程中常用的一种桁架形式。第五种空腹桁架(图 4-18(e))通常取用多边形桁架的外形，无斜腹杆，仅以竖腹杆和上下弦相连接，杆件的轴力分布和多边形桁架相似，但在不对称荷载作用下杆端弯矩值变化较大。

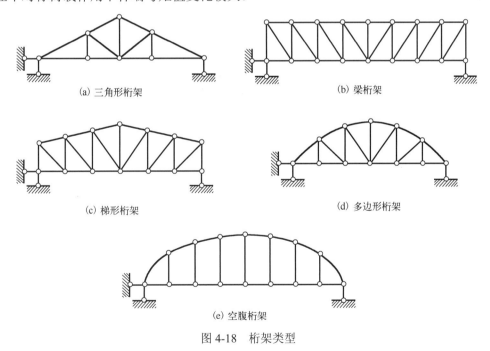

(a) 三角形桁架　　(b) 梁桁架　　(c) 梯形桁架　　(d) 多边形桁架　　(e) 空腹桁架

图 4-18　桁架类型

2) 竞赛应用案例

(1) 案例概况。

2018 年华东地区高校结构设计邀请赛要求设计一个可采用顶推法施工的桥梁模型,该模型主要由两部分组成,分别是桥梁主体部分和导梁部分,如图 4-19 和图 4-20 所示。模型制作完成后先进行称重,再按照规定配重方式对模型进行加载。试验前对模型进行荷载检测,包括数量及位置检测。加载时启动顶推驱动装置,按 350mm/min 的速度将模型推进。当截面 A 到达支座 1 中心线时,停止驱动装置,持荷 10s,第一阶段加载结束。若第一阶段失败不可进行第二阶段加载。再次启动顶推驱动装置,按规定的速度将模型推进。当截面 A 到达支座 2 中心线时,停止驱动装置,持荷 10s,则第二阶段加载完成。

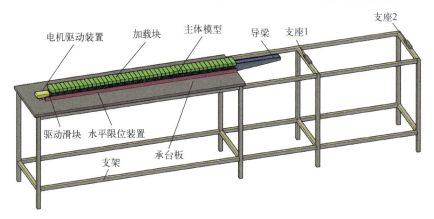

图 4-19　结构模型加载示意图

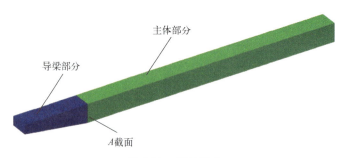

图 4-20　模型组成

(2) 模型设计。

① 受力过程分析。

本次结构设计竞赛需设计并制作一个桥跨体系,能在顶推过程中承受总重 23.40kg 的砝码产生的均布荷载,并具有足够的刚度,保证不发生过大的变形以致结构无法被顶推上指定支座。桥跨体系在加载过程中的受力情况可分为以下四个阶段:第一阶段是模型导梁顶推至第一跨支座前(图 4-21(a))。此时结构主体和导梁可看成悬臂结构,因此均布荷载下桁架梁上弦杆受拉,下弦杆受压,悬臂根部弯矩最大。第二阶段是当模型的导梁部分顶推上第一跨支座时(图 4-21(b)),模型结构的边界条件由悬臂转变为简支。此时,结构构件的受力状态发生改变,桁架梁上弦杆由受拉状态变为受压状态,而下弦杆则由受压状态转变为受拉状态。第三阶段是模型主体跨越第一跨支座、导梁部分顶推至第二跨支座前（图 4-21（c)）。此时，结构模型受力的状态变为一跨简支一跨悬臂，第一跨支座处存在负弯矩，简支和悬臂段桁架梁的上、下弦杆拉压应力状态刚好相反。第四阶段是模型导梁部分顶推至第二跨支座上（图 4-21（d)）。此时，结构主体和导梁为两跨连续梁受力体系，桁架梁上、下弦杆的拉压应力状态又随之发生变化。综上分析，均布荷载下模型的前半段在顶推过程中会出现悬臂与简支两个受力工况，而模型的后半段，则主要承受简支受力工况。

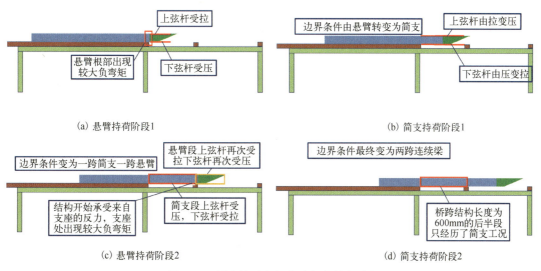

（a）悬臂持荷阶段 1　　　　　　　　　　　　　　　（b）简支持荷阶段 1

（c）悬臂持荷阶段 2　　　　　　　　　　　　　　　（d）简支持荷阶段 2

图 4-21　桥跨体系在加载过程中的各阶段

②方案选择及模型构建。

基于上述分析并结合赛题要求，桥跨体系主要由导梁、模型主体前半段以及后半段组成，可采取空间桁架结构体系方案。结构全长均采用桁架结构设计，保证桥跨结构在不同的顶推工况（如悬臂、简支、一跨简支一跨悬臂、两跨连续梁等）下具有足够的强度和刚度，并且不发生扭转、失稳或挠度过大等破坏情况，在适当长度的导梁帮助下能成功顶推至指定的两个支座；对于该方案的设计，尽管结构体系单一，但受力体系稳定且容易制作，只需通过多次试验使桥跨桁架截面的尺寸与导梁长度相适应即可达到预期效果，且桁架结构相对简单、传力明确，在一定程度上可减小由制作误差带来的影响。

本设计模型整体为一个变截面的矩形空间桁架模型，由双片矩形桁架组合而成，空间桁架模型沿纵向长度方向根据承载需要两次调整截面尺寸。图 4-22 展示了整体结构的主视图，模型结构纵向长度为 1820mm，可分为 A、B、C 三段。其中，A 段为导梁，长度为 400mm，B 段长度为 820mm，C 段长度为 600mm。由于模型 A、B、C 三段在加载过程中的受力情况不同，因此各段的截面尺寸均根据需要设置，B 段受力较大，且拉压应力交替变化频繁，故截面尺寸设置较大，设为 50mm×50mm（宽×高）；C 段相对 B 段受力较小，截面尺寸可减小为 50mm×30mm（宽×高）；导梁部分不受竖向荷载作用，但其与支座接触时需承受竖向反力，因此将导梁与 B 段连接处的截面尺寸设为 50mm×50mm（宽×高），这可以保证模型结构整体上具有较好连续性。此外，为减轻导梁自重并保证其在顶推过程中具有引导作用，导梁在顶端 100mm 的长度范围内设置了楔形引导端。

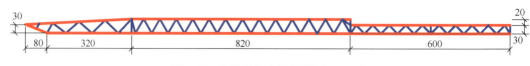

图 4-22　整体结构主视图(单位：mm)

③有限元分析。

根据确定的结构形式、选定的杆件截面以及材料属性等设计参数，在大型通用有限元分析程序 Midas Civil 中建立结构的分析模型。结构有限元模型图如图 4-23 所示。

图 4-23　结构有限元模型图

根据赛题提供的材料力学性能，在有限元计算中选取的材料参数如下：竹材顺纹抗拉强度为 60MPa，抗压强度为 30MPa，弹性模量为 6GPa。在实际加载过程中，加载在每一侧上弦杆上的荷载为均布荷载，荷载集度为 82.2N/m。根据顶推过程中结构所处的位置不同，选取以下四种工况进行分析。

工况一：悬臂持荷阶段 1(即将顶推上支座 1)。如图 4-24(a)所示，均布荷载沿桥跨结构全长布置，集度为 82.2N/m。在导梁以及伸出承台板 200mm 的桥跨主体部分下，不定义边界约束。仍处于承台板上的其他部分，在下弦杆的节点上定义铰支约束。

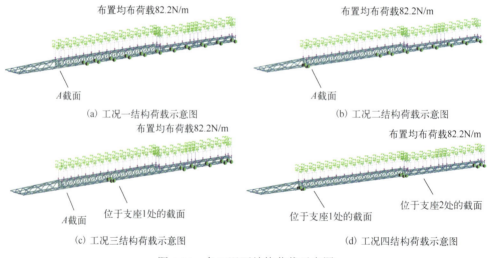

(a) 工况一结构荷载示意图　　　　　　　　(b) 工况二结构荷载示意图

(c) 工况三结构荷载示意图　　　　　　　　(d) 工况四结构荷载示意图

图 4-24　各工况下结构荷载示意图

工况二：简支持荷阶段 1(截面 A 到达支座 1)。如图 4-24(b)所示，荷载集度不变，模型所处的边界条件由悬臂转变为简支，跨度为 600mm。因此在 A 截面处定义铰支约束，仍处于承台板上的其他部分，在下弦杆的节点上定义铰支约束。

工况三：悬臂持荷阶段 2(即将顶推上支座 2)。如图 4-24(c)所示，当导梁即将顶推上支座 2 时，结构的悬臂长度达到最大，为 420mm。此时桥跨结构呈一跨简支一跨悬臂的状态。将此时位于支座 1 处的截面的下弦杆节点约束定义为铰接，仍处于承台板上的其他部分，在下弦杆的节点上定义铰支约束。

工况四：简支持荷阶段 2（截面 A 到达支座 2）。如图 4-24(d)所示，荷载集度不变，桥跨结构的边界情况转变为跨度分别为 600mm 与 820mm 的两跨连续梁受力状态。此时将位于支座 1、支座 2 上的截面的下弦杆节点定义为铰支约束，仍处于承台板上的其他部分，在下弦杆的节点上定义铰支约束。

对模型结构进行线弹性受力分析。图 4-25 给出了最不利工况下结构的内力与变形计算结果。其中最大压力值出现在工况一中，即悬臂部分根部的桁架下弦杆，其值为 50.2N，远小于容许值，满足强度要求。此外，由于整体模型皆采用桁架设计，结构构件在加载过程中主要承受轴向力作用，所承担的弯矩较小，不需要对结构构件的受弯承载力进行验算。工况三条件下结构最大竖向变形出现在导梁端部，约为 28.7mm；而顶推过程中导梁端部出现的挠度均控制在导梁截面高度 50mm 以内，因此桥跨结构可在发生一定挠度的情况下借助导梁成功顶推上支座。竖向变形满足模型结构设计要求。在加载过程中，结构所能出现的最大拉应力为 58MPa，小于材料极限抗拉强度 60MPa，故满足强度要求；结构最大压应力出现在梁与柱子连接处，最大压应力为 28MPa，小于材料极限抗压强度 30MPa，也满足强度要求，即结构承载力总体上满足给定荷载作用下的要求。考虑结构的极限承载能力状态，参考《木结构设计标准》(GB 50005—2017)对内力最大的构件稳定性进行验算，验算结果证明该压杆稳定性满足要求。

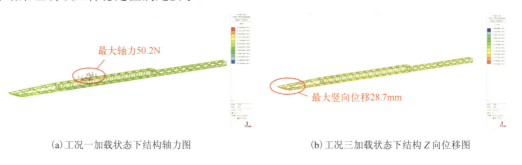

最大轴力50.2N

最大竖向位移28.7mm

(a)工况一加载状态下结构轴力图　　　　　　　(b)工况三加载状态下结构 Z 向位移图

图 4-25　最不利工况下结构内力与变形图

(3)模型制作与加载。

桁架的上弦杆、下弦杆和腹杆主要由实心竹条构成，桁架的缀条采用竹片制成的十字拉索。结构设计在保证竖向承载能力的同时，还充分考虑了由荷载偏差和手工制作误差等带来的扭转效应。如图 4-26 所示，导梁部分采用 50mm×50mm(宽×高)的矩形变截面，楔形引导端长 80mm，其桁架下弦杆采用竹条制成的 T 形截面杆。模型结构前半段的上下弦杆采用双腹板倒 T 形截面，以保证弦杆具有充分的抗弯刚度与受压承载力。T 形截面杆的翼缘采用 3mm×1mm(宽×高)的实心竹条、腹板采用 0.35mm 厚的竹皮。而对于模型结构后半段，由于其弦杆的受力工况始终一致，为减轻模型重量同时考虑竹材的受力特性，采用截面为 3mm×3mm(宽×高)的实心竹条作为其弦杆即可保证结构的工作性能。同时为保证桁架梁上下弦杆之间的可靠传力，选取截面大小 2mm×2mm(宽×高)的实心竹条作为桁架腹杆；在桁架的上、下表面以及腹部均采用厚度为 0.2mm、宽度为 3mm 的竹皮作为桁架缀条，以增加桁架的抗扭刚度。加载阶段，驱动装置在模型尾部顶推模型前进，模型在经历悬臂、简支及两跨连续等一系列复杂工况后，完成加载。最终以 78g 的模型自重，取得了承受 18kg 的均布荷载的成绩(图 4-27)，充分体现了桁架梁结构承载优越的特性。

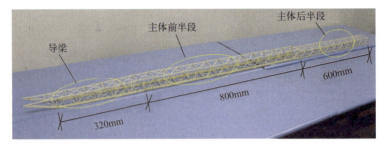

图 4-26　变截面桁架梁结构模型实物

图 4-27　变截面桁架梁结构模型现场加载

2. 拱模型结构

1)基本概念与受力特点

拱结构(图 4-28)是指竖向荷载作用下，在自身平面内产生水平推力的曲线形或折线形结构，该水平推力可以通过与支座相连的拉杆形成自平衡体系。其中拱轴线是各个截面形心的连线；拱顶是拱结构的最高点；拱趾是拱两端与支座连接处；起拱线是拱趾之间的连线。在拱结构中，其跨度一般采用字母 L 表示，意为拱趾之间的水平距离；矢高一般采用字母 f 表示，意为两拱趾间的连线到拱顶的竖向距离；矢高与拱跨度之比称为矢跨比(f/L)，拱的受力性能主要与它有关，实际工程中这个值一般控制在 1/10～1。拱按组成和支承方式可分为三铰拱、两铰拱和无铰拱三种(图 4-29)；由于拱的轴线可以是圆弧、抛物线、悬链线等，因此，按拱轴线形又可分为圆弧拱、抛物线拱及悬链线拱等。

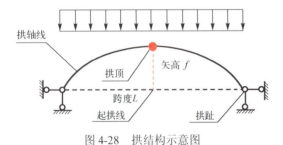

图 4-28　拱结构示意图

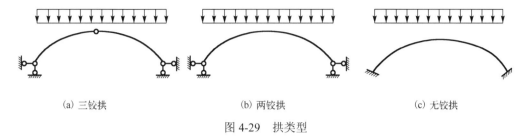

|(a) 三铰拱|(b) 两铰拱|(c) 无铰拱|

图 4-29 拱类型

拱结构的受力特点如下：①拱结构在外荷载、支撑反力及水平推力共同作用下主要处于受压和小偏压受力状态，其各截面的弯矩要比相应跨度的简支梁或曲梁小得多，因此它的截面就可做得小一些，能节省材料、减小自重，并且拥有较强的跨越能力。此外，通过调整拱的弯曲程度，可以使得其在给定竖向荷载作用下只受轴压力作用，此时，称该拱轴线为与该荷载对应的合理拱轴线，该拱结构可最大效能地发挥材料的受压特性。②在拱结构中，杆件内力主要是轴向压力，因此，可以充分利用材料的抗压强度特性，甚至可以不考虑或忽略材料的抗拉性能。③由于拱结构会对下部支撑结构产生水平推力，因此它需要更坚固的基础或下部结构。这就要求下部结构或基础具有足够的抗侧推能力，施工难度和造价费用等都相对较高。为弥补水平推力过大的缺点，可采用拉杆将拱趾相连，以便将拱的水平推力转化为拉杆的拉力，实现结构自平衡。

拱结构区别于其他结构的重要特征就是：在竖向荷载作用下，结构是否产生水平推力。图 4-30(a)就是典型的三铰拱结构。而图 4-30(b)所示结构在竖向荷载作用下并不能产生水平推力，因此不是拱结构，而是曲梁。图 4-30(c)所示结构为三铰刚架，在竖向荷载作用下，也会产生水平推力，因此三铰刚架的本质也是一种广义的拱结构。在拱结构中，由于各杆件截面均以受压为主，弯矩和剪力都相对较小，具有受力简单、跨越能力强及材料利用率高等特性，能有效利用抗压性能好而抗拉性能差的砖、石、砌块及混凝土等准脆性或脆性廉价材料。

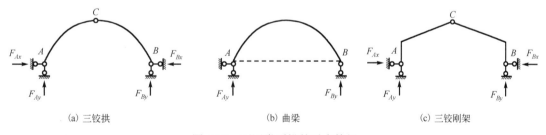

|(a) 三铰拱|(b) 曲梁|(c) 三铰刚架|

图 4-30 不同类型拱的受力特征

2) 竞赛应用案例

(1) 案例一。

2015 年江苏省大学生土木工程结构创新竞赛现场模型制作与加载试验比赛要求：模型净跨度 $L_0 = 800\text{mm}$，两端各有 80mm 的搭接长度以便稳固搁置于加载台上，整个结构总长度 $L = 960\text{mm}$，模型宽度不得超过 300mm；制作模型时，应设计加载位置以便放置加载横杆(加载横杆规格：长 300mm、直径为 12mm)。其加载示意图如图 4-31 所示，采用在模型

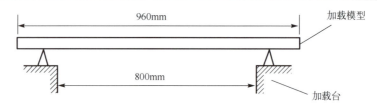

图 4-31　模型加载示意图

中点悬挂配重的加载方式。具体为：在模型下方悬挂一个加载盘，加载高度不予限制，通过在加载盘内加砝码的方式对模型施加集中力。当结构发生破坏时，前一级荷载与加载盘的重量之和，记为 M，单位为 g，作为结构的承载能力。结构中任意一根骨架杆件发生断裂、屈曲或整体垮塌等即认为模型结构破坏，立即停止加载。

当采取普通桁架简支梁作为桥体结构形式时(图 4-32)，该有限元模型自重 $G = 2.3+2.3+2.3+2.3 = 9.2(\text{N})$，通过 Midas 有限元软件分析得出在 200N 外力作用下，其竖向位移最大值为 1.124mm；最大压应力为 3.98N/mm^2，最大拉应力为 2.32N/mm^2。相同工况下，当采取拱结构时(图 4-33)，在自重变化不大的情况下(普通拱自重 $G = 2.7+2.7+2.7+2.7-0.3-0.3-0.3-0.3 = 9.6(\text{N})$)，竖向位移最大值为 0.598mm，最大压应力为 2.97N/mm^2，最大拉应力为 3.13N/mm^2。从中发现，拱模型在充分利用材料的基础上，其力学性能明显优于普通桁架简支梁。

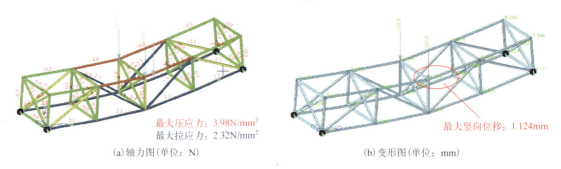

(a)轴力图(单位：N)　　　　　　　　　　(b)变形图(单位：mm)

图 4-32　普通桁架简支梁在外力作用下的轴力与变形图

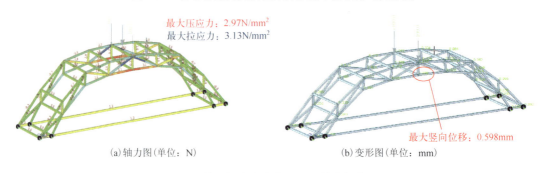

(a)轴力图(单位：N)　　　　　　　　　　(b)变形图(单位：mm)

图 4-33　普通拱在外力作用下的轴力与变形图

如果只考虑桥梁结构跨中承载的工况，可以将普通拱模型进一步优化，即将该桥梁结构设计为三角拱结构，主要由两个斜向压杆和水平拉杆组成，其中两个斜向压杆可采用平面或空间桁架结构形式，拱脚处的系杆根据受力需要采用合适尺寸的拉条即可，这样结构模型的自重也能最大限度地降低，同时其内力与变形仍满足要求。当采取三角拱结构模型时(图 4-34)，在自重减小的情况下(三角拱自重 $G = 2.2+2.2+2.2+2.2 = 8.8(N)$)，相同工况下，竖向位移最大值为 0.551mm，最大压应力为 2.18N/mm²，最大拉应力为 1.74N/mm²，该模型的承载能力较之前的普通拱桥结构有了较大的提升，承载效率大大提高。分析该模型结构的特点可知，其不仅具有拱结构"承载优越"的优点，同时兼具桁架结构"杆件传力直接"的优势，整个模型质量轻盈且受力合理。诸如此类的三角拱结构模型，在 2017 年以前的江苏省大学生土木工程结构创新竞赛模型中经常见到。

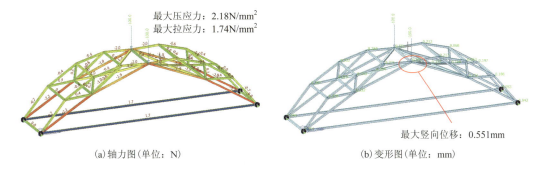

(a)轴力图(单位：N)　　　　　　　　　　(b)变形图(单位：mm)

图 4-34　三角拱在外力作用下的轴力与变形图

对于拱结构而言，尽管其受力合理、类型众多，但要在结构设计竞赛中充分发挥该结构形式的优势却并不容易。这是因为拱结构的设计、制作相对复杂，而且其受力特点还与模型制作所采用的材料相关。目前，国内各级大学生结构设计竞赛，包括全国、地区及省市级等，均是以竹木材料作为模型制作的主要材料。该类材料便于裁剪、制作，但其抗拉压能力相对较差，与实际结构中常用的钢材和混凝土材料相比，有着天壤之别。因此，采用该类材料做成的普通拱结构，其承载和跨越能力均会受到一定限制。经过设计、制作及加载测试，三角拱这类模型在 2015 年江苏省大学生土木工程结构创新竞赛中均取得了优异的成绩。

(2)案例二。

除竹木材料外，钢材有时也作为结构模型设计竞赛的制作材料，相比于竹木材料，钢材的抗压、抗拉性能优异，且具备良好的延性，是实际工程结构中一种常用的材料。一些国际比赛中也会用到钢材进行模型制作。如美赛钢桥赛与加拿大钢桥赛，参赛队伍需要根据题目要求设计一座钢桥模型，尽可能地减小模型的重量与荷载作用下桥的变形，同时需要考虑模型的拼装速度。相比于国内的结构竞赛，美国与加拿大的钢桥赛模型尺寸较大，一般跨度可达 6～7m，且细节要求较多，制作工艺非常复杂。根据钢桥赛赛题要求，钢桥模型有拱桥与桁架桥两种形式可以选择，为确定最终模型的结构形式，模型设计过程中，可通过 Midas 软件进行有限元分析，以对比两种结构形式的优劣。如图 4-35 所示，建立等跨度的桁架桥与拱桥，采取同样的边界条件进行约束，定义相同的材料特性与单元截面尺寸并施加相同的跨中竖向荷载。

通过定义自重荷载并查看桥腿反力，可以得到两种结构的自重，如图 4-36 所示，桁架桥模型自重为 558N，拱桥模型自重为 471.3N，可以明显看出，拱桥具有更轻的自重，在赛题的得分规则下更具有优势。

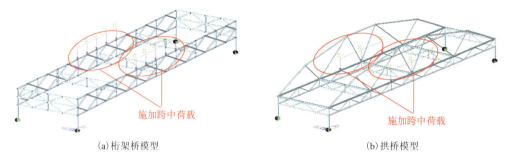

(a)桁架桥模型　　　　　　　　　(b)拱桥模型

图 4-35　桁架桥与拱桥模型建立

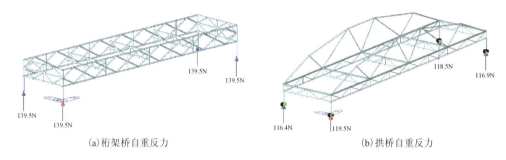

(a)桁架桥自重反力　　　　　　　(b)拱桥自重反力

图 4-36　桁架桥与拱桥自重对比

分别计算荷载作用下两个模型的变形与内力，可以发现在相同的加载条件下，拱桥的受力性能明显强于桁架桥。荷载作用下的变形分析结果如图 4-37 所示，桁架桥的竖向最大挠度为 5.215mm，拱桥的竖向最大挠度仅为 1.242mm。

另外，可运用有限元软件分别计算两种模型在荷载作用下的杆件应力，如图 4-38 所示，从应力图中可以看出，桁架桥跨中处拉应力较大，最大压应力均集中在跨中；而拱桥应力分布较均衡，最大压应力均匀分布在整个拱上。

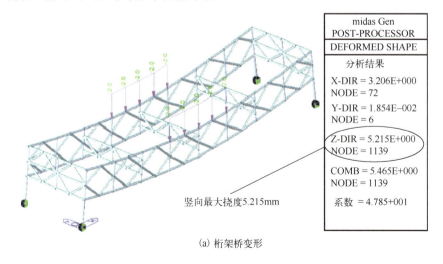

竖向最大挠度5.215mm

(a) 桁架桥变形

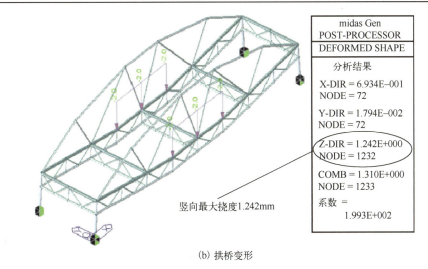

竖向最大挠度1.242mm

(b) 拱桥变形

图 4-37　桁架桥与拱桥变形图

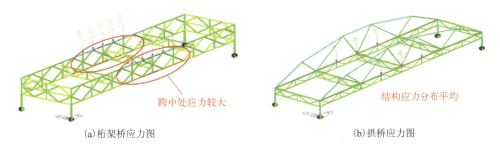

(a) 桁架桥应力图　　　　　　　　(b) 拱桥应力图

图 4-38　桁架桥与拱桥应力图对比

通过对比可以发现，桁架桥模型简单，施工较容易，但拱桥模型受力性能更好。通过建立合理的拱轴线，由拱来承担主要压应力，可以明显改善模型的变形能力，使模型在荷载作用下的挠度更小。因此，在 2016 年、2018 年的美国钢桥赛以及 2019 年的加拿大钢桥赛中河海大学参赛队均采用了拱桥模型，并最终取得了优异的成绩，如图 4-39 所示。

(a) 2016 年美国钢桥赛　　　　(b) 2018 年美国钢桥赛　　　　(c) 2019 年加拿大钢桥赛

图 4-39　河海大学参赛队

3.　张弦模型结构

1) 基本概念与受力特点

张弦，顾名思义，就是"将弦进行张拉，再与受力杆件组合"的一种结构形式。张弦结构主要包括三部分：一是作为压弯构件的上弦刚性构件；二是承受拉力的下弦索；三是连接二者的受压撑杆，如图 4-40 所示。其中，拉索是张弦结构体系的核心构件，属于柔性构件。一般可采用钢丝绳、钢绞线、钢丝束和钢拉杆等。在实际工程中，拉索设计的影响因素众多，如反复荷载引起的拉索松弛和疲劳效应，暴露室外的弦支结构因外部温度变化引起的拉索预应力损失，以及拉索构件本身的腐蚀带来的受力性能下降问题等。因此，目前工程中多采用高钒索来防腐，不仅防腐效果较好，还具有良好的抗扭转和抗滑移性能。撑杆是连接梁和拉索的重要构件，可以沿跨度方向均匀或不等距布置，其高度依据建筑功能及受力特性确定。一般撑杆的高度越高承载效率越高，但撑杆过高会使其易失稳。此外，若布置多个撑杆并使每个撑杆有效承压，应使相邻撑杆之间连成凹形，并保证整个拉索呈外凸形。当荷载沿梁均匀分布时，杆高宜按弯矩抛物线轨迹进行布置；当梁的某处有集中荷载作用时，应当在该处设置撑杆以平衡集中荷载，撑杆的高度按弯矩值比例计算，如图 4-41 所示。

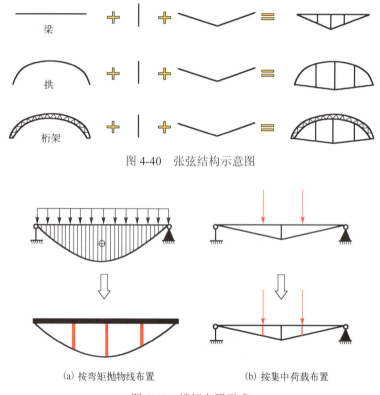

图 4-40　张弦结构示意图

（a）按弯矩抛物线布置　　　　　（b）按集中荷载布置

图 4-41　撑杆布置形式

　　根据张弦结构上弦杆的形状可将它大致分为张拉直梁、张拉拱和张拉人字形拱三类（图 4-42(a)～(c)）。张拉直梁即该张弦梁结构的上弦杆为水平的直梁，多用于楼面结构和小坡度屋面结构；张拉拱的上弦杆形状为拱形，多用于大跨度屋盖结构甚至超大跨度的屋盖结构；张拉人字形拱是指用索撑构件对两个坡面梁进行加强，形成两个独立的张弦梁，再补加下弦拉索，形成二次张弦梁结构。三种形式的张弦结构中，张拉拱受力最为合理、美观且富于变化，因此其实际工程应用和理论研究最为广泛。根据结构的空间布置方式，又可分为平面张弦梁和空间张弦梁两种(图 4-42(d)、(e))。平面张弦梁是以平面受力为主的单向张弦梁结构;而空间张弦梁是以空间受力为主的结构体系,包括双向张弦梁结构、多向张弦梁结构和辐射式张弦梁结构(图 4-42(f)～(h))。

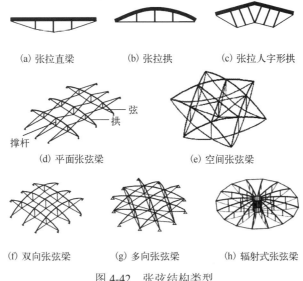

(a) 张拉直梁　　　(b) 张拉拱　　　(c) 张拉人字形拱

弦
拱
撑杆

(d) 平面张弦梁　　　　(e) 空间张弦梁

(f) 双向张弦梁　　　(g) 多向张弦梁　　　(h) 辐射式张弦梁

图 4-42　张弦结构类型

张弦梁受力体系通常是对下弦拉索施加预应力,通过撑杆对上弦刚性构件产生竖向顶升力,用以改善上弦刚性构件的内力幅值与分布情况,从而减小外荷载产生的内力和变形。它是典型的刚、柔混杂结构,能充分利用拉索的高强度特性,并可通过对拉索施加预应力来改变结构的受力性能。撑杆数量对张弦结构的内力是有一定影响的(图 4-43),当没有撑杆时,该结构实为一个弯矩比较大的拱形梁。当有一个撑杆时,上弦杆具有较大的轴力,同时弯矩峰值急剧下降。随着撑杆数量的增加,上弦杆弯矩值也有一定下降。当数量达到一定程度时,对结构的内力和变形并没有明显的改善,所以撑杆的数量不宜过多。

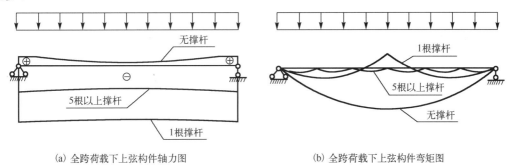

无撑杆
5 根以上撑杆
1 根撑杆

1 根撑杆
5 根以上撑杆
无撑杆

(a) 全跨荷载下上弦构件轴力图　　　　　(b) 全跨荷载下上弦构件弯矩图

图 4-43　撑杆数量对张弦结构的内力影响

现在可以知道,张弦结构就好比一把弓,只要弦绷紧了,"箭"就会对"弓"产生顶推效果,以增加弦杆的刚度与承载能力,所以弦的状态十分关键。为保证弦能起到应有的作用,实际工程中一般先在弦上施加预应力,以保证弦处于紧绷的状态。不过,需要注意的是，预应力只是改变了预应力和外荷载组合作用下的梁挠度，并不会影响张弦结构的刚度。当其用作屋盖结构时，对风荷载异常敏感。对于设计风荷载较大且采用轻屋面系统的张弦梁屋盖，在风吸力作用下，下弦拉索可能会受压而退出工作，这将使得张弦结构的整体受力状态发生实质性变化，会影响结构的安全性。因此，实际工程应用时，常采用缆风索拉住张弦结构中的上弦刚性梁(图4-44)，以保证在风吸力作用下拉索不退出工作，即使在拉索退出工作后刚性梁也不被破坏。此外，也可以采取加大梁自重的做法或采用重型屋盖以平衡风吸力作用。

图4-44　缆风索的应用

2) 竞赛应用案例

(1)案例概况。

2019年的全国大学生结构设计竞赛要求参赛学生制作一个可承受竖向荷载、水平荷载与扭转荷载组合作用的输电塔结构。要求输电塔结构可同时承受多种类型荷载作用，并在指定的三个位置设置两个低挂点与一个高挂点，通过在门架与挂点之间的连线上挂砝码施加荷载。结构模型的加载示意图，如图4-45所示，在模型制作前通过抽签确定下坡门架的具体旋转角度和导线的相关加载工况。一级加载时，选择3根指定导线中的1根，在其上3个加载盘上放置砝码，施加静荷载；二级加载时，在剩余2根指定导线的加载盘上放置砝码，施加非均匀荷载及扭转荷载；三级加载是在前两级加载工况下，在模型的水平加载点上通过"砝码+引导绳"的方式施加侧向水平荷载。

(2)模型设计。

①方案选择及模型构建。

结合赛题要求，结构体系可由三个部分组成，即塔头、塔身、塔腿。塔头和塔身依据赛题要求主要承受水平荷载和扭转荷载，多层网架体系可以有较好的抗扭和抗弯承载力，但质量较重。塔身和塔头应有较好的整体性，故考虑将两部分设计成一个结构体系，且为了保证结构模型轻质高效，采用了四棱锥空间网格体系和张拉体系组合。该结构承受的扭转荷载较大，四棱锥网架抗扭刚度较大，而张拉体系可有效地增强上部结构的稳定性。塔腿的设计主要有两种，即四棱台型和三棱台型，三柱肢的抗扭承载力较差，而四柱肢的抗扭承载力较好，经过理论计算，三柱肢结构在同等荷载下的挠度比四柱肢结构大得多。虽然前者的结构质量相对较小，但考虑到承载能力在本次比赛中更为重要，最终选择了四柱肢结构。

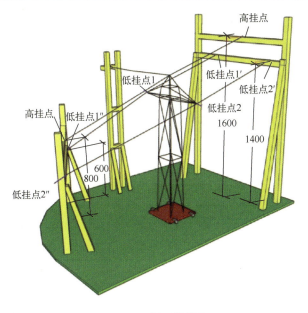

(a) 三维简图

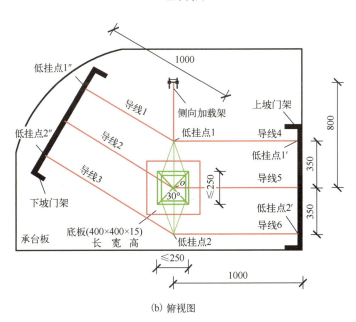

(b) 俯视图

图 4-45 加载示意图(单位：mm)

　　结合各种塔形的优点设计了拉线火字形塔，该模型的抗弯承载力及抗扭承载力较强且质量较轻，可较好地满足赛题要求。该模型由上部的倒张拉体系、四棱锥空间网格体系及梯台桁架支撑体系组成。该体系中，梯台桁架支撑体系的上底边长为 15cm、下底边长为 20cm，如图 4-46 所示。顶层部分采用在多个平面上依次交叠组成的四边形网架结构，四棱锥使其有良好的整体性。梯台桁架支撑体系采用梯台桁架组成，在保证其具有足够的承载力的同时尽可能将结构做得轻巧。

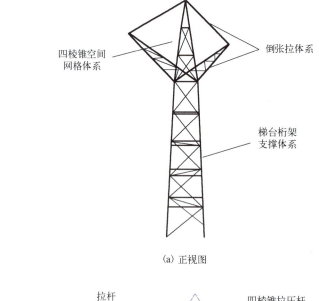

四棱锥空间
网格体系

倒张拉体系

梯台桁架
支撑体系

(a) 正视图

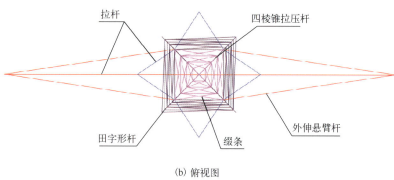

拉杆

四棱锥拉压杆

田字形杆

缀条

外伸悬臂杆

(b) 俯视图

图 4-46　结构简图

②有限元分析。

根据确定的结构形式、选定的杆件截面以及材料属性等设计参数，在大型通用有限元分析程序 Midas Gen 中建立结构的分析模型并进行受力和变形分析。针对结构体系模型进行有限元分析，以分析各工况对结构承载和变形的影响。结构体系的有限元模型如图 4-47 所示。

根据赛题提供的材料力学性能，在有限元计算中选取的材料参数如下：竹材顺纹抗拉强度为 150MPa，抗压强度为 65MPa，弹性模量为 10GPa。模型加载工况共有 16 种，由下坡门架绕 O 点分别旋转 0°、15°、30°、45°以及 4 种类型导线加载工况组合而成。利用 Midas 软件对上述不同的工况进行受力分析，发现下坡门架的旋转角度越大，模型结构的受力越不均匀，而且 A 工况(加载工况为 1、2、6 导线)所受倾覆荷载最大，C 工况(加载工况为 2、3、4 导线)所受扭转荷载最大。故仅选择下坡门架旋转 45°角时导线为 A、C 加载工况的结构受力状态进行分析。加载分三级完成，图 4-48 给出了最不利工况的示意图。

根据有限元计算，分别得出各级加载状态下的内力与变形图(以最不利工况为例，如图 4-49 所示)。结构最大轴力为 478N，远小于容许轴力，满足强度要求。事实上，其他杆

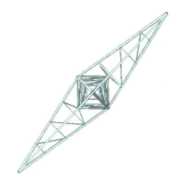

(a)三维轴测图　　　　　　　　　　(b)三维平面图

图 4-47　结构有限元模型

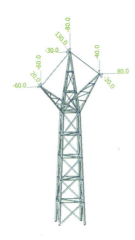
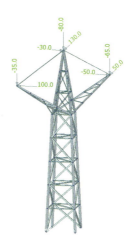

(a)加载 1、2、6 导线　　　　　　　　(b)加载 2、3、4 导线

图 4-48　三级加载工况示意图(单位：N)

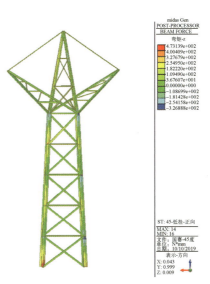

(a)A工况三级加载轴力图　　　　　　　　(b)A工况三级加载弯矩图

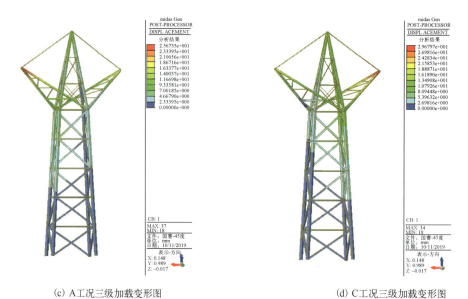

(c) A工况三级加载变形图　　　　　　　　(d) C工况三级加载变形图

图 4-49　三级加载下内力与变形图

件按此方法验算也均满足强度要求。结构最大拉应力为 25.8MPa，小于材料极限抗拉强度 150MPa，故满足强度要求；最大压应力为 28.25MPa，小于材料极限抗压强度 65MPa，故也满足强度要求，即结构承载力总体上满足给定荷载作用下的要求。下坡门架在三级荷载下旋转 45° 时，结构变形最大，最大变形量为 29.7mm，满足赛题对变形的限制要求。最后针对单个构件的稳定性进行验算，验算结果满足稳定性要求。

（3）模型制作与加载。

模型的构件制作将分为上部结构和下部结构分别进行说明。模型的上部结构是主要由空心杆件制成的四棱锥网架体系和张拉体系。下部结构是采用空心竹竿制成的桁架梯台和用实心竹条作为拉条的桁架体系。上部结构主体杆件采用箱形截面杆件组合，而拉索采用

图 4-50　模型实物图

实心竹竿用于连接挂点，其中在任一工况下受力为双向拉压的杆件均采用截面尺寸为 9mm×9mm 的正方形截面箱形杆。对于外伸悬臂杆，根据杆承受的拉压状态，其中压杆采用 10mm×10mm 的正方形截面箱形杆，拉杆采用 2mm×2mm（宽×高）的竹竿，从而达到减轻模型质量的目的。各杆件通过 502 胶水粘接；平直杆相连时，在交接处贴上小块竹皮，以保证良好的传力性能，斜直杆相连时，斜杆连接处的截面要根据倾斜程度削成斜面，以保证粘贴牢固。如图 4-50 所示，顶部为四棱锥网架拉结弓形塔头，下部结构中，桁架梯台的四个柱腿为主要受力杆件，采用 11mm×11mm 的田字形截面杆。水平支撑采用 5mm×5mm（宽×高）

的箱形截面杆以增强整体稳定性。在缀条的制作上，为了防止杆件薄壁失稳，采用厚度为 0.2mm 和 0.5mm 的复合竹皮制作成 7mm×7mm（宽×高）的箱形截面杆。该结构体系一方面增加了输电塔外伸臂的竖向承载能力；另一方面两外伸臂和主塔之间能联系紧密，形成自

平衡体系，有效抵抗弯矩和扭矩作用。经过设计、制作及加载测试，该模型最终获得2019年全国大学生结构设计竞赛二等奖。

4. 复合模型结构

1）基本概念与受力特点

多数情况下，单一的结构体系可能无法满足指定条件下的承载和刚度要求；另外，单一结构体系的承载效率一般较低，无法满足特定的设计要求。因此，日常生活中的实际结构采用的体系多是由两种甚至多种结构体系组合而成的，对于这些组合起来的结构体系目前还没有十分明确、统一的定义，这里将它们称为复合结构体系。将桁架、拱、张弦这三种基本结构体系两两组合，便可得到桁架拱、张弦拱、桁架张弦这三种复合结构体系（图4-51）。此外，桁架与悬索结构的组合、张弦与网壳结构的组合也是使用较多的复合结构体系（图4-52），前者常用于长、大跨桥梁结构，后者多用于大跨度屋盖结构。

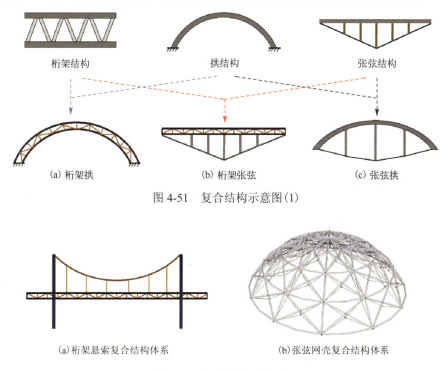

桁架结构　　　　　拱结构　　　　　张弦结构

(a) 桁架拱　　　　　(b) 桁架张弦　　　　　(c) 张弦拱

图 4-51　复合结构示意图(1)

(a)桁架悬索复合结构体系　　　　　(b)张弦网壳复合结构体系

图 4-52　复合结构示意图(2)

桁架拱（图 4-51（a））是一种由桁架与拱组合而成的复合结构体系，组合后的结构体系跨越能力显著增强，并保持了杆件传力直接的特点，使两种结构体系的受力优势均能有效发挥。相比于单纯的拱结构（如实腹式拱桥），桁架拱显然具有承载效率高、自重轻及耗材少等优点，是现代拱结构中的常见结构体系。桁架张弦（图 4-51（b））是在张弦结构的基础上，将张弦的上弦杆或者压杆换成桁架式的格构构件，由此而形成的一种复合结构体系。单一的张弦结构中，上弦杆和撑杆等受压构件由独立的杆件组成，当承载较大时，极易面临压杆失稳或杆件截面面积过大的问题。采用桁架式格构构件代替截面和体积较大的实腹式构件，能有效地提升受压构件的稳定性与承载力，并能减轻结构自重，优化了结构整体的承载性能。张弦拱(图 4-51(c))采取拱为张弦结构的上弦构件，下弦为下垂悬索，竖向腹杆为撑杆。在均布荷载作用下，桁架的上弦杆通常可看作一个压弯构件，而拱结构的受力特点正可以使上弦杆所受的弯矩减小，优化了杆件的内力情况；同时，张弦结构能将拱所受的压力转化为张弦的拉力，大大优化了整个结构体系的受力机制，提高了系统的承载效能。

桁架悬索复合结构体系(图 4-52(a))是一种新型复合结构。考虑到单一的悬索结构虽然有强大的跨越能力，但是桥面板若仅采用普通的梁板结构，则其刚度就难以保证，会影响承载和行车的安全性。若将空间桁架作为悬索桥的主梁部分，使桁架与悬索结构共同受力，不仅可以有效地增强桥梁的刚度，也进一步提升了桥梁结构的承载能力，结构的可靠性将进一步提升。张弦网壳复合结构体系(图 4-52(b))也称为弦支网壳结构体系。该结构体系的特点是在屋盖网壳的适当位置设置撑杆及拉索，组成多个张弦结构。这样，结构的下弦拉索不仅能平衡上部网壳的水平推力，还可与撑杆协同受力，提高柱面网壳的整体稳定性。由于撑杆及下垂悬索的存在，建筑内部空间的利用率将受到一定程度的限制，但是这种空间张弦网壳复合结构体系的美感和观赏性极佳。

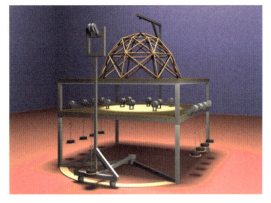

图 4-53　加载装置示意图

2) 竞赛应用案例

(1)案例概况。

2018 年的全国大学生结构设计竞赛要求参赛队制作一个大跨度空间结构模型。结构模型的加载装置示意图如图 4-53 所示，模型需在指定的八个点位上设置加载点，通过在加载点上挂载砝码进行静载、随机选位荷载及移动荷载等多种荷载工况的测试；比赛成绩由加载成功时模型的结构效率确定。

(2)模型设计。

①受力过程分析。

赛题要求的结构设计空间如图 4-54 所示，模型构件允许的布置范围为两个半球面之间的空间，内半球体半径为 375mm，外半球体半径为 550mm。根据这一空间限制，综合考

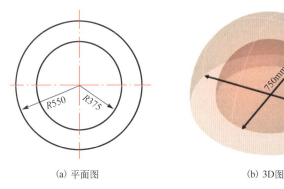

(a) 平面图　　　　　　　　(b) 3D图

图 4-54　模型区域示意图(单位：mm)

虑模型结构的功能要求、受力特点和杆件尺寸等因素，进行结构模型设计时，其内部边界应尽量贴合内半球的轨迹，从而减小整个模型结构的体量，使模型兼具承载能力好和模型自重小两大优点。

结构模型加载点如图 4-55 所示，结构依次承受一级荷载(x、y 方向双轴对称的 8 个竖向点荷载)、二级荷载(4 个随机选取的非对称竖向点荷载)和三级荷载(沿半圆弧转动的水平点荷载)。加载过程分为三级：第一级荷载是在全部加载点位上各施加 50N 的竖向点荷载；第二级荷载是在第一级荷载的基础上，在随机选取的 4 个加载点上各施加 40~60N 的竖向点荷载(注：每个点荷载的大小须是同一数值)；第三级荷载是在前两级荷载的基础上，在指定加载点位施加变方向(或角度)的水平荷载，大小在 40~80N。充分考虑结构方案的传力简洁和经济性，可根据加载要求采用刚性杆件将内外圈的 8 个加载点两两连接，形成稳定的空间网架体系，在点荷载的作用下，该空间网架体系的受力特点近似空间桁架体系的受力特性，因而其结构构件在点荷载的作用下仅承受较小的弯矩，这种以承受轴向力为主的结构受力特点有利于更好地发挥各杆件自身的材料特性。

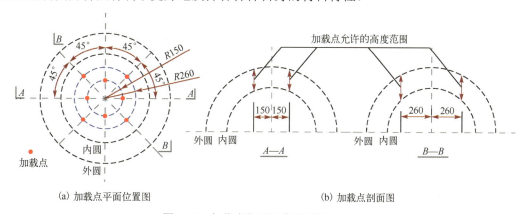

(a) 加载点平面位置图　　　　　　　　　　(b) 加载点剖面图

图 4-55　加载点位置示意图(单位：mm)

②方案选择及模型构建。

当前可供选择的模型结构体系主要有选型 1：整体空间网架结构体系(图 4-56(a))，其优势在于其整体性更强，传力路径多样化，结构承载能力较好且抗侧移刚度较大；但杆件的有效利用率不高，杆件数量太多，节点制作复杂，制作费时，并且结构自重大。选型 2：空间网架顶盖加刚性支撑和柔性拉索复合结构体系(图 4-56(b))，其优势在于模型杆件较

(a)选型 1　　　　　　　(b)选型 2　　　　　　　(c)选型 3

图 4-56　模型结构体系

少，传力直接，具备良好的设计经济性。设计过程中采用拉条限制节点位移及变形，考虑了竹材抗拉强度高的特点；但单腿柱长细比较大，容易失稳，节点直接受力，需要高质量处理。选型3：空间网架吊拉顶盖加刚性支撑复合结构体系(图4-56(c))，其优势在于结构自重最轻，模型受压杆件最少，制作时间成本最低。体系中受拉构件多，充分利用了竹材良好的抗拉强度，达到了减重的效果；但大量拉索的使用使得模型整体的变形较大，挠度需要得到有效控制。

通过综合对比三种结构选型的优缺点，同时综合考虑模型结构自重、结构稳定性以及制作难度等，并通过实际加载试验验证，最终确定的模型结构方案为选型2：空间网架顶盖加刚性支撑和柔性拉索复合结构体系。该结构采用双轴对称体系，保证随机选择的每一个加载点位都能具有相对可靠的承载能力；结构模型大致可分为上部结构、下部结构和拉结体系三部分。其中，上部结构为多个平面上两两相连的三角形组成的多面三角形空间网架结构，由于三角形的稳定性较好，因此整个顶盖体系具有较好的承载能力和稳定性；下部结构为四根箱形空心杆组成的刚性支撑柱，具有简洁的传力路径，可保证竖向承载能力；拉结体系是由8片轻质竹皮做成的柔性拉索在各柱端进行斜向张拉形成的体系，可保证结构在水平移动荷载工况下具有较强的水平荷载抵抗能力和较好的整体稳定性。

③有限元分析。

本结构模型采用AutoCAD进行初步的结构建模，并导入Midas软件进行进一步单元参数导入、荷载编辑、边界设定、材料定义和不同加载工况定义等，据此建立了选型2所述的空间网架顶盖加刚性支撑和柔性拉索复合结构体系的分析模型，并进行有限元计算，模型三维轴视图、平面图、立面图及侧视图分别如图4-57所示。

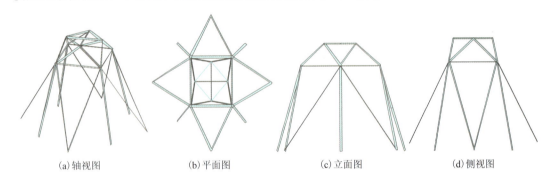

(a)轴视图　　　　　(b)平面图　　　　　(c)立面图　　　　　(d)侧视图

图4-57　Midas有限元结构模型效果图

竹皮和竹条根据给定的材料信息将弹性模量设为9GPa，抗拉强度设为60MPa，抗压强度设为30MPa。第一级荷载为施加竖向荷载，即在赛题要求的内外圈8个固定的加载点上分别施加50N的竖向点荷载。第二级荷载是在第一级荷载基础上施加的，且所选的加载点位有6种不同的情况。第三级荷载是保证模型在第一、二级荷载持载的情况下施加的，因此需考虑第二级加载的6种不同工况，分别讨论水平荷载位于不同位置(或角度)时的模型杆件的内力分布情况。为明确各不同加载工况下结构模型所受的内力情况，根据有限元分析，分别给出了各级荷载下结构的内力与变形计算结果。其中最不利工况下，对应位置的内力图和变形情况如图4-58所示。

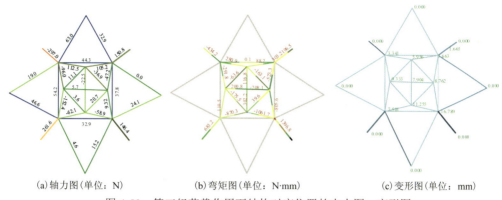

(a)轴力图(单位：N)　　　(b)弯矩图(单位：N·mm)　　　(c)变形图(单位：mm)

图 4-58　第三级荷载作用下结构对应位置的内力图、变形图

通过对杆件的内力分析可知，结构在第三级水平荷载作用下，各杆件的内力值较之前的第二级荷载作用时有不同程度的提高，杆件的最大轴力值和弯矩值分别为 297N 和 1396.8N·mm，较第二级荷载时提高了 2 倍，但仍远小于容许轴压力值 615.6N 与容许弯矩值 4463N·mm，满足受压杆件的承载能力要求。由变形分析结果可知，在第三级荷载作用下，结构的最大水平位移达到峰值，约为 16.8mm，该变形下结构的承载能力和变形能力均接近限值，但仍能维持结构不倒塌，总体仍处于弹性变形范围内，而且结构顶部中心的竖向位移仍远小于赛题给出的 12mm 挠度的要求。最后针对各杆件的承载力进行验算，验算结果满足强度要求。

（3）模型制作与加载。

模型采用空间网架体系、柱支撑体系及竹皮拉结体系组合形成复合体系（图 4-59）。结构模型下部采用四根加固的撑杆作为支撑体系，模型上部结构根据挂载需要采用了简化的空间网架体系，每个加载点与空间网架的节点重合，使传力路径尽可能简洁、合理，以有效保证结构模型的竖向承载能力。在结构网架的四周，还设置了由竹皮拉索组成的拉结体系，可以平衡结构水平加载时产生的水平拉力，也可以减少结构模型因加载、材料差异、手工制作等造成的受力不均匀而产生的偏移和倾覆危险。此时，竖向支撑体系、空间网架体系及拉结体系共同受力，使整个结构体系既具有良好的竖向承载能力，也具有较好的抗水平荷载和抗倾覆能力，模型结构的整体稳定性和可靠性得以保证。

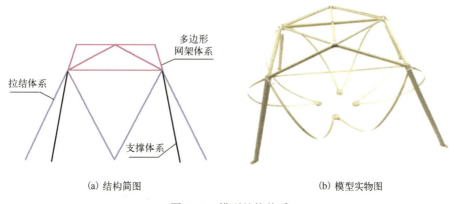

(a)结构简图　　　　　　　(b)模型实物图

图 4-59　模型结构体系

4.2 岩土类模型分析与构建

4.2.1 模型结构概念设计方法

概念设计指不经过理论推导和数值计算，只根据不同结构体系间的相互作用关系、材料性能、建造技术和实践经验等从宏观的角度设计模型的整体形式、布置方式与局部构件。概念设计为精确设计和优化设计提供了计算和优化的方向。在岩土类竞赛中，参赛者往往要在了解工程实际的基础上，结合土力学中的原理与概念，根据赛题要求，使用指定材料制作承载模型。岩土类竞赛的概念设计一般分为三个步骤：确定结构形式、调整模型布置、设计局部构件。首先，介绍岩土类竞赛中常用的几种基本模型结构。

1. 基本模型结构

1）挡土墙

挡土墙广泛应用于房屋建筑、水利、铁路、公路、港湾等工程中，是指支承路基填土或山坡土体、防止填土或土体变形失稳的构造物，主要由墙身和基础组成。在挡土墙横断面中(图 4-60)，与被支承土体直接接触的部位称为墙背；与墙背相对的、临空的部位称为墙面；与地基直接接触的部位称为基底；与基底相对的、墙的顶面称为墙顶；基底的前端称为墙趾；基底的后端称为墙踵。

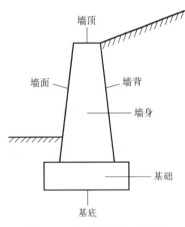

图 4-60 挡土墙结构示意图

挡土墙有很多种类型，按结构类型可以分为重力式挡土墙、锚定式挡土墙、薄壁式挡土墙、加筋式挡土墙及桩板式挡土墙。第一种，重力式挡土墙，是用块石、片石、混凝土预制块等各种砌块，采用浆砌或干砌方法砌筑而成的。这种挡土墙主要依靠墙体自重抵御土压力而保持稳定，主要有直立式、倾斜式及台阶式三种类型(图 4-61)。第二种，锚定式挡土墙，又可以分为锚杆式和锚定板式(图 4-62)。锚杆式由锚

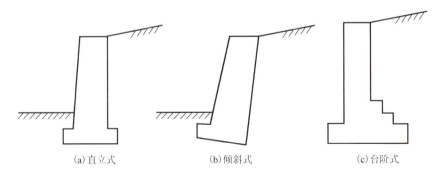

(a) 直立式   (b) 倾斜式   (c) 台阶式

图 4-61 重力式挡土墙

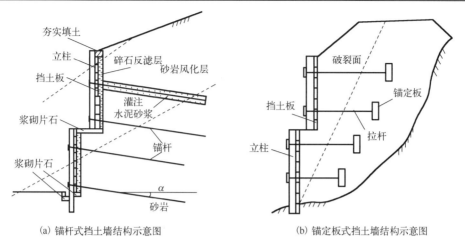

(a) 锚杆式挡土墙结构示意图　　　　　　(b) 锚定板式挡土墙结构示意图

图 4-62　锚定式挡土墙

杆和混凝土墙面组成，锚杆一端固定在稳定的土层中，另一端与墙面连接，依靠锚杆与土层之间的锚固力(即锚杆的抗拔力)承受土压力，维持挡土墙的稳定。锚定板式在锚杆式的基础上通过在填土破裂面后的稳定土层内增设锚定板，提高锚杆抗拔力，抵抗侧向土压力，达到维持挡土墙稳定的目的。第三种,薄壁式挡土墙，又可以分为悬臂式和扶壁式(图4-63)。悬臂式和扶壁式都由立壁、墙趾板和墙踵板三个悬臂梁组成，它们两者最大的区别在于扶壁式挡土墙沿悬臂式墙的长度方向隔一定距离加一道扶壁，把立壁和墙踵板连接起来，增强了挡土墙的整体稳定性。第四种，加筋式挡土墙(图4-64)，由墙面板、加筋条和填土组成，其中加筋条在土中主要提供拉力，因此也称为拉筋。利用拉筋与土之间的摩擦作用，将土的侧压力传给拉筋，从而达到稳定土体的目的。这种挡土墙有一个很大的优点，它是一种生态柔性挡土墙，可以在坡面上进行绿化防护，起到净化空气、美化城市环境的作用。第五种，桩板式挡土墙，由钢筋混凝土桩和挡土板组成，主要利用桩深埋部分锚固段的锚固作用和被动土抗力来维持挡土墙的稳定。

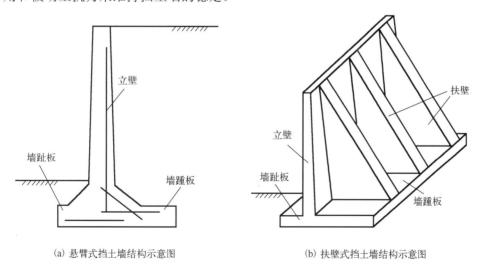

(a) 悬臂式挡土墙结构示意图　　　　　　(b) 扶壁式挡土墙结构示意图

图 4-63　薄壁式挡土墙

2)桩基础

当建筑场地的浅层地基土质软弱,不能满足上部建(构)筑物对地基承载力和变形的要求,采用地基处理方式等措施也不能满足要求时,往往采用深基础方案,以场地内深层坚实土层或岩层作为地基持力层。深基础主要有桩基础、沉井基础和地下连续墙等几种类型,其中以桩基础的历史最为悠久、应用最为广泛。

桩基础简称桩基,是通过承台把若干根桩的顶部联结成整体,共同承受动静荷载的一种地基基础(图4-65),而桩是设置于岩土层中的竖直或倾斜的基础构件,其目的在于穿越软弱的高压缩性土层,将桩所承受的荷载传递到地基持力层上。桩基础具有承载力高、稳定性好、沉降量小且均匀、抗震能力强、便于机械化施工、适应性强等特点,在工程中具有广泛的应用。

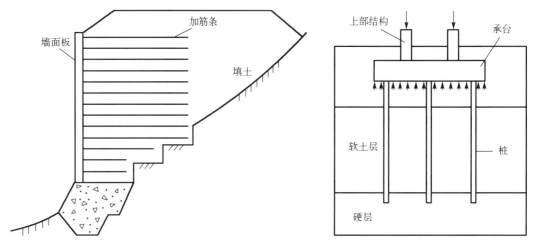

图 4-64　加筋式挡土墙　　　　　　　图 4-65　桩基础结构示意图

桩基础有许多不同的类型,它们可以从不同的方面按照不同的方法进行分类。例如,根据承台与地面相对位置的不同,分为低承台桩基与高承台桩基(图4-66)。当桩承台底面位于地面以下时,称为低承台桩基;当桩承台底面高出地面以上时,称为高承台桩基。在

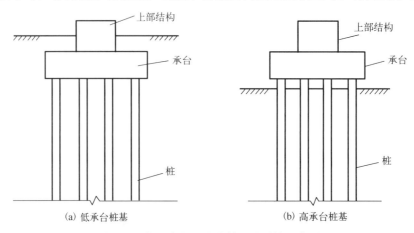

(a) 低承台桩基　　　　　　　　　　(b) 高承台桩基

图 4-66　按承台位置分类桩基础结构示意图

房屋建筑中最常用的都是低承台桩基,而高承台桩基常用于港口、码头、海洋工程及桥梁工程中。《建筑桩基技术规范》(JGJ 94—2008)从以下几个方面对桩进行分类:①按承载性状分为摩擦型桩和端承型桩(图 4-67),摩擦型桩是指在承载能力极限状态下,桩顶竖向荷载主要由桩侧阻力承担的桩;端承型桩是指在承载能力极限状态下,桩顶竖向荷载主要由桩端阻力承担的桩。由于摩擦型桩和端承型桩在支承力、荷载传递等方面都有较大的差异,通常摩擦型桩的沉降大于端承型桩,会导致墩台产生不均匀沉降,因此,在同一桩基础中,不应同时采用摩擦型桩和端承型桩。②按成桩方法分为非挤土桩、部分挤土桩和挤土桩,非挤土桩是指桩周围土体基本不受挤压的桩,在成桩过程中,将与桩同体积的土清除,因此桩周围的土较少受到扰动,但有应力松弛现象,土反而可能向桩孔内移动,因此非挤土桩的桩侧摩擦阻力常有所减小。常见的非挤土桩有挖孔桩、钻孔桩等。部分挤土桩是指在成桩过程中,桩周围土体仅受到轻微扰动的桩,土的原始结构和工程性质变化不大,常见的部分挤土桩有预钻孔打入式预制桩、打入式敞口钢管桩等。挤土桩是指在成桩过程中,造成大量挤土,使桩周围土体受到严重扰动,土的工程性质有很大改变的桩,挤土过程引起的挤土效应主要是地面隆起和土体侧移,导致对周边环境影响较大。这类桩主要有实心的预制桩、沉管灌注桩等。③按桩径大小分为小直径桩、中等直径桩和大直径桩,直径小于等于 250mm 的桩称为小直径桩,大于 250mm 小于 800mm 的桩称为中等直径桩,大于等于 800mm 的桩称为大直径桩。

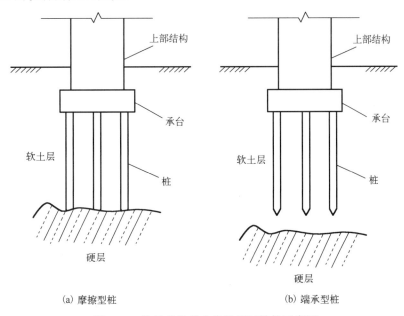

(a) 摩擦型桩　　　　　　　　　　　　(b) 端承型桩

图 4-67　按承载性状分类桩基础结构示意图

3)地下综合管廊

地下综合管廊就是指在城市地下建造一个隧道空间,将电力、通信、燃气、供热、给排水等各种工程管线集于一体,设有专门的检修口、吊装口和监测系统,实施统一规划、统一设计、统一建设和管理,是保障城市运行的重要基础设施和"生命线"(图 4-68)。

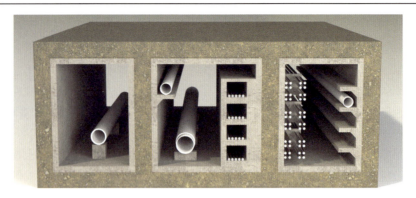

图 4-68　地下综合管廊示意图

地下综合管廊有多种类型，根据综合管廊敷设的管线等级和数量可以分为干线综合管廊(图 4-69(a))、支线综合管廊(图 4-69(b))、电缆沟(图 4-69(c))和干支线混合综合管廊。其中，干线综合管廊是用于容纳城市主干工程管线、采用独立分舱方式建设的综合管廊，一般设置于道路中央下方或道路红线外综合管廊带内，干线综合管廊的断面通常为圆形或多格箱形。综合管廊内一般要求设置工作通道及照明、通风等设备。干线综合管廊的主要特点为：具有稳定大流量的运输和高度的安全性，内部结构紧凑，兼顾直接供给到稳定使用的大型用户。支线综合管廊是用于容纳城市配给工程管线、采用单舱或双舱方式建设的综合管廊，主要负责将各种供给从干线综合管廊分配、输送至各直接用户。其一般设置在道路的两旁。支线综合管廊的断面以矩形较为常见，一般为单格或双格箱形结构。内部要求设置工作通道及照明、通风等设备。支线综合管廊的主要特点为：内部空间有效断面较

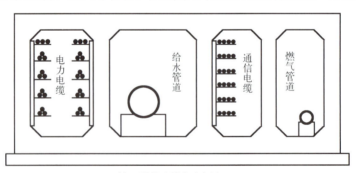

(a) 干线综合管廊示意图

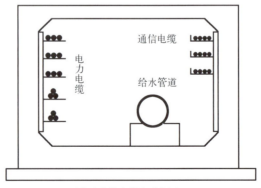

(b) 支线综合管廊示意图

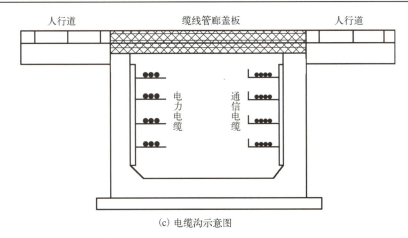

(c) 电缆沟示意图

图 4-69 地下综合管廊类型

小，结构简单，施工方便，设备多为常用定型设备，一般不直接服务大型用户。电缆沟是用于容纳电力电缆和通信线缆的管廊，主要负责将市区架空的电力、通信、有线电视、道路照明等电缆收容至埋地的管道中。一般设置在道路的人行道下面，其埋深较浅，一般在1.5m 左右。以矩形断面较为常见，一般不要求设置工作通道及照明、通风等设备，仅增设供维修使用的工作手孔即可。干支线混合综合管廊在干线综合管廊和支线综合管廊的优缺点的基础上各有取舍，一般适用于道路较宽的城市道路。

4）基坑支护

基坑工程技术在高层建筑、城市地下结构等工程领域中应用极为广泛。基坑指为进行建（构）筑物基础或地下室等施工所开挖的地面以下空间。基坑支护是指为保护基础和地下室施工及基坑周边环境的安全，对基坑采用的临时性支挡、加固、保护和地下水控制的措施(图 4-70)。

基坑支护结构形式可以分为放坡开挖及简易支护、悬臂式支护结构(图 4-71)、内撑式支护结构(图 4-72)、水泥土桩墙支护结构（图 4-73）、锚拉式支护结构(图 4-74)、土钉墙支护结构(图 4-75)等。当地基土质较好、开挖深度不大以及施工现场有足够放坡场所时，可以采用放坡开挖，该方法施工简便、费用低，但挖土及回填土方量大。悬臂式支护结构是指仅设有板桩、排桩或地下连续墙的支护结构。悬臂式支护结构依靠足够的入土深度和结构的抗弯能力来维持基坑壁的稳定和结构的安全，变形较大，只适用于土质较好、开挖深度较浅的基坑工程。内撑式支护结构由支护桩墙和内支撑组成，

图 4-70 嘉兴火车站基坑预应力型钢组合支撑技术

适用于各种地基土层，但设置的内支撑会占用一定的施工空间。水泥土桩墙支护结构是利用水泥作为固化剂，通过特制的深层搅拌机械在地层深部使水泥和软土之间产生反应，硬结成具有整体性、水稳定性和一定强度的水泥土桩。桩与桩之间相互咬合、紧密排列，形

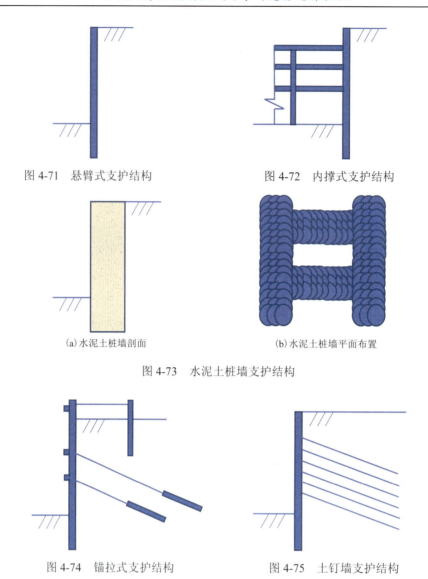

图 4-71 悬臂式支护结构　　　　图 4-72 内撑式支护结构

（a）水泥土桩墙剖面　　　　　　（b）水泥土桩墙平面布置

图 4-73 水泥土桩墙支护结构

图 4-74 锚拉式支护结构　　　　图 4-75 土钉墙支护结构

成水泥土桩墙，适用于淤泥、淤泥质土等软土地区。锚拉式支护结构由支护桩墙和锚杆组成，该结构需要足够的场地设置锚桩，需要土层提供较大的锚固力，适用于深部有较好土层的情况。土钉墙支护结构由被加固的原位土体、布置较密的土钉和喷射于坡面上的混凝土面板组成，一般通过钻孔、插筋、注浆来设置土钉，较粗的钢筋或型钢也可以直接打入，适用于地下水位以上的黏性土、砂土和碎石土等地层，支护深度一般不超过 12m。

2. 结构选型与构件设计

确定结构形式简称选型，指针对赛题设置提出一个概念性的总体方案，对所要制作的模型进行宏观控制。岩土类竞赛的赛题设计与实际工程密切相关，科学合理的结构选型也应从实际工程中寻找设计思路。结构选型时要着重比较竞赛结构与实体结构在建造空间、建造条件、力学原理等方面的异同，在此基础上结合相关理论知识并综合考虑材料性能和结构性能的发挥，最终确定模型的基本类型。例如，当建造宽度受限时，加筋式挡土墙就不宜作为设计类型，因为加筋式挡土墙的加筋条只有穿越滑裂区并保证足够的有效长度时才能发挥作用。当墙面制作材料为软纸时，倾斜式挡土墙就不宜作为设计类型，因为不管是仰斜式还是俯斜式挡土墙，其面板都要求有一定的刚度。当模型槽表面或者纸质材料表面较光滑时，对于重力式挡土墙应该慎重选择，因为重力式挡土墙的作用原理是依靠自身重力维持墙后土体的稳定，而模型则主要依靠外部约束给予的摩擦力维持墙体稳定。值得注意的是，模型选型虽然来源于实际，但由于竞赛模型不要求具备实用功能，所以只要受力合理，竞赛模型的选择不必局限于实际构筑物，图 4-76 和图 4-77 分别为波浪形挡土墙模型和双拱形挡土墙模型，这两种挡土墙模型都是实际工程中没有的类型，但都满足竞赛要求，且在实际加载中取得了良好的成绩，因而都是受力合理的挡土墙类型。

图 4-76　波浪形挡土墙模型　　　　图 4-77　双拱形挡土墙模型

　　调整模型布置是指根据模型整体受力需要，针对初步确定的结构进行进一步的调整。一方面，由于竞赛模型在建造材料、建造环境、建造工艺等方面与实际工程的差异性，实际工程中的结构类型不能直接照搬到模型制作中，另一方面，竞赛规则也会对模型的尺寸、位置、外观等方面做出明确规定。加载型竞赛中，在满足竞赛要求的基础上，对模型布置所做的调整一定是基于受力的需要，以更好地发挥结构和材料性能为目的。例如，由于扶壁式挡土墙的面板所能承受的土压力较小，所以为了防止面板上部变形较大甚至形成倾覆破坏，可以将挡土墙整体倾斜一定角度，如图 4-78 所示。

　　在重力式挡土墙的设计中，因为面板强度有限，当箱体中装满砂时会造成面板的变形甚至整个挡土墙的破坏，因此可用加筋条将前后面板相连，使实际工程中的重力式挡土墙成为如图 4-79 所示的加筋式重力挡土墙。岩土类竞赛对于实际工程的参考着重于对其受力机理的理解和运用，而不是在外观造型上的机械模拟。

图 4-78　仰斜式扶壁挡土墙概念图　　　图 4-79　加筋式重力挡土墙模型

局部构件的设计一方面是出于受力需要，针对潜在的薄弱截面和复杂节点进行加固，以避免或缓解应力集中现象，另一方面是出于构造需要，根据竞赛的具体要求和评分规则进行相应的构件制作，防止出现违规情况。其中，出于受力需要的设计是局部构件设计的主体，受力构件的设计一方面要注意构件自身的强度，另一方面要关注构件与加固区的连接强度，此外，还应考虑制作的难易程度和制作时间。例如，通常情况下由于挡土墙的面板在填料压实和加载过程中会发生隆起或大变形，这就需要在面板上增加构件，增强面板刚度，如图 4-80 中的扶壁和肋条。岩土类竞赛中常用的填充料为细砂，进行模型安装和填充料压实时经常会造成填充料的泄漏，这也是竞赛中的评分项之一，所以模型设计时在满足受力需要的前提下，还需采取相应的构造措施防止漏砂，如图 4-81 中挡土墙两侧的翼板。

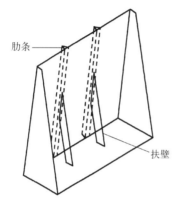

图 4-80　肋条和扶壁加固示意图

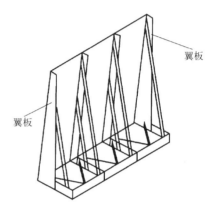

图 4-81　两侧翼板防漏砂

实际结构中，节点的受力较为复杂且结构破坏较多的地方就是节点连接处。纸质结构模型的节点设计方案有多种形式，节点的连接既要满足节点处的性能要求，又要达到节省用材以减轻自重的效果，即轻质高强，好的节点处理方式还可以保证结构的刚度以及稳定性。花瓣形节点连接是将卷好的纸质杆件的一端沿杆件方向剪开得到的，通常矩形截面杆件沿杆件边角处四分剪开到一定的长度，圆形截面杆件则是按照需要进行划分裁剪，剪裁好之后即可跟其他构件进行粘接，由于节点是直接在杆件上裁剪得到的，因此保证了结构在一定程度上的完整性。此种方法得到的节点的纸张层数可与杆件层数一致，充分发挥了白卡纸的性能，因此具有较高强度。根据节点处的受力状态不同还可以将节点分为受拉节点、受压节点以及可变节点三种，其中受压节点的强度可适当降低，可以将节点处纸张的层数以及粘接的长度根据需要进行剪裁，保留一定层数及粘接长度即可，达到了节点处强度和质量可控的效果。在粘接时，如果都是矩形截面杆件的粘接，则节点处的粘接面可以与杆件完全贴合，粘接面积达到最大；如果有圆形截面杆件的粘接，则达不到矩形截面的粘接效果，但也可以达到一定的粘接强度。该节点在制作拉力较大的受拉节点时较为理想，能够充分发挥白卡纸的受拉性能，而且此种方法得到的节点处的包络面大，粘接牢固，整个模型的稳定性也较为理想，通常为了增强整个结构的稳定性，在花瓣形节点做好之后还需要在其上面贴上刚片，即在节点一侧贴上一张形状大小合适的纸片，这种刚片除起到增强结构稳定性的作用以外，还可以起到保护节点的作用，可以有效防止节点在剪刀收口处因为应力集中而被拉坏。该种节点在多根杆件交会处交叉节点的处理中也同样适用。

4.2.2 常见模型结构与构建

1. 挡土墙

1)挡土墙土压力理论分析

在设计挡土墙的断面尺寸和验算其稳定性时，必须计算作用在墙上的土压力。土压力的大小不仅与挡土墙高度和填土性质有关，而且与挡土墙的刚度和位移有关。当挡土墙离开填土移动，墙后填土达到极限平衡状态时，作用在墙上的土压力称为主动土压力，它是保持墙后填土处于稳定状态的土压力中的最小值；当外力作用使挡土墙产生向填土的挤压，墙后填土达到极限平衡状态时，作用在墙上的土压力称为被动土压力，它是保持墙后填土处于稳定状态的土压力中的最大值。作用在挡土墙上的土压力可能是主动土压力与被动土压力之间的任一数值，这取决于墙的移动方向和位移量大小。挡土墙与墙后填土间完全没有侧向移动时的土压力，称为静止土压力。土压力随挡土墙移动而变化的情况如图 4-82 所示。三种土压力中，主动土压力最小，静止土压力其次，被动土压力最大，位移也最大。

常用的土压力计算方法有朗肯土压力理论和库伦土压力理论，其中朗肯土压力理论是通过研究弹性半空间体内的应力状态，根据土的极限平衡条件而得出的土压力计算方法。朗肯假设地基中的任意点都处于满足土体破坏条件时的应力状态，并在这种情况下导出了主动土压力和被动土压力的计算公式。

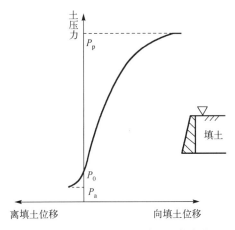

图 4-82 土压力随挡土墙移动的变化

朗肯在其基本理论推导中，进行了如下假设：墙是刚性的，墙背竖直；墙后填土表面水平；墙背光滑，墙背与填土之间没有摩擦力。由于这些假设能满足一般工程所要求的精度，朗肯土压力理论在工程领域有着广泛的应用。但需要注意的是，朗肯土压力理论忽略了实际墙背并非光滑和存在摩擦力的事实，这导致计算得到的主动土压力偏大，被动土压力偏小。

库伦土压力理论是从研究挡土墙后滑动土楔体的静力平衡条件出发的，其假设填土为均匀的砂性土，滑动面是通过墙趾的两组平面，一个沿墙背面，另一个是产生在土体中的平面，两组平面间的滑动土楔是刚性体，根据土楔的静力平衡条件，按平面问题解得作用在挡土墙上的土压力。需要注意的是，库伦土压力理论假设墙后填土为无黏性土，因此对于黏性土的情况，不能直接应用库伦土压力理论计算土压力，而需采取等值内摩擦角法、图解法等方法来计算填土为黏性土时支挡结构的土压力。大量的室内实验和现场观测资料表明，库伦土压力理论计算的主动土压力大小与实测结果非常接近，但被动土压力与实测值则误差较大。

朗肯与库伦土压力理论都是计算填土达到极限平衡状态时的土压力,发生这种状态的土压力要求挡土墙的位移量足以使墙后填土的剪应力达到抗剪强度。实际上,挡土墙移动的大小和方式不同,影响着墙背面上土压力的大小与分布。

日本名古屋工业大学的松冈元教授在其著作《土力学》中,对挡土墙发生各种形式位移时对应的土压力分布规律进行了定性描述(图4-83),通过对比挡土墙不同形式的位移与朗肯极限状态位移之间的关系,得出了不同位移形式下的挡土墙土压力分布形式。图4-83(a)中挡土墙上下两端不移动,中间向外突出,顶部位移接近静止土压力相应的位移,中部位移小于主动土压力相应的位移,底部位移接近主动土压力相应的位移,因此,相应的土压力分布形式如图4-83(a)中预测土压力分布线所示,上端土压力接近静止土压力,中间段土压力小于主动土压力,下端土压力接近主动土压力;图4-83(b)中挡土墙上端不移动,下端移动,上端土压力接近静止土压力,下端土压力小于主动土压力;图4-83(c)中挡土墙背向填土方向平移,上端土压力位于静止土压力和主动土压力之间,下端土压力小于主动土压力;图4-83(d)中挡土墙上端挤压土体,下端外移,上端土压力接近被动土压力,下端土压力小于主动土压力。

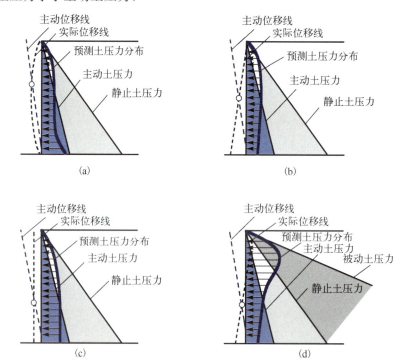

图 4-83   各种位移形式相应的土压力分布

2)竞赛应用案例

(1)案例概况。

以 2019 年美国大学生土木工程竞赛中太平洋赛区挡土墙赛为例,本次赛题的研究对象是加筋式挡土墙,比赛要求参赛团队设计并建造一个分层包裹式的加筋挡土墙模型,墙体面层和拉筋全部使用牛皮纸进行制作。目标模型需按要求承受土体自重、竖向荷载、动力水平荷载和静力水平荷载(图 4-84)。同时，在保证挡土墙模型在多级荷载作用下挠度可控的基础上，还需尽可能减少牛皮纸的用量，以体现低耗、高效的宗旨。

(2)模型设计。

这部分以河海大学代表队的参赛作品为例展开。

①初步拟定加筋分布。

根据赛题要求，所要制作的分层包裹式加筋挡土墙须由几个分层结构组合而成(图 4-85)。为了保证挡土墙模型的整体稳定性和施工效率，首先要确定合适的层数和加筋布局。一般来说，挡土墙的整体稳定性在层数较多、加筋条较长的条件下得以提升，但这也必然会导致制作时间和模型材料的过度浪费。经过不断尝试，河海大学代表队发现，分层包裹式加筋挡土墙模型的层数设置为 4～5 层能够保证墙面形变量在可控范围内，同时能较大程度地节约制作时间和用纸量。此外，加筋条在每层均匀分布能够有效地提高墙面的平整度，设置加筋条长度超过滑动带位置能够大幅降低墙面失稳的风险。

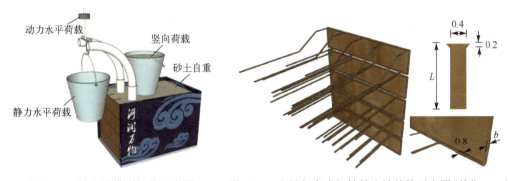

图 4-84　挡土墙模型加载示意图　　　图 4-85　分层包裹式加筋挡土墙结构示意图(单位：cm)

②设计优化。

为在保证挡土墙的整体稳定性和挠度可控的基础上，进一步降低用材量，河海大学代表队主要从三个方面对模型进行了优化。首先，为了进一步增强层间填土的稳定性，防止墙面漏砂，在包裹层间设置了共享加筋条。随着荷载的进一步增大，包裹层墙面将出现明显的变形，在上下两端稳定的拉筋作用下，包裹层之间的空隙将会进一步放大，当层间空隙增大到一定程度时，墙面将发生漏砂。通过将层间加筋条进行有序的穿插，达到层间共享加筋条的目的，上下包裹层之间自然形成了一种锁扣作用，从而大大提高了墙面的整体稳定性。与此同时，层间共享加筋条的设计还大幅降低了用纸量，提高了资源利用率，这也是比赛中的关键得分点。其次，为了避免局部变形过大导致的墙面失稳，在包裹层中部增设了附加加筋条。基于分层包裹式加筋挡土墙的特点，每层包裹层上下端一般都设有抵抗墙面变形的加筋条，这是保证挡土墙整体稳定性的关键，但这也同时引发了一个重要的局部变形问题——包裹层中间部位常出现较大的局部变形，特别当荷载较大时，这样的局部变形将变得难以控制。在每层中间部位增设一排加筋条，可以有效控制包裹层中部的局部变形，从而达到减少模型层数、有效控制墙面挠度的目的。最后，为了加强加筋条的锚

图 4-86　加筋条加强设计

固作用，提高墙面整体稳定性，局部加筋条增设了梯形尾部(图 4-86)。在分层包裹式加筋挡土墙中，顶部包裹层加筋条上方填土量最少，在加强的荷载作用下，最容易发生局部墙体倾覆，从而造成墙体整体失稳引发的崩塌破坏。通过在顶层加筋条末端增设梯形尾部，可以大幅增强加筋条与砂土之间的摩擦力和咬合力，加强加筋条在填土中的锚固作用，从而提升墙体的整体稳定性。图 4-87 和图 4-88 分别为河海大学代表队在竞赛现场进行施工和现场加载。

图 4-87　模型施工图

图 4-88　模型加载图

2. 桩基础

1)单桩工作性能和承载力计算方法

在竖向荷载作用下，桩身将发生压缩变形；同时桩顶部分荷载通过桩身传递到桩底，致使桩底土层发生压缩变形，这两部分压缩变形之和构成桩顶轴向位移。

桩端荷载主要由桩侧阻力和桩端阻力两部分承担，即

$$Q = Q_s + Q_p$$

式中，Q 为桩端荷载；Q_s 为桩侧阻力；Q_p 为桩端阻力。

一般来说，靠近桩身上部土层的摩阻力先于下部土层发挥出来，桩侧阻力先于桩端阻力发挥出来，不同阶段二者的分担比例不同。单桩荷载传递方式如图 4-89 所示。

单桩的承载力主要取决于桩身材料强度和地层的支承力，其主要由总极限侧阻力 Q_{su} 和总极限端阻力 Q_{pu} 组成，若忽略二者之间的影响，可表示为

$$Q_u = Q_{su} + Q_{pu}$$

式中，Q_u 为单桩承载力。

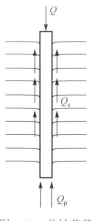

图 4-89　单桩荷载
传递示意图

下面主要详细介绍竖向荷载作用下单桩承载力的确定方法。

(1)静荷载试验法。

单桩竖向静荷载试验是以一固定时间段的沉降量作为稳定标准，通过施加不同大小的荷载，测读桩身的沉降量，从而得出荷载与沉降量的关系曲线，通过试验数据的判读

来确定桩的承载力大小。常见的静荷载试验法有堆载法、锚桩法和自平衡法，如图 4-90 所示。

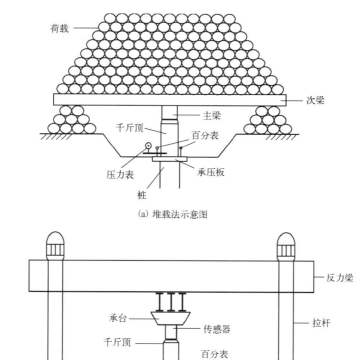

(a) 堆载法示意图

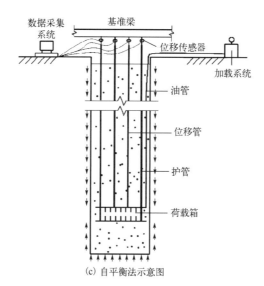

(b) 锚桩法示意图

(c) 自平衡法示意图

图 4-90　单桩承载力确定方法示意图

根据静荷载试验的 Q-S 曲线判断单桩承载力：

①作荷载-沉降量曲线和其他辅助分析所需的曲线，如图 4-91 所示；

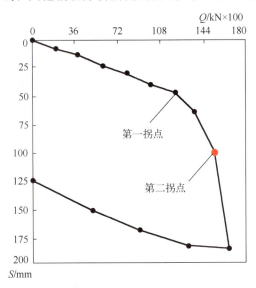

图 4-91　桩基静荷载试验 Q-S 曲线

②当陡降段明显时，取陡降段起点的荷载值；

③当出现终止加载条件第二种情况(指某级荷载作用下，桩的沉降量为前一级荷载作用下沉降量的 2 倍，且 24h 尚未达到相对稳定)时，取前一级荷载；

④Q-S 曲线呈缓变形时，取桩顶总沉降量 $S = 40$mm 所对应的荷载，当桩长大于 40m 时，宜考虑桩身的弹性模量。

(2)按土的抗剪强度指标确定。

以土力学原理为基础，根据桩侧阻力、桩端阻力的破坏机理，按静力学原理，分别对桩侧阻力和桩端阻力进行计算。由于计算模式、强度参数在实际中的某些差异，计算结果的可靠性受到限制，该计算方法往往只用于一般工程或重要工程的初步设计阶段，或与其他方法综合比较来确定承载力。其计算公式为

$$Q_u = u_p \sum c_{ai} l_i + c_u N_c A_p$$

式中，Q_u 为单桩承载力；u_p 为桩身周长；l_i 为桩周第 i 层土的厚度；A_p 为桩端面积；c_{ai} 为桩周第 i 层土的抗剪强度；c_u 为不排水抗剪强度；N_c 为桩轴向力。

(3)规范经验法。

依照《建筑桩基技术规范》(JGJ 94—2008)，根据土的物理指标与承载力参数之间的经验关系确定单桩竖向承载力标准值时，可按下列公式进行计算：

$$Q_{uk} = Q_{sk} + Q_{pk} = u \sum q_{sik} l_i + q_{pk} A_p$$

式中，Q_{uk} 为单桩竖向承载力标准值；Q_{sk}、Q_{pk} 分别为总极限侧阻力标准值和总极限端阻力标准值；u 为桩身周长；l_i 为桩周第 i 层土的厚度；A_p 为桩端面积；q_{sik} 为桩侧第 i 层土的极限侧阻力标准值，当无当地经验时，可按《建筑桩基技术规范》(JGJ 94—2008)表 5.3.5-1

取值；q_{pk} 为极限端阻力标准值，当无当地经验时，可按《建筑桩基技术规范》(JGJ 94—2008) 表 5.3.5-2 取值。

2) 竞赛应用案例

(1) 案例概况。

以 2017 年第二届全国大学生岩土工程竞赛为例，本次赛题以建造桩基为主题，研究对象是高承台桩基础，要求使用灰底白纸板、透明胶带和双面胶为材料制作桩基，对桩基的要求是能承受一定的承载力同时产生更少的沉降。其加载示意图如图 4-92 所示。

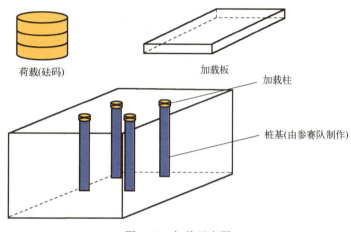

图 4-92　加载示意图

(2) 模型设计。

这部分以一等奖的第一名获得者——河海大学代表队的参赛作品为例展开。

① 初步桩型选定。

非灌注管桩在结构形式设计和传力途径上比灌注桩灵活，既可以通过增加扩瓣提高桩的整体稳定性，保证重心落在桩群中心，同时由于节省了灌注封底的步骤，还可以在精心设计桩侧加劲肋上下功夫，在保证桩承载力的同时，提高桩的美观性。灌注桩的优势则在于更加容易控制沉降。通过研究本次赛题，经过不断尝试，河海大学代表队发现，在增加桩的数量、充分保证桩群均匀受力的情况下，管桩也可将沉降控制在极小值。综合考量制作时间、用纸量和沉降量这三个主要扣分因素，河海大学代表队设计的桩基主要形式为非灌注三角截面管桩，如图 4-93 所示。

② 设计优化与加载。

为了加强桩基的整体稳定性和刚度，对三角截面管桩的顶部、底部和中间区域分别做了加固处理。如图 4-94(a) 所示，在桩顶部和底部分别设置由同心等边三角形削剪后得到的空心盖板，顶部盖板主要用来增大顶部受力面积，防止桩基顶部被压屈，底部盖板主要用来增大桩基底部与砂土的接触面积，既可以方便安放桩基，又

图 4-93　三角截面管桩

可以减小沉降。同时也在顶盖和底盖处增设加劲肋，如图 4-94(b) 所示，以增加桩基在砂

面以上的承载能力。对于桩基中间区域则设置直角梯形形式的扩瓣，如图 4-94(c)所示，并在扩瓣背部设置三角形加劲肋使其稳固，这样同一高度的肋条也能彼此连接，增加了强度与稳定性。最终，在 75kg 的竖向荷载作用下，河海大学代表队的模型只产生了不到 2mm 的沉降，获得了第一名，其模型整体设计示意图如图 4-95 所示。

(a)设置空心盖板　　　　　　(b)设置加劲肋　　　　　　(c)设置扩瓣

图 4-94　优化设计

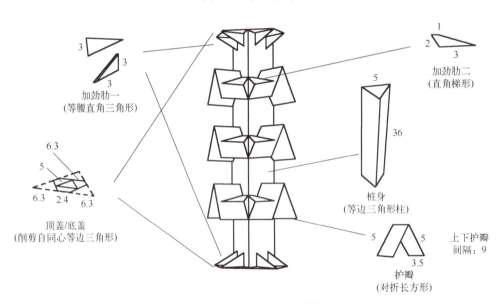

图 4-95　桩基整体设计示意图(单位：mm)

3. 地下综合管廊

1)地下综合管廊结构的截面内力计算

现浇混凝土综合管廊结构的截面内力计算模型宜采用闭合框架模型。作用于结构底板上的基底反力分布应根据地基条件确定，并应符合下列规定：

(1)地层较为坚硬或经加固处理的地基，基底反力可视为直线分布；

(2)未经处理的软弱地基，基底反力应按弹性地基上的平面变形截条计算确定。

根据闭合框架模型的受力情况，计算时可将其看作平面变形问题，沿管廊隧道轴线方向取 1m 宽作为计算单元，其计算的简图通常如图 4-96 所示。其中土的侧向荷载分布图若为梯形，计算时为简化计算可近似看作等效的矩形荷载分布。

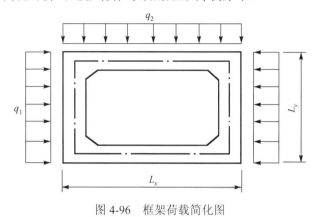

图 4-96　框架荷载简化图

对于此类矩形框架结构，内力计算时将中轴线的计算长度进行简化(实际的计算长度为图 4-96 当中点画线所示的计算长度)，对简化后的平面框架的内力计算可以采用结构力学中的力法，只是需要将下侧(底板)按弹性地基梁考虑。具体方法为：取出闭合框架并选取框架内一点进行打断(图 4-97)，以框架上侧杆件的中点为例，打断后的框架结构是对称结构，在原框架结构上作用的荷载是正对称荷载。

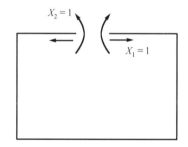

图 4-97　计算内力简图

在用力法计算未知反力时不需要考虑剪力的作用，而只需要考虑轴力和弯矩作用。可列出典型方程：

$$\begin{cases} \delta_{11}X_1 + \delta_{12}X_2 + \Delta_{1p} = 0 \\ \delta_{21}X_1 + \delta_{22}X_2 + \Delta_{2p} = 0 \end{cases}$$

式中，δ_{ij} 为单位力 $X_j = 1$ 产生的沿 X_i 方向的位移，又称柔度系数；Δ_{ip} 为由荷载产生的沿 X_i 方向的位移。

依照《城市综合管廊工程技术规范》(GB 50838—2015)：仅带纵向拼缝接头的预制拼装综合管廊结构的截面内力计算模型宜采用与现浇混凝土综合管廊结构相同的闭合框架模型；带纵、横向拼缝接头的预制拼装综合管廊结构的截面内力计算模型应考虑拼缝接头的影响，拼缝接头影响宜采用 K-ξ 法(旋转弹簧-ξ 法)计算，构件的截面内力分配应按下列公式计算：

$$M = K\theta$$

$$M_j = (1 - \xi)M, \quad N_j = N$$

$$M_z = (1 + \xi)M, \quad N_z = N$$

式中，K 为旋转弹簧常数，$2500\text{kN} \cdot \text{m/rad} \leqslant K \leqslant 5000\text{kN} \cdot \text{m/rad}$；$M$ 为按照旋转弹簧模型计算得到的带纵、横向拼缝接头的预制拼装综合管廊截面内各构件的弯矩设计值($\text{kN} \cdot \text{m}$)；

M_j 为预制拼装综合管廊节段横向拼缝接头处的弯矩设计值(kN·m)； M_z 为预制拼装综合管廊节段整浇部位的弯矩设计值(kN·m)； N 为按照旋转弹簧模型计算得到的带纵、横向拼缝接头的预制拼装综合管廊截面内各构件的轴力设计值(kN)； N_j 为预制拼装综合管廊节段横向拼缝接头处的轴力设计值(kN)； N_z 为预制拼装综合管廊节段整浇部位的轴力设计值(kN)； θ 为预制拼装综合管廊拼缝相对转角(rad)； ξ 为拼缝接头弯矩影响系数，当采用拼装时取 $\xi=0$ ，当采用横向错缝拼装时取 $0.3<\xi<0.6$ 。

K 、 ξ 的取值受拼缝构造、拼装方式和拼装预应力大小等多方面因素的影响，一般情况下应通过试验确定。

2)竞赛应用案例

(1)案例概况。

以 2019 年第三届全国大学生岩土工程竞赛为例，本次赛题的研究对象是城市地下管廊，要求使用 1mm 厚硬纸板、透明胶带和双面胶等材料制作管廊模型。管廊结构模型要求直接放置在内壁尺寸为 60cm×40cm×40cm(长×宽×高)的模型箱底部。要求地下管廊结构横断面内部净空间可以容纳一 15cm×15cm 的正方形，或者一直径为 18cm 的圆形；外部大小以能够通过直径为 30cm 的圆筒为准，沿管廊轴向的横断面应当相同。模型加载示意图如图 4-98 所示。

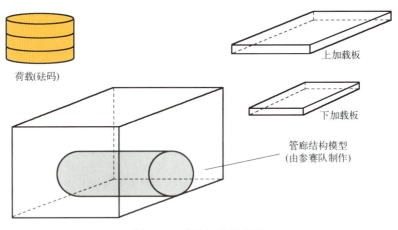

图 4-98　模型加载示意图

(2)模型设计。

这部分以河海大学代表队的参赛作品为例展开，其获得了本次比赛的二等奖。

①初步拟定截面形式。

管廊为净空结构，其截面形式多为圆形和多边形，其中圆形结构传力效果好、制作无切缝、模型薄弱点少，其制作难点在于很难控制绝对的圆形。多边形结构制作简单，模型均匀性好，但是切缝多，对管廊自身的削弱较大。考虑到管廊模型在土体内部受到环向的压力作用以及综合考量制作时间、用纸量和沉降量这三个主要扣分因素，河海大学代表队选择的管廊截面形式为圆形(图 4-99)。

②设计优化与加载。

由于管廊顶部跨度较大且管廊内部无支撑，所以管廊顶部要有足够的强度和刚度。河海大学代表队降低沉降的措施主要围绕顶部的加固展开。借鉴房屋的顶部加固方式，最终通过将三角形的稳定性强和拱的传力性能好的优点进行结合，设计出如图 4-100 所示的管廊模型顶部加固方式。为了使管廊模型尽可能地接近圆形，同时保证管廊两端与模型槽紧密贴合，设计了一个内圆外六边形的端部套箍(图 4-101)，将其套在圆形管廊两端限制模型变形及防止漏砂。成品方案管廊模型(图 4-102)由弧形拱顶、端部套箍、圆环柱形主体组合而成。最终，在 75kg 的竖向荷载作用下，河海大学代表队的模型产生了 7mm 左右的沉降，获得了比赛二等奖。

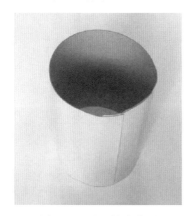

图 4-99　圆形管廊截面

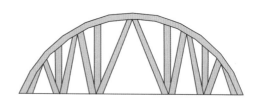

图 4-100　管廊模型顶部加固示意图

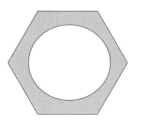

图 4-101　管廊模型端部加固结构示意图

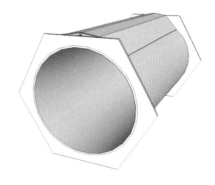

图 4-102　管廊整体示意图

4. 基坑支护

(1)悬臂式支护结构。

当基坑深度较浅、环境条件允许时，可采用悬臂式排桩与地下连续桩墙支护结构，当基坑深度较大或环境要求较高时，可以设置内支撑或锚杆等支撑体系，形成单点或多点的支撑体系。悬臂式支护结构主要靠插入土体内一定深度形成嵌固端，以平衡上部的土压力、水压力和地面荷载，通常可取某一单元体或单位长度进行内力分析。根据实测结果，悬臂式支护结构的受力简图如图 4-103 所示。被动土压力除了在基坑内侧出现，在基坑外侧也出现。

（2）单支点支护结构。

对于单支点支护结构，分以下两种不同情况。

①当支护结构入土深度较浅时，支护结构可以看作在支撑点铰支而底端自由的结构，当支护结构绕支撑点旋转时，底端有可能向坑内移动，产生"踢脚"，此种情况可以采用静力平衡法计算（图 4-104）。

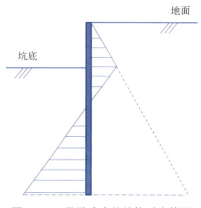

图 4-103 悬臂式支护结构受力简图

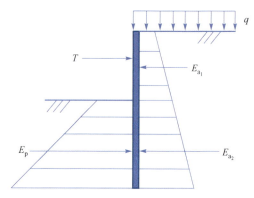

图 4-104 单支点排桩的静力平衡计算简图

E_{a1}，E_{a2}-主动土压力的合力；E_p-被动土压力的合力；T-单位宽度支点水平力；q-地面荷载

②当支护结构入土深度较深时，墙前后都出现被动土压力，支护结构入土端可以看作固定端，相当于上端铰支而底端固定的超静定梁，可以采用等值梁法计算（图 4-105）。对于多支点支护结构，同样可以采用等值梁法进行内力计算。

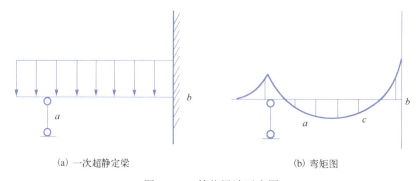

(a) 一次超静定梁　　　　(b) 弯矩图

图 4-105 等值梁法示意图

思 考 题

1. 图 4-106 为南京奥林匹克体育中心主体育场，结合本章内容并查阅相关资料，简要分析其中运用的结构体系及其作用，并画出主要结构体系的传力路径和受力简图。

解答要点：两根 45°倾斜的曲形桁架巨拱、马鞍形屋盖、体育场周边的 V 形支撑、悬索状钢管、预应力钢绞线等。

巨型曲拱的拱脚直接插入体育场外围大平台处的大型钢筋混凝土墩中固接，其只能承担拱平面内的荷载，因而箱梁的水平作用力转移至屋顶周边的 V 形支撑上，竖向分力也通过箱梁传到 V 形支撑上，矩形拱的平面内计算简图如图 4-107(a)所示。拱脚的巨大推力由基础内的预应力筋束平衡，V 形支撑承受体育场屋面的水平和竖向荷载。悬索状钢管起屋面箱梁的竖向支撑作用。悬索状钢管横跨在南北两侧屋面前檐中，并沿着马鞍形屋面的曲线呈受拉状态。悬索状钢管的部分荷载反力通过两端支撑传递到体育场上部结构中的钢筋混凝土核

图 4-106　南京奥林匹克体育中心主体育场

心筒中，大部分反力分布到三维屋面的其他部位，其传力路径如图 4-107(b)所示。

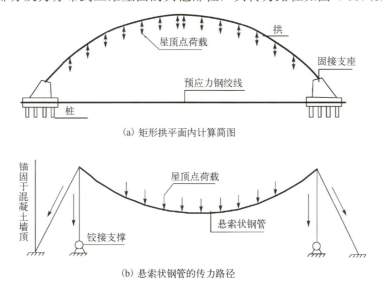

(a) 矩形拱平面内计算简图

(b) 悬索状钢管的传力路径

图 4-107　南京奥林匹克体育中心主体育场结构体系受力简图

2. 图 4-108 是某一悬挂式建筑的结构立面，请结合建筑结构体系示意图画出其重力荷载的传递路径，并简要说明。

(a)立面图　　　　　　(b)结构体系示意图

图 4-108　某悬挂式建筑结构立面图及结构体系示意图

参考答案:如图 4-109 所示,首先该建筑的玻璃幕墙及悬挂结构的重力荷载通过幕墙的支撑骨架向上传递至顶层的巨型桁架梁和屋盖上,再通过四根巨型柱向地面基础传递荷载。同时不可忽略的是,各楼层的次梁也起到了传递幕墙重力荷载的作用。

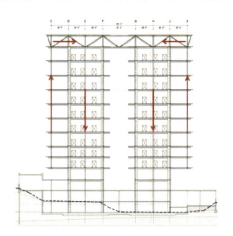

图 4-109 悬挂式建筑重力荷载传递路径示意图

3. 如图 4-110 所示,在支座 A、B 和 C 之间搭设多跨连续桥梁,要求在满足边界条件的情况下设计一座缩尺桥梁模型(即阴影部分内),使其工作效率最高(即所承受的最大荷载值与模型质量的比值最大),其中 L 可取 100mm 或 200mm。

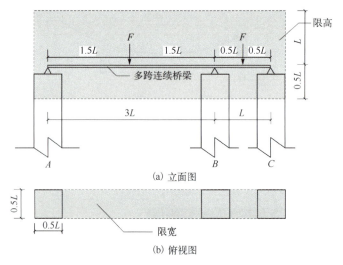

图 4-110 桥梁结构模型设计(单位:mm)

解答要点:结合常见的桥梁结构体系(桁架梁、压拱、张弦梁、张拉体系等),进行结构模型概念设计;再借助有限元软件,对设计模型进行受力性能优化与精确设计。

4. 加筋式挡土墙相对于重力式挡土墙和混凝土挡土墙具有圬工数量少、材料损耗低、经济效益高等优势。墙面板、拉筋和填土是加筋式挡土墙的基本组成结构。拉筋作为最主要的受力结构,将土压力转化为墙体的拉力,由此来稳定墙体。图 4-111 为一规格为 80cm×40cm×50cm 的挡土墙模拟槽,墙面为一刚性板,采用容重 $\gamma = 16\text{kN/m}^3$ 的风干标准砂作为墙后填埋材料，可裁剪牛皮纸作为拉筋材料，砂土与牛皮纸间的摩擦系数 $\mu = 0.7$。请在墙后设计一组拉筋，要求模型在后方填土自重作用下能够保持整体稳定性。

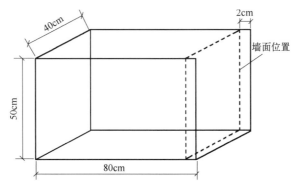

图 4-111　挡土墙模拟槽

解答要点：结合土力学相关知识计算墙面土压力分布；合理布置拉筋位置、宽度和长度；借助数值软件，对设计模型进行受力性能优化与设计。

第5章 土木类大学生制作类竞赛进阶

5.1 土木类大学生学科竞赛一览

1. 美国大学生土木工程竞赛

美国大学生土木工程竞赛是由美国土木工程师学会创办的一项历史悠久的赛事。竞赛包括混凝土轻舟(Concrete Canoe)、可持续结构(Sustainable Solutions)、钢桥(Steel Bridge)、挡土墙(GeoWall)、交通运输(Transportation)、环境(Environment)、专业论文(Professional Paper)等 10 余项赛事,其中钢桥赛于 2019 年起暂停对美国以外的高校开放。该项赛事立足于土木工程、交通工程、材料科学与工程等,需要学生不仅有跨学科学习的能力,还要有掌握美国规范,与美国评委、学生、组织者进行充分交流的能力。因其项目在专业知识上的难、精、尖,以及活动中的集体性、挑战性和竞技性,得到了广大优秀学生的热情参与。

美国土木工程师学会(American Society of Civil Engineers,ASCE)成立于 1852 年,至今已有 170 多年的历史,任何学校参加该项赛事必须申请加入 ASCE 国际学生组织分会,并可申请参加其中任何一项或多项竞赛。

美国大学生土木工程竞赛共分 17 个赛区,中太平洋赛区(ASCE Mid-Pacific)包括加利福尼亚大学伯克利分校、加利福尼亚大学戴维斯分校等十余所美国高校和来自中国的同济大学、浙江大学、河海大学、东南大学、大连理工大学、西南交通大学等高校。美国大学生土木工程竞赛中太平洋赛区比赛准备时间一般在前一年的 10 月到下一年的 4 月,周期较长。全美赛决赛时间为 5 月初。具体比赛流程、时间等参见官网 https://www.asce.org/。

2. 加拿大全国大学生土木工程竞赛钢桥赛

加拿大全国大学生土木工程竞赛钢桥赛(简称加拿大钢桥赛)是由加拿大土木工程学会(Canadian Society for Civil Engineering,CSCE)和加拿大钢铁建筑学会共同主办的一项进行桥梁模型设计和制作的赛事。加拿大钢桥赛(CNSBC)要求学生根据赛题的设计说明,自己设计或通过咨询教师和其他顾问,最终建造出来一座钢桥,并体现钢桥重量和性能的最优化。加拿大钢桥赛提高了人们对现实工程问题的认识,如空间约束、材料性能、强度、制造与安装过程、功能性、安全性、美观度、项目管理及成本等。鼓励学生主导项目设计,旨在培养未来工程师全面的技术能力,以及自主的创新意识,激励学生通过理论结合实践,进行有效的团队合作,培养学生与行业专业人士之间的有效关系。

加拿大钢桥赛(CNSBC)参赛队伍包括英属哥伦比亚大学、麦吉尔大学、阿尔伯塔大学、滑铁卢大学、墨西哥国立自治大学、美属波多黎各大学马亚圭斯分校等 3 个北美国家的十余所高校和来自中国的河海大学。该赛事为来自不同国家的学生提供了学习与交流的机会，要求所有参赛成员都必须是加拿大土木工程学会(CSCE)的学生会员。

加拿大钢桥赛(CNSBC)比赛准备时间一般在前一年的 10 月到下一年的 5 月，周期较长。具体参见 http://www.cscecompetitions.ca/cnsbc，赛题具体细则也可参考美国钢结构协会(AISC)举办的 AISC 全国大学生钢桥竞赛(NSSBC)的比赛规则，但应以 CNSBC 官方网站的要求为准。

3. 全国大学生结构设计竞赛

全国大学生结构设计竞赛(简称全国赛)是由浙江大学于 2005 年倡导并牵头国内 11 所高校共同发起，经教育部和财政部批准发文的全国性学科竞赛项目。全国赛由中国高等教育学会工程教育专业委员会、高等学校土木工程学科专业指导委员会、中国土木工程学会教育工作委员会和教育部科学技术委员会环境与土木水利学部共同主办，各高校轮流承办和社会企业资助协办。大赛旨在培养大学生的创新意识与合作精神，提高大学生的创新设计能力和动手实践能力。作为一项极具启发性、创造性和挑战性的科技竞赛，全国大学生结构设计竞赛既考验参赛者的结构设计知识，又锻炼大家的动手实践能力，并在竞赛过程中，考验参赛大学生的综合素质。比赛内容主要包括结构模型设计和计算分析、结构模型制作、结构模型加载试验等。大赛自举办以来，得到了全国各大高校相关专业师生的广泛关注。

根据 2017 年 1 月通过的全国大学生结构设计竞赛实施细则，全国赛分省(市)分区赛和全国总决赛两个阶段进行，而全国总决赛一般由以下高校参赛：①全国赛发起高校及承办过全国赛的高校；②当年承办各省(市)分区赛的高校；③各省(市)分区赛推荐的高校；④适当邀请部分境内外高校；一般为 100～120 所学校。每校 1 组参赛队，每个参赛队由 3 名全日制在校本、专科生及指导教师和领队组成。

全国总决赛题目一般由承办高校提前一年组织命题，竞赛当年 2 月底前提交秘书处，3 月上旬经专家委员会审定后由秘书处通过全国赛官网公布竞赛题目和通知。省(市)分区赛题目可由各分区组委会秘书处组织命题，制定竞赛规则，提交省(市)分区赛专家组审定，并报送全国赛秘书处备案；也可采用全国赛官网命题库提供的题目。

全国总决赛一般安排在下半年 10 月中下旬举行，为期 4～5 天。各省(市)分区赛必须在 6 月 1 日前完成，并上报赛区工作总结及评审结果等，6 月 5 日左右由全国赛秘书处按总决赛名额分配原则下达各省(市)分区赛推荐名额，6 月 15 日前由各分区组委会秘书处同时向当年承办全国赛的高校组委会和全国赛秘书处上报参加全国总决赛的高校及参赛队名单(含指导教师、领队)。具体竞赛细则、比赛流程、评定奖励等参见官网 http://www.structurecontest.com。

4. 全国大学生岩土工程竞赛

近年来，伴随着我国岩土工程建设和研究的快速发展，亟须大量优秀的创新型青年人才。为了激发青年学生的创新意识，提高学生对岩土工程及相关学科的学习兴趣，锻炼学生的动手实践能力和协作精神，促进不同高校学生间的沟通交流，中国土木工程学会土力学与岩土工程分会经过研究讨论,发起举办全国大学生岩土工程竞赛,并于 2015 年 7 月在上海举办首届竞赛,此后每两年举办一次。

由高等学校土建学科教学指导委员会、中国土木工程学会向部分高校发出邀请,每校派出 1 组参赛队,竞赛秘书处最终审定参赛资格。每支队伍由三名学生组成(本科生至少 1 人)。竞赛内容主要包括以下几部分:模型设计、模型制作、模型测试等。

5.2　结构类竞赛从构思到实践

土木类大学生结构设计竞赛是一项考验大学生如何结合自己所学的基本力学知识、利用指定的结构材料设计制作出一个满足一定几何约束条件要求的结构模型,并能够实现一定的结构性能,以承受的有效荷载值与模型自重比值最大为优的学科竞赛项目。具体的几何约束条件包括结构的高度、跨度和宽度,以及允许的构件布置范围等。具体的结构性能包括承受给定外加荷载并把结构变形限制在一定范围内,或者结构垮塌前尽可能具有更大的承载力等。由于结构设计竞赛是类比于实际工程项目,在给定约束条件下寻找优化方案,非常考验大学生理论联系实际的能力和创新能力,具有很高的挑战性。同时结构设计竞赛旨在培养大学生的动手能力,也是个寓教于乐的游戏过程。

参加结构设计竞赛需要有基本的理论知识,包括理论力学、材料力学、结构力学、钢结构和钢筋混凝土结构设计等方面的知识。但考虑到初次参加结构设计竞赛的学生通常为低年级本科生,仅有理论力学和材料力学的知识储备,为了进一步适应结构设计竞赛的要求,参赛大学生也应该自学结构力学甚至一些三维杆系结构的有限元分析知识。掌握好各门力学课程知识有助于增强认识和分析整体结构与局部杆件受力情况的能力,帮助进行结构的优化设计。在设计、制作、加载模型中,也能真实感受到力学的存在和美妙,促进理论联系实际,更加牢固地掌握力学知识。

拥有了一定的理论基础,在充分理解结构设计竞赛要求及评分规则之后,参赛者首先要做的便是进行结构的概念设计,确定几个初步的结构方案,选择相应的结构体系(如选择框架、桁架、框架抗震墙或者张拉体系等)。然后应该通过计算进一步从中甄别相对经济合理的方案,并开始实际制作模型。最后通过模型的加载试验检验结构的不足,提出模型的修改方案,并同步修改计算模型,然后再加载和改进模型。通过反复的迭代过程优化结构。所以,整个结构设计竞赛是一个从想法到实践,而又不断反复循环迭代更新的过程。

5.2.1　结构类相关竞赛的理论分析

1. 审题

由于受比赛时间、材料等客观条件限制,大学生结构设计竞赛往往突出"结构概念设计"的要求。参赛选手一般只需在符合题目要求的前提下,从满足结构承载能力的角度进行构思和设计即可,能够做到美观则更佳。要做到"符合题目要求",就需要参赛者充分了解赛题要求，准确把握比赛规则。只有审好了题，才能做到有的放矢，更好地指导模型设计与制作。比赛中常用的结构材料包括牛皮纸、白卡纸、竹皮、桐木、钢材等。典型的结构形式包括多高层建筑、桥梁、大跨度屋盖、塔类建筑等。施加的荷载按照荷载的特性分为静力荷载、移动荷载、冲击荷载和地震作用等；按照荷载的作用方向分为竖向荷载和水平荷载。

首先，在结构设计之前，参赛者应认真阅读比赛赛题。除要准确了解参赛对象、比赛进程等规定外，更应该对命题要求、理论设计、加载方式、破坏指标、评分标准等核心内容进行细致分析。通过阅读比赛赛题，参赛者至少需提炼以下 4 点信息。

1）模型尺寸

在比赛章程中，一般会给出模型尺寸的限值，如建筑结构的总体长/宽/高，以及各层楼面高度位置等。当未直接给出限值时，可通过加载条件间接加以确定。例如，对于桥梁长度而言，过短不利于加载平台的有效支承，过长则增加结构自重；对于高度而言，过小不利于结构竖向刚度的保证，过高则影响加载试验，也增加了结构的自重；对于宽度而言，一般受车道条件和加载方式的限制。因此，模型的尺寸应保持在一定范围内，通过理论分析和模型试验取得各方面的平衡。

2）支承条件

支承条件对结构设计的影响很大，直接关系到模型的结构形式和理论分析，因为支承条件决定了能够为模型结构提供的位移边界条件。例如，全国大学生结构设计竞赛的结构模型一般是通过胶水或者螺钉固定在一块平整的底板上，理论上是刚性连接，即该连接位置可以传递弯矩、剪力和轴力。那么对柱子而言，通常是压弯构件，为了减小柱子的弯矩，可设置斜杆或者拉条，并与柱子的一端节点相连。又如，2014 年～2016 年江苏省大学生土木工程结构创新竞赛加载组的赛题均为桁架桥或者屋架结构，且在比赛中只提供模型两端的竖向支承，而无水平约束。因此，对于有水平推力或者拉力的结构体系，往往受该条件限制而无法运用，此时应考虑采取其他方式，如系杆拱和张弦梁等水平力自平衡体系。此外，2014 年的华东地区高校结构设计邀请赛(简称华东赛)提供的支撑条件是砂，即将白卡纸模型结构固定在砂质地基里。此时应该考虑在结构支座处设计一些形式(如扩展基础和圆锥形纸袋)，以充分利用砂的抗压能力和基础埋置深度范围内砂的自重。

3）加载方式

加载方式包括荷载形式、加载流程、最大荷载等。荷载形式包含均布荷载和集中荷载，这取决于加载重物与模型结构的接触点的多少。例如，2016 年全国赛通过软胶垫叠放在屋架上加载，由于软胶垫自身刚度较低，和屋架的顶面接触较为充分，从而可模拟均布荷载。而 2019 年全国赛的第一级加载中砝码的自重通过钢绞线传递至模型顶部，相当于给予模型顶部一个斜向的作用力，承担荷载的主要是四个分支。

加载方式可分为静力和动力加载。对于静载试验，指的是加载过程较慢，近乎"轻拿轻放"般的加载。对于动载试验，加载通常较快，具体可分为冲击荷载、地震作用和移动荷载等。例如，2012 年全国赛主要采用冲击荷载，利用铅球从不同高度落下撞击结构主体实现；2014 年全国赛中一、二、三级的地震作用是将承受竖向荷载的结构连同基础底板固定在振动台上实现的；2015 年全国赛的移动荷载则通过装有配重块的小车在结构面上行驶形成。

比赛中通常实行分级加载，一般为先施加静力荷载(可包括竖向的和水平向的)，然后施加动力荷载。赛题对于每一级加载都有不同评价目标，通常第一级加载关注结构的刚度，即在给定荷载下结构的变形能力；最后一级加载关注结构的耗能能力(动力条件下)或者极限承载力(静力条件下)。

近年，全国赛开始采用抽签的形式决定加载荷载、加载点位置、加载形式等，而 2021 年全国赛的模拟计算则需要在现场抽签以后进行。因此，备赛中需准备多种模型方案。

4) 评分标准

首先，评分主要包括造型设计、理论计算、制作工艺、现场答辩、加载试验等方面，满分为 100 分。其中加载试验(即结构荷重比)是比重最大的指标，通常占 50~60 分，其他指标则各有侧重。从比赛经验来看，最终影响竞赛成绩的也大多是现场加载环节的指标，因此，参赛者务必在加载环节上进行足够仔细的研究。

其次，当前的结构设计竞赛普遍采用分级加载制，且每级加载所占的分数不一样。但不管哪一级荷载，分数都以同级荷载条件下的最大荷重比为分母。所以在设计和制作结构模型之际，需要有所取舍，但最主要的目标还是要降自重。例如，2016 年的全国赛中，加载分两级，其中第一级加载阶段占 35 分，第二级加载阶段占 25 分。由于第一级加载分更多，所以需要更多关注。

最后，在整个模型设计与制作过程当中，参赛者应反复对赛题规则进行审读和讨论，对于不太明确的细节，则务必在正式参加比赛前向组委会进行询问并获得明确答复，避免因对规则误解而导致结构模型违规。

2. 概念设计

根据赛题要求所做的结构形式的概念设计是最能体现参赛者创新和创意的部分。结构模型设计的构思来源于现实又需超越现实。参赛学生在获知赛题后可能会根据自己见过的结构形式(如各类建筑结构和桥梁结构等)来设计和制作模型，但一定要做到理论结合实际。理论上，参赛者应该具有材料力学和结构力学的知识，前者将构件的内力与截面的应力状态联系起来，用于判断结构构件的强度是否满足要求，以及判断受压构件的稳定性；后者主要是计算结构体系在外荷载作用下的各杆件的内力，体现了外荷载是如何沿着结构各构件传递到基础的，即传力路径。

3. 基于模型分析计算的结构设计

1) 基于结构整体受力特点优化结构体系

参赛学生如果具备了基本的结构分析能力，也可以通过分析结果进行方案设计。首先，结构和构件应该辩证地看，如果宏观考察一个结构，可以将其抽象为一个构件。例如，可将水平荷载作用下的多高层建筑及塔式结构看作逆时针旋转了 90° 的悬臂梁，或者将桥梁视为简支梁等。假如需要设计一定跨度的桥梁并承受跨中的集中荷载，其弯矩图如图 5-1

所示。可见跨中弯矩最大、两侧最小，即内力的分布非常不均匀。同时受弯构件在某一截面上的应力分布也不均匀。为了应对图 5-1 所示的弯矩分布，同时将构件内力尽量转换成轴力形式（轴力作用对应于均匀的截面应力分布），可将桥梁结构设计为三铰拱或者张弦梁等结构体系，此时材料利用最为充分。

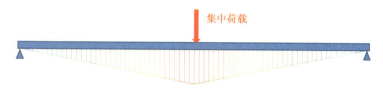

图 5-1　简支梁在集中荷载下的弯矩图

如果桥梁结构承受均布荷载，其弯矩图如图 5-2 所示。同样为了应对该弯矩的分布，同时将构件内力尽量转换成轴力形式，将该桥梁结构设计为拱结构或者鱼腹式桁架结构等体系，材料的利用率将更加充分。

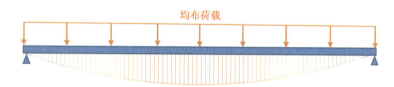

图 5-2　简支梁均布荷载下的弯矩图

2）对既定结构体系内构件的优化

参赛学生在做完了结构体系的概念设计之后，应该学习一些简单的结构分析软件，如 Midas 和 SAP2000 等，从而来优化既定结构体系内构件的设计。通过结构分析软件，可以计算出某一外加荷载作用下的结构各点的位移、各构件的内力以及构件截面的应力状况。通过结果的数据化显示，可以较为明确地发现结构体系中的薄弱或者富余杆件。为了充分发挥结构的材料强度，需要遵循等强度原则，即在不考虑杆件失稳（对应于材料力学中的压杆稳定理论）的情况下，结构中的所有杆件的应力尽量达到相同大小，这样可以发挥每个构件的作用，避免多余的材料。如果杆件的长细比太大，一定要注意考虑受压构件的稳定性。

5.2.2　制作工艺

结构设计竞赛的创新除了体现在结构设计和结构体系上，更为重要的是体现在模型的制作工艺上。良好的工艺方法不仅可以提高施工效率以及稳定性，还可以保证模型质量。但是，制作工艺很难通过书本知识获取，而更多的是一个在实践中不断探索与积累的过程，在一次次模型制作和改进中不断碰撞智慧的火花，涌现新的想法，然后付诸实践，进而提高技艺的循环迭代过程。制作工艺包含手工艺和学会制造工具以便于结构施工和制作两方面。下面就几种结构设计竞赛中常见的材料性质分类介绍相关结构构件的制作工艺。

1．白卡纸材料的制作工艺

白卡纸材料
的制作工艺
（材料准备）

在早期的结构设计竞赛中，白卡纸经常被用来作为模型的材料，且与之配套的胶水是白乳胶。由于白卡纸自身材料的限制，用白卡纸制作杆件的截面形式比较少，一般是圆管、箱形截面和其他组合截面等。

由于白卡纸材料比较柔软，一般需要采用辅助模具才能较好地完成杆件的制作。

1）圆管截面

在用白卡纸制作圆管构件时，只需要利用与所需构件内径大小合适的塑料管或者钢管作为模具，将白卡纸绕着模具包裹一圈或者多圈便可完成。完成后，一般仅需在白卡纸的封口处涂抹白乳胶，在白乳胶干透之前，可以用小夹子夹住封口直到白乳胶风干，如图5-3所示。

白卡纸材料
的制作工艺
（圆管截面）

封口

图5-3　白卡纸制作圆管

2）箱形截面

白卡纸材料
的制作工艺
（箱形截面）

箱形截面构件由于具有4条边，需要提前根据截面边长做出折痕，如图5-4所示，并在封口的一边多留一些尺寸以方便封口黏结。

尽管在没有模具的情况下也可以完成构件的制作，但是施工相对比较麻烦且效率低下。为此，可以考虑先制作箱形截面构件的模具。在找不到合适方形木棒的前提下，可采用便于加工的桐木条来拼接组合成模具。但是，在利用模具制作箱形截面构件时，白卡纸无法像制作圆管构件那样很好地自动贴合在模具表面。为此，可以在箱形构件的外侧再加一个槽形的模具来使之贴合，如图5-5所示。通过这种内外联合的方式可便捷地完成一根质量较好的箱形构件。制作

图5-4　白卡纸折痕图

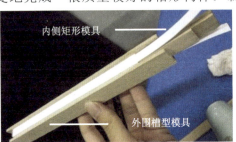

内侧矩形模具

外围槽型模具

图5-5　白卡纸制作箱形截面构件

好的箱形截面如图 5-6 所示。如果制作的箱形截面刚度偏小，可采用组合截面的形式，例如，在箱形截面中心插入一根 H 形截面的杆件，如图 5-7 所示。

图 5-6　白卡纸制成的箱形截面和 H 形截面

图 5-7　白卡纸制成的组合截面

2. 竹皮材料的制作工艺

1) 杆件制作工艺

竹片是目前结构设计竞赛运用最多的材料。相对于白卡纸，竹皮的强度高，制作简单，截面样式多样。主要截面形式有圆管、箱形截面、矩形截面、T 形截面、H 形截面以及多种组合截面 (更多的截面形式可参照钢结构设计)。下面以箱形截面为例，对竹皮杆件制作进行介绍。

竹皮材料的
制作工艺
(杆件制作)

在制作过程中，第一步便是裁剪出质量较好的竹片。裁剪方式有两种：第一种是用钢尺定好裁剪位置，然后用美工刀沿着钢尺将竹片切割下来，如图 5-8 所示，而且一定要选择材质比较硬的底板，以使切割出来的竹片整齐笔直，避免出现弯曲或锯齿毛边。

图 5-8　利用钢尺裁剪竹片

第二种是采用裁纸刀，可方便快捷地裁出质量较好的竹片。但缺点是裁剪竹片的长度受限于裁纸刀的长短。在裁纸刀台板上放置一把钢尺，帮助快速确定裁剪竹片的宽度，如图 5-9 所示。在待加工竹皮上预先打好一个点，然后对齐钢尺的刻度，裁剪出的第一条竹片作废。此后，根据需要的宽度，将参照点沿着钢尺向刀口平移需要的宽度，然后裁剪出需要的竹片。

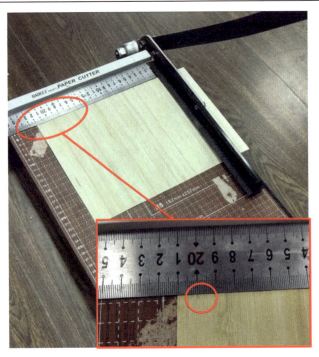

图 5-9   利用裁纸刀裁剪竹片

  制作完竹片后，可根据如图 5-10 所示的顺序，将竹片依次首尾拼接起来，但是此制作方法很不方便且效率很低。在制作过程中，作者发现制作 L 形"角钢"构件较为方便，为此，改进后的方法是先制作两个"角钢"构件，再将两个"角钢"粘接制成箱形截面，如图 5-11 所示。经过实践，用此方法制作箱形截面不仅效率高而且构件质量好，流程图如图 5-12 所示。在一开始制作"角钢"构件时，直接将一条竹片平放在桌面上，然后将另一条竹片垂直地靠在第一条竹片边上，最后在两条竹片缝隙处浸入 502 胶水。为避免制作过程中竹片粘在桌面上，需预先在桌面上垫一层塑料薄膜。即使构件和塑料薄膜粘在一起了，也能轻易地将塑料薄膜从构件上分离开来。

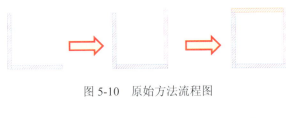

图 5-10   原始方法流程图

图 5-11   新方法流程图

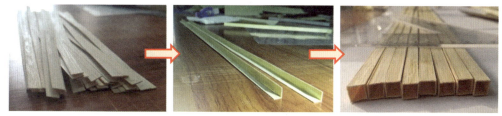

图 5-12 竹皮制作箱形截面构件实物流程图

2) 竹粉制作工艺

当采用竹皮制作结构时,一般的贴片方法仅对构件之间的简单节点连接有效,对复杂节点则连接效果较差。但是,采用先加竹粉后滴 502 胶水的方法,可以有效地增强复杂节点的连接效果。此方法可在一定程度上类比于钢结构中的焊接连接方法。然而,要将竹片制作成竹粉较为困难。目前,经过一些创新性的实践总结出如下四种制作竹粉的方法。

竹皮材料的
制作工艺
(竹粉制作)

(1) 用锯子锯竹棒,积累下来的竹屑再筛分,如图 5-13(a) 所示。

(2) 用砂纸包裹一个小物块,然后在竹皮上进行打磨,如图 5-13(b) 所示。

(3) 用锉刀在竹棒上打磨,如图 5-13(c) 所示。

(4) 用竹棒在砂纸上打磨,如图 5-13(d) 所示。

竹棒的制作方法是切割出很多大小统一的竹片,然后通过 502 胶水粘在一起,如图 5-14 所示。

方法(1) 的特点:速度快,但是竹粉颗粒比较粗,质量较差。

方法(2) 的特点:运用了逆向思维的方法想出来的,既然竹棒可以在砂纸上打磨,那么反过来可用小块的砂纸在竹皮上打磨以获取竹粉。经过试验此方法效果最好,竹粉非常细小均匀,与 502 胶水混合的效果更好,但制作速度稍慢。

方法(3) 的特点:制作速度和质量取决于锉刀质量。

方法(4) 的特点:竹粉颗粒细但是制作速度慢,效率低下。

(a) 锯竹棒

(b) 砂纸在竹皮上打磨

(c) 锉刀在竹棒上打磨

(d) 竹棒在砂纸上打磨

图 5-13 竹粉制作方法

图 5-14　竹棒制作方法

3) 整体模型制作工艺

由杆件到整个模型，需要经过关键的整体模型制作工艺，下面将以 2015 年华东赛河海大学参赛队的模型为例讲解制作工艺。

在制作整个模型之前，需要画出施工图，明确结构的外形和各杆件的布置，以及各构件的截面尺寸、长度和数量等。根据材料表开始制作杆件，按照上述制作工艺裁剪竹片，并制作完成如图 5-15 所示的箱形截面的构件。在主要受力构件完成之际，便可搭接构件以形成整体模型。

制作模型结构的步骤是由点到线、由线到面、由面到体的过程。点起到定位作用，方便线的连接；线定位点之间的连接，确定杆件的位置，然后到一个结构面，最后扩展到结构整体。为方便结构面的制作，先在图纸上精确地画出每个构件的位置，如图 5-15 所示，然后将构件映在图纸上拼接起来。之后将面与面直接进行连接，完成结构整体制作，如图 5-16 所示。为避免结构被胶水粘在图纸上，可以在图纸上的定位点贴点胶带，方便结构与图纸定位点的分离。

竹皮材料的
制作工艺
（整体模型制作）

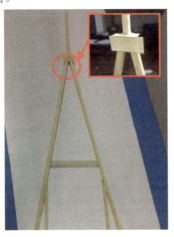

图 5-15　模型结构面制作图

图 5-16　模型结构整体制作图

构件间节点的连接是结构模型制作的关键。对应构件之间表面平整的节点，只需要通过贴小块竹片的方式补强即可，如图 5-15 所示。而对于连接复杂的节点，比较方便的处理方法是塞填竹粉，即在构件之间的连接缝处先塞进适量的竹粉，然后将 502 胶水滴至竹粉上，使得构件与构件之间的连接有类似于焊接的效果。

结构的主体框架完成之后，将结构的柱脚与木板底座相连。为达到良好的连接效果，同样采用塞填竹粉的方法将柱脚牢固地固定在底板上，形成如图 5-17 所示的模型实物图。

图 5-17　2015 年华东赛模型实物图(河海大学)

结构完成之后需要进行细致的检测，检查每个构件是否有裂缝、每个节点是否牢固等。注意，这是一项确保模型质量必不可少的工作。

3. 钢构件的制作工艺

美国大学生土木工程竞赛钢桥赛通常要求采用的制作材料为实际工程中的钢材。为此，可直接购买市场上提供的实心圆杆、型钢、角钢和管钢等制作构件。因为制作模型结构的构件截面尺寸通常较小，相应钢材型号有限，所以在设计模型结构时应该结合市场上的实际供货情况来综合考虑。

钢结构的
制作工艺
(前期准备)

钢桥赛所用的构件一般都是薄壁钢材，这需要氩弧焊来完成焊接，因为普通的电焊容易烧穿构件，难以掌控，如图 5-18 所示。为此，焊接工作建议委托专业的技术工人，以保证焊接质量。

(a)型钢

(b)管钢

图 5-18　美国钢桥赛所用钢材

钢材加工的制作工艺涉及切割、打磨以及节点连接，具体注意事项如下。

1)切割和打磨

钢材的切割一般使用切割机即可完成。对于截面较小的钢材，切割机一般可准确地切出所需要的长度。但需要注意的是，每次切割会让构件耗损一个切割片的厚度。当构件截

贴焊端板
螺栓连接
（拱构件间
连接）

贴焊端板
螺栓连接
（拱下弦之间
连接）

面尺寸较大时，由于切割机的精度极为有限，所以大多数情况下切割出来的截面并不能与杆件的轴线垂直。此时最好的方法是，选择水刀切割或者其他更精密的切割仪器。在制作过程中，为满足精度要求，比较精细的节点构件采用了线切割。对于普通切割后的构件，切割面一般会有毛刺，此时可以用打磨机对其截面进行打磨。在进行切割和打磨钢材的时候，会用到具有危险性的加工器械，使用时一定要注意安全，为此，必须做好防护措施。例如，戴防护手套，避免构件高温烫伤手指；佩戴护目镜，以免火星和灰尘进入眼睛；佩戴耳塞，避免噪声伤害耳朵。

2）节点连接

钢结构的连接分为螺栓连接和焊接连接。由于模型结构是装配式成形的，所以每个构件之间的连接均需要通过螺栓完成。连接节点可分为连接板连接和榫卯连接。

对于拱构件端部焊接连接板，根据受力性质，要求强轴方向满焊，弱轴方向点焊固定即可。其中在一块连接板一端焊接好预制的卡槽，与另一连接板卡住后，通过螺栓在连接板另一端紧固完成拼装，这样可提高拼装的效率。

对于拱下弦焊接预制的连接键，连接键开一圆孔，利用一颗螺栓完成连接，螺栓应根据拱下弦的受力性能进行选择，必须提供足够的抗剪承载力。拱下弦的连接键由专业厂家加工定制，在精度上能够得到满足。

贴焊端板
螺栓连接
（承台主次桁架、
支撑）

钢桥桥面承台由主次桁架梁组成。主桁架拼接处设置在跨中，上弦采用两块连接板和两颗螺栓连接，下弦则在扁钢上开孔，由一颗螺栓完成连接，螺栓同样需要根据受力情况选择合适的型号，应满足抗剪承载力要求。次桁架梁为空间三角形桁架，与主桁架的连接全部采用贴焊端板、螺栓连接的方式。桥端的水平支撑处焊接的端板须开椭圆形孔，在整桥拼装存在误差的情况下利于调节。

钢结构的
制作工艺
（榫卯螺栓杆组
合连接）

连接板宜通过专业的厂家根据设计图纸和材质要求进行加工定制。厂家切割方法一般有激光切割和线切割，对于一般的端板可以采用激光切割，因为加工速度比较快。而对精度要求较高的端板构件，如榫卯构件，则需采用线切割的方式，但是制作周期长。榫卯构件设计时要考虑加工难易程度，一般采用"槽口榫"，加工较为方便，精度容易满足要求，设计时要充分考虑榫卯的抗剪强度和抗弯强度。一种榫卯螺栓杆组合连接的方式能够提供足够的抗弯和抗剪承载力，在节点上部利用榫卯构造相互卡住，在节点下部开孔，利用螺栓杆连接。这种节点受力性能好，拼装效率高。图 5-19 为连接板节点加工图。

3）焊接

普通方管的焊接界面比较好处理，圆管的焊接界面需要通过一些措施来保证焊接接触面不至于有太多的空隙。在将榫卯构件与圆钢管端头焊接前，将榫卯焊接面切割后再铣出一个小台阶，小台阶的下降高度刚好是圆钢管的壁厚，因此可以把节点构件和圆管套紧密结合再进行焊接。榫卯结构拼接方便，但是对焊接工艺要求很高，杆件两端都有榫卯构件，因此必须满足平行或者垂直的要求，此时就需要做"工装"，把位置固定好再焊接。焊接附属杆件前，应把相邻构件的榫卯连接件先拼在一起，再焊接，这样可以保证焊完节点不会

(a)　　　　　　　　　　(b)　　　　　　　　　　(c)

图 5-19　连接板节点加工示意图

出现太大的位置误差问题。节点与杆件的焊接，应该位置固定好就直接满焊。如果先点焊后期再加焊，可能会出现较大的变形，对构件的拼装会有较大的影响。图 5-20 为 2016 年和 2018 年美国大学生土木工程竞赛钢桥赛备赛中焊接完成的构件。

 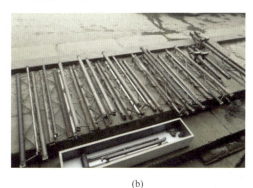

(a)　　　　　　　　　　　　　　　(b)

图 5-20　美国钢桥赛焊接完成的构件

待所有构件焊接完成后，选择合适的场地，将预制好的构件使用螺栓拼接起来，检验各个构件的尺寸是否符合要求，节点的连接性能是否可靠，若节点和构件不能很好地拼接，可以对其进行打磨。然后对钢桥外观进行设计、染色和涂漆，钢桥的制作也就基本完成了。

4. 灌浆料材料的制作工艺

灌浆料是在 2016 年的第十三届华东地区高校结构设计邀请赛上首次投入使用的模型材料，配合雪弗板(模板)和 304 钢丝直条(钢筋)，以模拟钢筋混凝土结构的建造过程。

1)灌浆料制备方法

水泥灌浆料是用于模拟混凝土来进行构件固化成形的主要材料，其成分中不含骨料。为简化叙述，下面用水泥一词来代替水泥灌浆料。

混凝土结构制作
(灌浆料制备过程)

为顺利制作出水泥构件，首先要熟悉水泥浆的制备方法。对于不同品牌、不同配方或制作工艺的灌浆料，其固化特性也不同，即其凝固速度、凝固后强度等物理参数都可能不同。而对于完全相同的产品，不同的配合比或制作工艺制作出来的水泥构件，其质量也不尽相同。因此，为了使水泥构件在硬化后质量能有一定标准，制造商在灌浆料产品发布前会对其进行大量测试,从而确定效果最佳的制备方法,包括配合比和制作工艺。以第十三届华东赛规定型号产品的制备方法为例:本产品采用机械拌和,按照灌浆料26%的水灰比计算用水量,在搅拌时先加入灌浆料,加入70%~80%的用水量搅拌3~4min至混合均匀,再加入剩余用水量的20%~30%,搅拌1~2min,总搅拌时间控制在5~7min,静置排气后即可进行注浆操作。

水灰比可根据实际需要进行调整。水量越少,搅拌出的水泥浆越稠,凝固越快;反之,水泥浆越稀,凝固越慢。水分成两次加入到搅拌容器,第一次是为了让水泥粉末状颗粒均匀吸收水分并充分水化,搅拌过程中应可以明显感受到水泥浆辐射出来的热量;第二次是为了调节水泥浆的流动性和凝固时间。用于竞赛的灌浆料为快硬早强型,若凝固时间太短,则有可能在水泥浆尚未充满模板孔隙之前就发生初凝,使流动性大大降低,导致构件局部缺浆,表面出现孔洞。若凝固时间太长,则表示水灰比过大,水泥相对含量偏少,会导致水泥浆从模板缝隙中渗出及水泥强度不足的问题。无论凝固时间过短还是过长,都会打乱浇筑节奏,影响构件质量。因此,掌控好制备出的水泥浆质量对于构件质量具有非常重要的意义。

制备水泥浆的工具包括水泥搅拌机(图5-21)、搅拌容器(3~4L容量,开口直径在20cm左右)、电子秤、量杯等。水泥搅拌机可以选用工业级电动搅拌器或水泥胶砂搅拌机。工业级电动搅拌器如图5-21(a)所示,手持,搅拌速度可以调节,搅拌过程会比较费力;水泥胶砂搅拌机如图5-21(b)所示,无须手持,搅拌模式固定,优点是可以节省体力,缺点是水泥浆液容易溅出,设备贵而笨重。相比之下,推荐使用手持的工业级电动搅拌器。

混凝土结构制作
(浇筑过程)

(a) 工业级电动搅拌器　　　　　　　(b) 水泥胶砂搅拌机

图5-21　水泥搅拌机

搅拌过程中应注意:水泥粉末完全水化之前搅拌头的旋转阻力很大,因此搅拌者需要牢牢抓紧搅拌机,同时请一名队员用手固定搅拌容器,或若有条件也可用若干重物紧贴容器来固定。在水泥水化较为充分,搅动变得轻松之后,可以根据需要将转速稍微提升,但不宜过快。因为灌浆料属于散热不良体,搅拌对其做功,速度越快,做功越多,温度就越高。过热的情况下水泥可能会出现凝结时间缩短或假凝等问题,对浇筑节奏和质量产生较大影响。

2) 浇筑工艺

浇筑主要是指从水泥浆入模到水泥表面抹平这段过程。水泥的浇筑宜使用带有槽口的浇筑容器,如果搅拌容器带有槽口,则可直接使用搅拌容器进行浇筑,水泥沿槽口流出,非常便于控制浇筑位置。浇筑时应避免过快，因为流速过快的水泥流可能会将摆放好的钢丝冲离原先所处的位置，使实际配筋状况偏离设计。浇筑时，应时刻注意是否出现漏浆现象，一旦出现，应迅速做出反应，利用事先切好的底面平整的雪弗板小块堵住泄漏处，用502 胶水黏结固定。浇筑完首先进行振实，若底板为雪弗板，可以敲击板面来提供振动。振实后水泥浆液面宜高出模板 1mm 左右，不宜过满，否则抹平会比较困难。最后抹平时可利用两张扑克牌或其他硬质、方形、薄片状且不吸水的替代品，一张迅速刮下多余浆液，另一张随之接住并送回浇筑容器，继续抹平操作，直到表面水平。注意：浇筑的过程中若需要暂停操作，则应继续水泥浆的搅拌以免凝固。

浇筑充分利用了水泥浆的液态特性，浇筑时还可灵活利用水泥浆从液态到可塑态的变化过程，完成构件制作中的一些工艺。例如，在 2016 年华东赛中，装配式梁柱连接很多是通过牛腿来实现的。单向的牛腿易与柱子一起躺着浇筑，如图 5-22(a)所示。但是要制作正交双向牛腿，则难度较高。有一组参赛队利用水泥半凝固的时机，制作了双向正交的牛腿。该组在第一次浇筑的水泥浆半凝固，且硬化的上液面已经可以支撑平面外牛腿浇筑之际，进行第二次浇筑，如图 5-22(b)所示，其中白色部分表示雪弗板，深灰色部分表示新浇筑水泥，浅灰色部分表示半凝固水泥。

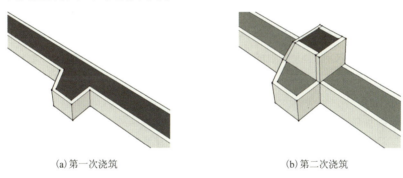

(a)第一次浇筑　　　　　　　　　　　　　(b)第二次浇筑

图 5-22　双向正交牛腿的浇筑过程

3)配筋方案

由于模型结构是原型结构尺寸的 1/10，以及凝结材料由混凝土简化到水泥净浆等，混凝土结构设计基本原理无法完全适用于模型构件，因此配筋方案应主要按照构件试验结果确定，但基本思路与混凝土结构基本原理是相同的，例如，杆件必须配置纵向钢筋以抵抗轴力和弯矩，设置箍筋以提高抗剪承载力，以及沿可能出现裂缝的垂直方向布筋以提高承载力等。

配筋方案应考虑制作的实际情况，钢丝纤细的尺寸和光滑的表面使实际工程中常用的绑扎工艺几乎没有了用武之地。为此，河海大学队员利用水泥浆可塑阶段的特点，采用"抛筋法"进行布筋。在浇筑板时，先在模板中浇上一层水泥浆，初凝后在水泥上面抛掷事先裁好长度、确定好位置的钢丝进行布筋，如图 5-23 所示。最后将钢丝压至合适高度，再浇一层水泥浆覆盖，振捣整平。这种方法使得板的配筋非常方便快捷，当然，此法不限于板配筋，梁柱布筋亦可。以一个双筋截面的梁构件为例：第一步，先布置底层钢丝，为留出保护层厚度(保护层的作用是保证钢丝与其周围混凝土能共同工作，并使钢丝充分发挥强度)，给钢筋套上若干螺母，

混凝土结构制作
(配筋过程)

如图 5-24 所示，间隔约 20cm；第二步，浇灌水泥浆至顶部钢丝所在水平面；第三步，等待水泥浆初凝，将顶部钢筋轻轻抛掷上去，并浇筑第二次水泥浆至顶面；第四步，刮平表面。

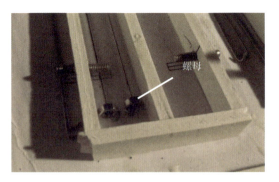

图 5-23　抛筋法布筋　　　　　　　　　　图 5-24　钢丝套螺母预留保护层

"粘接法"是河海大学发明的另一种配筋方法，效果如图 5-25 所示。以配板钢筋为例，第一步，在模板四个角落垫上 1～2mm 细木垫条，用微量 502 胶水粘接；第二步，在模板中布置好钢丝，用微量胶水把大部分交叉节点粘接起来，使其形成一个钢丝网；第三步，浇筑；第四步，刮平表面。相比于抛筋法，粘接法的缺点在于布置好完整的钢丝网需要一点时间，而且对点胶水的技巧要求较高，仅需使用微量胶水连接节点，因此应使用竹签蘸取微量胶水来粘接节点。

南京航空航天大学参赛队发明了"防虫网法"，使用不锈钢防虫网充当箍筋。该防虫网由细不锈钢丝编织而成，既可以如图 5-26 所示起到架立纵向钢丝的作用，又能近似代替箍筋，满足了构件的斜截面抗剪强度，并可联结受力主筋和受压区水泥使其共同工作。选择防虫网时主要参考钢丝的直径，防虫网孔径应略小于钢丝直径。这种方法的缺点在于防虫网的韧性强不易折叠，因此面刚度不强，可能仍会出现钢丝位置偏移的情况，另外，网格的存在会对其两侧混凝土的胶结产生一定影响，尤其对截面的拉应力区影响较大，从而对受弯承载力有一定影响。

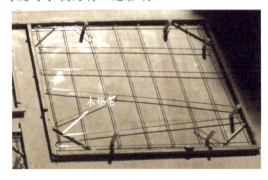

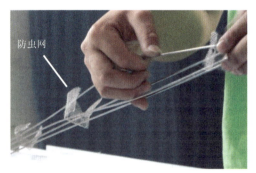

图 5-25　"粘接法"布置板钢筋　　　　　　图 5-26　防虫网"箍筋"

图 5-27 所示的 3D 打印法的创意来自合肥工业大学参赛队。确定钢丝位置后用三维建模软件绘制四角带孔洞的方形框，利用 3D 打印机制作，制作出来的 ABS 塑料构件兼具架

立作用和箍筋作用，可直接套接纵筋，大大减少了现场制作的工作量，提高了钢筋位置的准确性。架立效果如图 5-27（a）所示，打印构件示意图如图 5-27（b）所示。

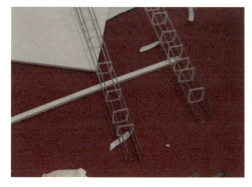

（a）架立效果　　　　　　　　　　　　　（b）打印构件示意图

图 5-27　3D 打印箍筋

4）构件养护

构件养护对于构件强度的正常增长至关重要。养护不到位易出现开裂、构件变形、强度降低等不良现象。主要的养护方法有塑料薄膜养护和覆盖浇水养护两种。

塑料薄膜养护是指以塑料薄膜覆盖物使混凝土与空气相隔，水分不再蒸发，水泥靠混凝土中的水分完成水化作用以达到凝结硬化。但是注意不应过早覆盖，因为一般做不到覆盖时完全避免气泡的产生，而此时的水泥浆如果还没有凝固，则其液面在液面张力作用下与薄膜一起发生较为明显的褶皱。由于薄膜与水泥浆液面黏在了一起，移动或掀开薄膜会破坏水泥浆表面，这时无法再调整位置。如图 5-28 中圆圈标注处均出现了明显的气泡与褶皱。

混凝土结构制作
（塑料薄膜养护
的方法）

覆盖浇水养护是指在混凝土浇筑完毕后 3～12h 内用保湿布将水泥构件覆盖，并经常打开浇水保持湿润的养护方法，可以提高构件质量。图 5-29 为正将保湿布打开准备给拆模后的构件浇水，图中海绵是为了保持保湿布密封空间内的高湿度。

图 5-28　过早覆盖薄膜的现象　　　　　　图 5-29　混凝土覆盖浇水养护

5.2.3　计算书撰写

结构竞赛中往往要求各个参赛队交一份计算书，相当于实际工程中的设计方案书、施工图等，用来表达结构的设计方案、制作方法、施工流程和受力合理性等。计算书在结构竞赛中的分值通常为 10 分(比赛总分为 100 分)，在制作结构的同时，也不要忽略计算书的重要性。一般计算书可以不用急于书写，因为在前期的备赛过程中，结构方案也一直在变化，此时撰写计算书还为时尚早。等到结构模型整体方案都定好以后再开始撰写也不迟。计算书要写好，需要掌握以下几个要点。

1. 按照要求，内容全面

一般结构竞赛赛题会提供计算书模板，指明需要有什么内容。那么只要计算书能满足赛题要求，得分便不会太低。

2. 提早准备，切忌赶工

为撰写出质量较好的计算书，切记不可以赶工，一定要留 1～2 周时间来撰写计算书。赶工的后果往往是计算书质量很差，低级错误较多，且漏洞百出。制作模型期间可借鉴典型的计算书范例，预先构思计算书的具体内容，再提笔撰写，切记一定要注意细节，如语言表达通顺与否、所做数据图表是否规范、计算书格式规范与否等。

3. 计算书需图文并茂

在计算书中切记不要只是堆砌文字，文字传达信息的效果不如图片直接，正所谓一图胜千言！评委老师在评阅大量计算书的过程中并没有时间来仔细体会文字中的信息，更多还是看计算书的插图以快速了解计算书的内容与质量。所以，计算书中适当的模型图、实物图以及各种受力分析图、节点构造图、施工图等，都能较好地表达出结构的各种信息。

4. 内容要有理有据，表达清晰

计算书的内容需要做到有理有据，具有逻辑性。设计思路和设计方案等都应该表达清楚。对于每一幅插图和表格都要有相应的说明。

5. 格式规范统一

虽然赛题中没有明确规定计算书的格式要求，但是应该做到基本的格式统一，切不可排版混乱、前后不一。

5.2.4 经典案例

1. 2015 年第九届全国大学生结构设计竞赛——河海大学特等奖作品解析

1)赛题说明

此次竞赛的赛题要求制作两段桥体，A 段桥梁要求用竹皮和 502 胶水制作，B 段桥梁采用 3D 打印的节点和竹皮制作的构件进行装配式连接。总共分为两级加载，分别是 2kg 和 4kg 的小车在桥面行驶并且安全通过，即代表本级加载成功。山体、桥梁的布置图如图 5-30 所示。

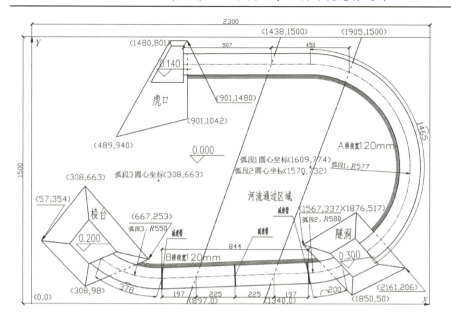

经典案例
(2015 年全国大学生
结构设计竞赛作品)

图 5-30　山体与桥梁布置图(单位：mm)

2)结构设计

根据赛题的要求以及模型的制作时间和难易程度，作者经过多次试验后选择了如下的结构体系。

(1)A 段桥梁——鱼腹式桁架结构体系。

A 段桥梁采取全竹皮和 502 胶水制作，相对于 B 段装配式的连接方法比较简单方便，节点可以制作得稍微复杂一点，所以选择了结构体系稍微复杂的鱼腹式桁架结构体系。A 段桥梁如图 5-30 所示。每一跨桥体从水平方向看过去都呈现鱼腹的样式(采用此方案的原因是，如果将每一跨桥梁都视为简支梁，那么车辆在简支梁上移动，对桥梁形成的弯矩影响线与鱼腹的形状比较接近)，并且鱼腹式桁架的截面是三角形(采用三角形截面的原因是，相对矩形截面稳定性更好，可以减少材料用量)。A 段中第一跨模型效果图如图 5-31 所示。

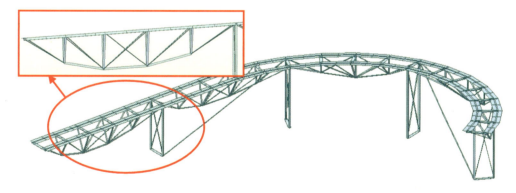

图 5-31　A 段模型效果图

(2)B 段桥梁——梁桥结构体系。

对于 B 段桥梁，一开始的设计方案是要尽量简单，因为 B 段将采用 3D 打印的节点与竹制的杆件进行装配式连接。考虑到节点质量不仅较大，而且设计偏于困难，所以选择尽量减少节点数量的策略，并且精细节点的设计。最终 B 段采用梁桥结构体系，通过试验和计算分析不断减轻结构自重，并且保证一定的安全系数。同时通过装配式连接，以及增加锚固柱脚螺丝钉数量，来提高 B 段结构的稳定性。由于梁和桥面板也是装配式连接，而且桥面板基本无法承担荷载，所以将箱形截面梁的上翼缘加宽，避免小车车轮跑偏而导致加载失败。与此同时，加宽上翼缘也符合受力特性，因为竹皮的抗压强度比抗拉强度小很多，而在荷载作用下，上翼缘受压，下翼缘受拉，所以结合材料力学来说增大受压区面积也是合理的。B 段模型的效果图如图 5-32 所示。

图 5-32　B 段模型效果图

3）模型施工与细节处理

A 段桥梁先制作直线构件和桥面板。为了节省材料及提高梁和桥面板的整体性，将桥面板和梁制作为一个整体。

对于弧形的桥面板和弧形的梁，施工难度大。为达到快速施工的目的，对每个弧形桥面板和弧形梁都制作模板。模板的制作方法是：在合适大小的白卡纸上按照设计尺寸画上弧形桥面板和弧形梁的上下翼缘，再使用剪刀等工具将画图部分减去，留下一个与桥面板和梁上下翼缘相同大小的洞口。此模板可以重复利用，放在竹片上，快速画出弧形桥面板等，然后使用剪刀裁剪出桥面板。

制作桥面的主要流程是：先裁剪出直线段和弧线段的桥面，然后用铅笔画出桥面梁对应的位置。先将梁的一块腹板按画好线的位置垂直地粘贴在桥面板上，与此同时与桥面板组成桥面梁的弧形"角钢"构件也制作完成。再将梁组合粘接在一起，就完成了桥面板和桥面梁整体的制作，如图 5-33 所示。

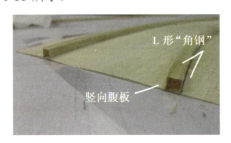

图 5-33　桥面板与桥面梁

　　桥面梁/板制作完成后，开始按照预定的位置拼接好 T 形截面的鱼腹式桁架腹杆，如图 5-34 中红色虚线位置为一对 T 形截面杆件。粘接好腹杆之后，开始粘接鱼腹式桁架的下弦拉杆，采用 5mm 宽的厚竹片，如图 5-34 中黄色虚线位置所示。然后再使用薄竹片，完成斜向拉杆的粘接，如图 5-35 所示。至此，每一段鱼腹式桁架就基本完成了。

图 5-34　下弦拉杆完成图

图 5-35　斜向拉杆和支撑完成图

　　为保证桁架节点的连接可靠，需对重要节点做如下处理。如图 5-36 所示，在下弦拉杆和腹杆的交会点，以小块竹片包裹加强连接；如图 5-37 所示，腹杆支撑在桥面梁的内外侧节点处，塞填竹粉和 502 胶水混合物以增强节点的连接性能。

图 5-36　下弦拉杆和腹杆交会节点构造图

图 5-37　腹杆与桥面梁连接节点构造图

　　鱼腹式桁架完成之后，再将每一根柱子粘接就位。值得注意的是，A 段是一个上坡段，柱子与底板垂直而不是与桥面板垂直，所以在粘柱子时应该注意角度的问题。经过计算 A 段坡度角为 4°，也就是说在粘柱子时应该将柱子定位后向着小车出发的方向偏转 4°，如此完成之后的柱子即可与底板垂直，如图 5-38 所示。至此完成了 A 段的主要施工。

图 5-38　完成柱子的粘接

　　B 段的施工是先制作桥面梁，然后将各段梁使用 3D 打印的节点连接在一起，最后将柱子也组装上。B 段的桥面板和桥面梁不是一个整体，所以先完成的仅是一个受力框架，也是 B 段桥体的主要受力结构，如图 5-39 所示。之后再将桥面板铺设在桥面梁上即可。到此 B 段桥体基本制作完成，如图 5-40 所示。

图 5-39　B 段桥体骨架　　　　　　　　　　图 5-40　B 段桥体完成图

模型制作过程中还有很多细节需要注意，如节点连接、装配方式、桥面板与山体的连接等，下面将对这些细节进行展示并且加以说明。

采用竹皮制作的卡槽将 A 段桥体卡在山体的悬挑板上，卡槽的构造如图 5-41 所示。此卡槽的作用是使桥梁得以有效地与山体搭接在一起(因为桥梁与山体的搭接不得使用胶水)，并且在小车行驶到第二段桥梁的时候限制第一段桥体的上翘。卡槽与山体的连接方式如图 5-42 所示。

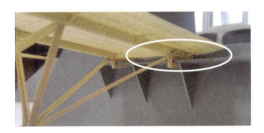

图 5-41　与山体连接的卡槽　　　　　　　　图 5-42　卡槽与山体连接图

在 A 段桥梁的出发端，山体平台与山体悬挑板有一定的高度差，而桥面梁的高度有限。小车如果直接从山体平台行驶到桥面，会因为这个高度差对结构形成一个冲击荷载，可能造成结构的破坏。因此，在桥梁出发点处设计了一个小斜坡来缓解小车对结构的冲击，小斜坡的构造如图 5-43 所示。

图 5-43　桥体与山体连接处的小斜坡构造

B 段桥体与山体的连接则是采用 3D 打印构件来完成的，并且与桥面梁卡在一起。3D 打印构件如图 5-44 所示，B 段桥体与山体的连接示意图如图 5-45 所示。

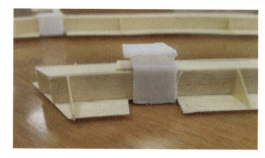

图 5-44　与山体连接的卡槽 3D 打印构件

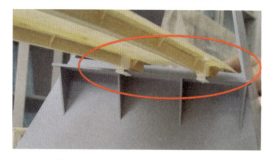

图 5-45　B 段桥体与山体的连接

对 B 段桥体，构件间的连接设计是否巧妙，也关系到 3D 打印节点的质量和结构装配的牢固度。在设计时，柱子和桥面梁以及柱子与斜撑的连接是靠套筒来实现的，而横梁与拉杆也巧妙地以直接装配的方式连接到此节点上。为此，在横梁和拉杆的两端垂直于它们轴线的方向上设置一个小端板，并在 3D 打印的节点上设置对应的小缝隙，然后将横梁和拉杆两端的小端板插入 3D 打印节点的小缝隙中，用于此后构件的粘接。此种做法在加载试验中的效果很好。横梁的连接构造如图 5-46 所示，拉杆的连接构造如图 5-47 所示。

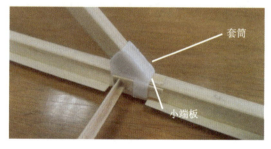

图 5-46　B 段横梁连接构造

图 5-47　B 段拉杆连接构造

按照赛题的要求，柱脚是采用螺丝钉锚固在木质底板上的。由于螺丝钉数量有限，所以应从构造设计上减少螺丝钉的使用。A 段柱脚如图 5-48 所示，B 段柱脚如图 5-49 所示。

图 5-48　A 段柱脚锚固方式示意图

图 5-49　B 段柱脚锚固方式示意图

B 段桥面板与桥面梁的连接方式是，先在桥面板上开一个小缝，然后采用 3D 打印的小夹子紧紧地夹住桥面板和桥面梁的上翼缘，如图 5-50 所示。

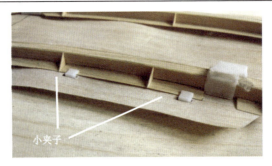

图 5-50　桥面板与桥面梁的连接方式

模型完成后的整体效果如图 5-51 所示，图 5-52 是 A 段弯道处的鱼腹式桁架，桁架的下弦顶点向弯道的外侧偏移，这样设计的目的是平衡车道内外的刚度，以免小车行驶过程中车道发生大的扭转破坏。

图 5-51　河海大学模型整体效果图(特等奖)

图 5-52　A 段弯道处鱼腹式桁架图

2. 2018 年美国大学生土木工程竞赛中太平洋赛区钢桥赛——河海大学季军作品解析

美国大学生土木工程竞赛中太平洋赛区钢桥赛(简称美赛钢桥赛)要求建造一座小型的钢桥模型，即主要内容是由学生自己设计、制造一座可以承受较大荷载的钢桥模型，并在比赛现场进行模拟施工。2018 年美国大学生土木工程竞赛中太平洋赛区钢桥赛的赛题为钢桥结构的设计建造与拼装。比赛场地为一个长约 20m、宽约 4.5m 的矩形区域，两侧为钢构件摆放区，正中划有禁入区(河流)。参赛队需每次携带一定数量的钢构件从摆放区出发，由禁入区两侧同时施工，在短时间内架设起一座长约 6m 的钢桥，模型需先后完成侧向和竖向加载，并测定位移。

1)赛题简要说明

此次钢桥结构设计竞赛的主要要求如下。

(1)钢桥总长度不超过 5486.4mm，每根纵梁至少 5181.6mm(沿纵梁顶部测量)，桥梁宽度不得大于 1524mm。

(2)钢桥不可高于地面或河流 1524mm，桥下净空不小于 190.5mm，纵梁顶部沿跨度任何位置到河面的距离不得超过 584.2mm，不得少于 482.6mm。桥梁立面范围如图 5-53 所示。

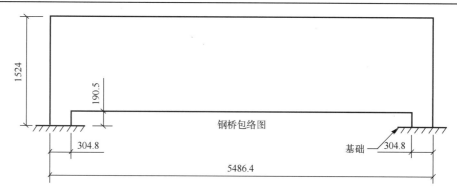

图 5-53　钢桥立面范围图(单位：mm)

(3)禁入区(河流)的宽度为 1828.8mm,禁入区的宽度主要影响钢桥的节点布置和拼装方式。

(4)每个构件都有最大尺寸要求的限制,每个构件要求必须能装进一个内部尺寸为 91.4cm×15.2cm×10.1cm(长×宽×高)的长方体盒子内。

(5)构件与构件之间的连接需要用螺栓进行固定,并用螺母将螺栓拧紧。

(6)水平荷载为 22.68kg,施加在 L_1 位置的加载板中间,加载时变形不能超过 25mm。侧向测试加载平面图如图 5-54(a)所示。

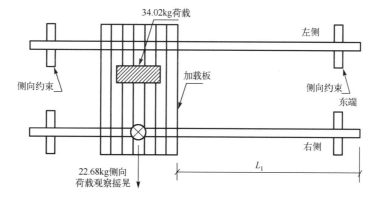

(a)侧向测试加载平面图

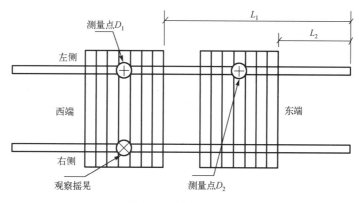

(b)竖向测试加载平面图

图 5-54　加载测试平面图

(7) 竖向荷载的施加方法为：先在 L_1 加载板上均匀分配 45.36kg 预荷载，再在加载板 L_1 处增加 635.04kg 荷载，在加载板 L_2 处增加 453.6kg 额外荷载。摇晃不能超过 25mm，任何测量点的竖向挠度不可以超过 75mm。竖向测试加载平面图如图 5-54(b) 所示。

(8) 桥面以上需满足一定的通车空间。

(9) 钢桥的拼装需要在指定大小的场地范围之内完成。图 5-55 是钢桥拼装场地示意图和其他使用区域图。

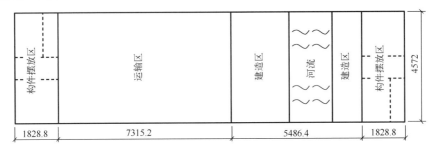

图 5-55　钢桥拼装场地示意图和其他使用区域图(单位：mm)

钢桥赛的竞赛类别有展示、施工速度、质量(重量)、刚度、建筑经济、结构效率，同时结合总体给予最终评价。即质量越轻、变形越小、拼装时间越少以及钢桥样式和海报展示越美观，获得的分值越高。同时为了度量建造者数量对施工时间的影响，引入建筑经济 Cc，Cc=总时间(分钟)×建造者数量(人数)×70000(美元每人每分钟) +加载测试罚款(美元)。通过桥的重量、变形及建筑经济三个指标来评价桥的综合性能，评比时三个单项指标将统一换算成结构效率，桥越轻、变形越小、拼装速度越快则结构效率越高，桥的综合效能越好，排名越高。

美赛钢桥赛与国内的大学生结构竞赛有些不同，比较后总结出以下几点主要的区别。

(1) 美赛钢桥赛赛题一般比较复杂，并且内容非常详细，要求和规则均比较多。

(2) 钢桥制作体量较大，而且制作周期长，不能通过多次试验的方式来测试模型的承载能力和变形情况等，所以设计计算、保证一定的安全储备以及制作工艺显得尤为重要。

(3) 赛题规则限制很多，需要各个兼顾。除结构加载时承载力、挠度需要符合要求之外，还侧重考察钢桥的拼装施工，也就是施工顺序和施工方法等，以及团队之间的良好合作等。

2) 模型分析与设计

根据赛题要求，钢桥分析和设计的主要过程有确定结构体系→Midas 结构设计→构件拆分与节点设计→绘制 Sketch Up 模型→绘制构件及节点 CAD 图。

由于钢桥体量很大，且制作加工不方便，在准备阶段，一般只能完成 1 或 2 个成品，所以前期的设计工作显得尤为重要。设计的前期主要考虑钢桥的结构体系，包括下承式拱桥、桁架桥两种。可以对比一下这两种桥梁体系的优劣：①下承式拱桥受力较好、材料利用率高、结构挠度小，但是设计和制作都比较复杂、拼装施工时间也比较长；②桁架桥设计计算简单、施工便捷，但是结构自重较大、加载时挠度较大。图 5-56 为下承式拱桥和桁架桥的变形量对比示意图。

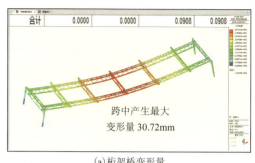

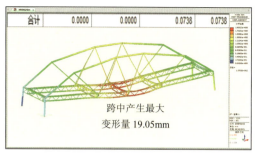

(a)桁架桥变形量　　　　　　　　(b)下承式拱桥变形量

图 5-56　下承式拱桥和桁架桥变形量对比示意图

综合考虑赛题的评分项目和两种桥梁的优缺点后，选择下承式拱桥结构体系。选择这种体系的主要原因是其加载后的挠度小，加载成功的概率比较大，而且结构自重轻，有利于比赛得分。

正式进行钢桥结构设计和制作之前，还应该做一些钢材市场调查。查明市场以及网上可以购买到的钢材的强度、截面和可焊性等具体情况，方便后续的设计以及设计后的制作。由于市场上 Q235 钢材的截面类型丰富且可焊性好，最终选择此类强度钢材进行设计。

对于每一个桥梁，裁判将通过一个随机过程(如硬币)确定哪一端是东端，另一端则是西端，同时场地是矩形对称的，为了减少荷载工况施加情况和结构的复杂性，钢桥模型设计成左右东西均对称的模型，将模型极大地简化。

钢桥的大体结构形式确定之后，就要开始一些局部和细节的设计，如桥头纵横梁的布置、桥面横梁和纵向桁架的布置、桥拱的高度和折线拱的布置，尤其桁架桥上部需要满足竖向和水平受力要求以及通车空间。此时钢桥从平面设计跨越到空间设计上了，仅仅靠手画的简易图纸已经很难表达钢桥的具体设计信息，并且不太方便修改。由于计算机建模里面是三维显示的，所以能清楚直观地查看钢桥模型，提高设计效率。可以应用结构分析软件 Midas 进行边设计边三维建模。

(1)添加截面类型和尺寸。首先把可能用到的杆件截面类型和尺寸提前设置到 Midas 截面库中，以备杆件截面的选择，主要截面类型有箱形截面、圆杆截面和圆管截面。材料选用 Q235 钢材，截面类型共 49 种。

(2)建立节点和单元。根据赛题要求，先确定几个关键节点，如桥腿节点、横梁纵梁相交节点、折线拱交点处节点、主梁和副纵梁首尾节点等。然后选定截面类型，连接节点建立梁单元。

(3)边界施加支承。赛题要求桥梁不能锚固或系在地面上，于是边界条件不能是简单的固接和铰接，经过受力分析和讨论，确定了四条桥腿不同方向的铰接约束。图 5-57 是确定方案下的钢桥 Midas 建模示意图。

(4)施加节点荷载和均布荷载。赛题要求共有六种荷载工况，每种工况下包含水平荷载和竖向荷载的施加。理论上应该建立六种模型，分别对应各个荷载得到相应的最优模型，比赛时抽取到何种工况就选择相应的最优模型，可是由于体量和时间限制，只能设计和制

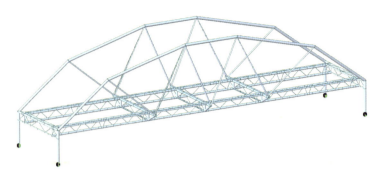

图 5-57　Midas 建模示意图

作 1 或 2 个模型，故在设计阶段，需要设计一个适用于所有荷载工况的万能最优模型。

（5）运行结构分析。模型建立完成并施加正确荷载工况后，运行分析，在 Midas 模型中能得到模型结构的位移、内力、应力等。不断对运行结果进行分析，然后进行相应的修改，以此往复运行修改，得到适用于所有荷载工况的万能最优模型。

最不利工况是设计时尤其要关注的，利用 Midas 分析软件模拟分析出在工况四作用下模型变形最大，为最不利工况。图 5-58 为最优模型最不利工况下的运行结果示意图。当构件应力较大或者节点处出现应力集中时，可采取增大截面尺寸的方法来减小应力。当模型竖向挠度和侧向位移过大时，可不断调整桥拱的高度和位置，得到变形最小时的模型。

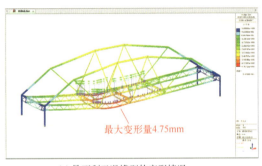

(a) 最不利工况模型的变形情况

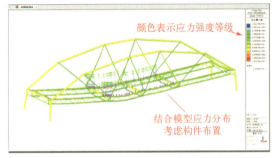

(b) 最不利工况模型的应力情况

图 5-58　Midas 模型运行结果示意图

钢桥的整体模型、杆件长度、截面大小和位置方案确定后，需要将钢桥拆分为单独的构件，每个构件要满足一定的尺寸限制要求，构件尺寸不得超过 914.4mm×152.4mm×101.6mm（长×宽×高）。拆分构件运用到了以下原则：

（1）构件尽可能地相同，这样可以减少构件种类；

（2）杆件尽可能长，刚好可塞进长方体里，这样可以减少构件的数量；

（3）尽可能在节点交会处打断，这样有利于受力；

（4）交会杆件太多的节点处，构件不宜都在此处打断，否则此处的节点设计会极其复杂。

拆分好构件之后，需要进行构件之间节点的连接设计，赛题要求使用螺栓连接。为了拼装简单快速，螺栓的种类要尽可能地少，尤其是螺栓的直径，因为螺栓种类越少使用的工具也就越少，越能加快拼装速度。

　　钢构件之间的连接形式多种多样，但是都应满足受力要求，例如，螺栓的抗拉/抗剪承载力、孔壁的强度等应满足要求，此处的验算参考《钢结构设计标准》（GB 50017—2017）的验算方法。对不满足规范要求的节点进行调整和重新设计。螺栓的强度尽可能高，构件间的连接最好只用一个螺栓，为此可采用榫卯节点与螺栓共同使用的方法，这样既可以减少螺栓的使用，也可以满足刚性节点的连接要求。在比赛中大多数的队伍都采用榫卯节点的连接方法。

　　要将钢桥从设计变成实物结构，还需要预先完成施工图纸，以方便施工制作。预制构件的施工图需要包含每个端板节点的尺寸图、构件的大小长短、开孔的位置等具体的信息，以及材料多少和螺栓螺母数量等。

　　施工图采用 Sketch Up 和 CAD 软件绘制，先用 Sketch Up 软件绘制预制构件、构件间的节点以及整体模型的三维图，再用 CAD 软件绘制每个杆件和节点的三视图。将 Midas 的 mgb 文件导入 Sketch Up 软件中，提前下载好 Sketch Up 坯子库，采用"线转柱体"工具将线条转化为立体模型，构件相交处的节点单独建模。每个预制构件一般由杆件和端板节点组成，在 Sketch Up 模型中采用"创建组件"方式区分不同的构件，每个构件均可放入赛题要求的长方体盒子中。图 5-59（a）为 Sketch Up 软件的三维整体模型，图 5-59（b）为部分构件"组件"，图 5-59（c）～（f）为节点示意图。

　　根据 Sketch Up 模型三维图，在 CAD 软件中画出每个杆件和端板节点的三视图，这样预制构件的边长、直径、弧度、长度等尺寸都清晰准确地表达出来了，以便于钢结构加工厂师傅参考，减少加工的失误。同时要统计好各个杆件、端板节点、螺栓的种类和数量。

（a）Sketch Up 模型整体示意图

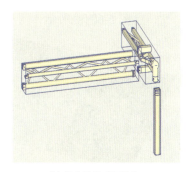

（b）部分构件"组件"

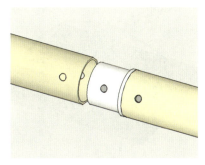

（c）桥拱套筒节点

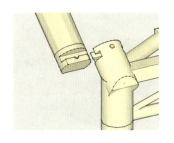

（d）桥拱与桥头插接节点

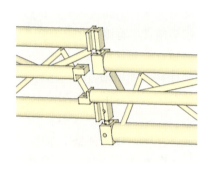 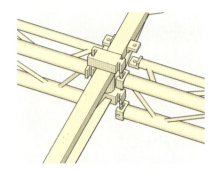

(e)纵梁间榫卯节点   (f)横梁纵梁共享节点

图 5-59   Sketch Up 模型节点和构件细节示意图

3)钢桥模型的制作

模型设计完成后，制作过程主要有预制构件切割→端板节点焊接→分类编号标记→初步拼装检查→构件染色涂漆，具体参考 5.2.2 节中"钢构件的制作工艺"部分。

4)钢桥拼装方案

在正式练习拼装前，要根据规则确定拼装顺序和拼装人数，以确保拼装时间和建筑经济尽可能少。最终经过讨论和拼装练习实践，2018 年美赛钢桥赛河海大学代表队采用"从两边到中间，下部到上部，两边同时施工"的方法进行拼装。

钢桥拼装现场完整视频

根据赛题要求，除桥腿可接触地面和河面外，其余构件均不能触碰地面，一次只能拿一个构件，拼装前期需要四人立住桥腿，所以还需一个成员专门运输构件。拼装成员分两组分别从河流两边同时进行拼装，每组两个人，如图 5-60(a)所示；河流正上方的横梁和纵梁较难拼装，需要 2 或 3 人合力拼接，

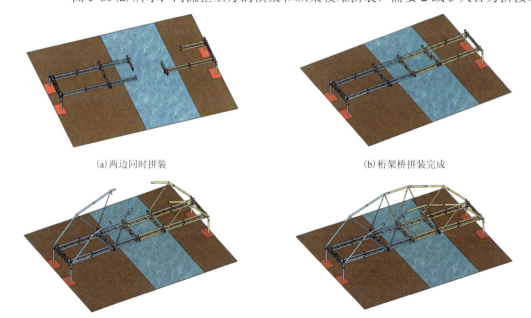

(a)两边同时拼装   (b)桁架桥拼装完成

(c)桥拱和吊杆拼装   (d)钢桥拼装完成

图 5-60   钢桥拼装方案示意图

河流正上方的横梁拼装结束后下部桁架桥的拼装完成，如图 5-60（b）所示；桥拱和吊杆的拼装也是从两边到中间，安装桥拱的同时吊杆也要相应搭接，这样可以使桥拱拉杆受力，将下部桁架桥提起来，减少由自重导致的桁架桥变形，降低拼装难度，如图 5-60（c）所示；处于河流正上方的桥拱和吊杆拼装完成后，钢桥拼装基本完成，如图 5-60（d）所示。其后拼装的五人要在节点处插入螺栓和螺母，并检查是否每个节点均有螺栓，每个螺栓螺母是否都拧紧。

最后，需要多次练习拼装和加载，增加熟练度以减少拼装时间，同时在练习拼装过程中，要不断发现并修正改进拼装顺序和方法。加载、卸载也是至关重要的一环，在平时的拼装练习中，也要加入加载、卸载的环节，以减少在比赛过程中出现失误的可能性。

5）参赛过程

2018 年美赛钢桥赛在美国加州州立大学萨克拉门托分校举行。比赛期间，河海大学代表队顺利完成了展示、现场拼装、尺寸检验、称重、侧向加载、竖向加载、挠度测定等环节，凭借美观的造型、合理的设计和巧妙的拼装方法获得众多美国高校的关注及好评。图 5-61 为 2018 年河海大学代表队美赛钢桥赛海报。

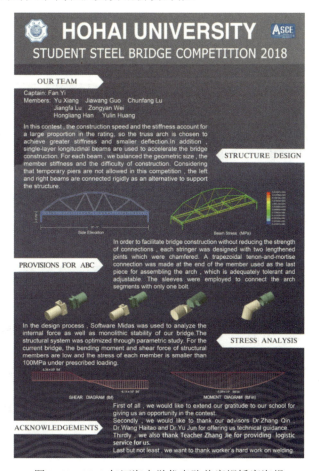

图 5-61　2018 年河海大学代表队美赛钢桥赛海报

先要进行钢桥的拼装，将螺栓螺母和构件按照编号分类摆放规整，组长向裁判示意开始计时，开始拼装钢桥。图 5-62 是现场钢桥拼装示意图。

(a)构件摆放　　　　　　　　　　　　　(b)钢桥拼装

图 5-62　现场钢桥拼装

其间裁判会时刻注意是否有掉落的螺栓螺母和构件、每次构件运输是否只拿一个构件、施工者是否触碰河流等。拼装完成后，计时结束，裁判开始检验钢桥尺寸，如纵梁长度、是否留有足够通车空间、每个节点是否都有螺栓连接等。

待裁判检查无误后，评委组对钢桥外观和海报展示进行打分，并对合格的桥梁模型进行称重，图 5-63(a)为钢桥称重。其后由参赛队员进行加载试验过程，图 5-63(b)为比赛过程中钢桥加载情况。加载完成后，由裁判组进行侧向位移和竖向变形的测量，如图 5-63(c)、(d)所示。

(a)钢桥称重　　　　　　　　　　　　　(b)钢桥加载

(c)侧向位移测量　　　　　　　　　　　(d)竖向变形测量

图 5-63　称重、加载试验与变形测量

3. 2019 年美国大学生土木工程竞赛可持续结构赛——河海大学冠军作品解析

美国大学生土木工程竞赛可持续结构赛(简称可持续结构赛)是 2019 年美国大学生土木工程竞赛新增的一项竞赛项目，该项目以一个现实需求为背景，要求学生设计和建造一个反映可持续理念的结构，从而让学生获得课堂学习以外的经历，锻炼学生在可持续结构设计、美学、成本分析、团队合作和项目管理等方面的能力。2019 年可持续结构赛以灾后动物的临时救助为背景，要求通过可持续设计和结构设计，为灾后无家可归的流浪狗建造一个临时安置场所，通过技术论文、足尺结构的拼装建造、现场展示以及答辩等环节，从结构的快速拼装、可持续性、重量、美观等方面对成果进行评估。

1) 赛题解读

可持续结构赛是综合性非常强的赛事，涉及多学科交叉，同时赛题的内容和规则很多。充分且准确地理解赛题是设计前最重要的工作，只有准确把握赛题要求，才能够在设计过程中及时将规则细节考虑进来，避免走弯路。所以，参赛团队在拿到赛题后要反复认真地研读，遇到赛题规定不清晰的地方，及时通过邮件与组委会联系，组委会一般会在赛题发布后由专人每周通过邮件进行一次集中答疑。

2019 年可持续结构赛要求参赛作品符合可持续理念。赛题规定，灾后需要安置的流浪狗重量为 60～75lb(1lb=0.453592kg)，狗所处于的状态为营养不良且身体湿冷，希望为其提供一个可居住三天并且能够抵抗一定荷载的避难场所。以下从作品评估、技术论文、现场答辩、场地条件、结构尺寸限制和总体评分原则等方面对赛题要求进行介绍。

(1) 作品评估。

外观评价：通过结构现场展示环节对参赛作品进行外观评分，包括美观性、协调性和完成程度等，鼓励学生在作品创作中添加个性化创新元素，现场展示环节需结合英文海报对参赛作品进行陈述。

建造速度：建造时间最短的作品将获得满分，该项将考虑施工人数和时间以及罚时。

结构重量：重量最轻的结构将取胜，该项同样考虑结构重量以及罚重量。

加载试验：在屋盖中部进行加载测试，加载总重量为 200lb，分 4 个沙袋依次加载来测试结构的整体承载能力，测试结果为通过或失效。

建造成本：建造成本最低的结构将获得满分，建造成本计算如下：

$$施工成本=总拼装时间(分钟)×人数×60000(美元/人/分钟)+罚款$$

$$材料成本=(总重量+罚重量)×5000(美元/lb)$$

(2) 技术论文。

裁判组将针对技术论文进行评分。技术论文一般应包括结构设计及计算、设计图纸、可持续材料选择、建造方法及项目管理等方面的内容。技术论文应重点阐述整个结构的设计思路及设计过程，将从可持续建造、设计理念、材料重复利用、项目管理和撰写质量等方面对其进行综合评价，鼓励各参赛队在技术论文中详细讨论是如何设计并完成竞赛任务的。

(3) 现场答辩。

通过现场答辩的方式对可持续结构的设计方法、流程及理念等内容进行介绍，由专家组进行提问并打分。采用全英文汇报，规定的汇报时长不超过 7min，其中包含不超过 90s

的作品展示视频，专家提问及回答环节时长约 10min。需要说明的是，参赛团队应该充分利用视频展示机会，通过视频的"动"来更生动地讲好设计故事，一个好的视频对于整个答辩会起到画龙点睛的作用，视频内容应该与 PPT 中的文字和图片内容形成互补。

（4）场地条件。

可持续结构赛的现场拼装建造需要在指定竞赛场地内完成，场地由备赛区和搭建区两部分组成，尺寸说明如图 5-64 所示。备赛区主要用于存放组装零构件和安装工具，而搭建区用于结构的拼装建造。现场拼装时，需要根据规则将构件从备赛区运送至搭建区拼装，而且要求在拼装过程中不能越界。

（5）结构尺寸限制。

赛题规定了结构的尺寸，设计的结构总高度应处于 1.22～1.65m，可设置屋檐，但屋檐的最大悬挑长度为 0.15m，结构的正面应设置洞口，其宽度和高度分别为 0.38m 和 0.61m，可持续结构的尺寸限制范围如图 5-65 所示。

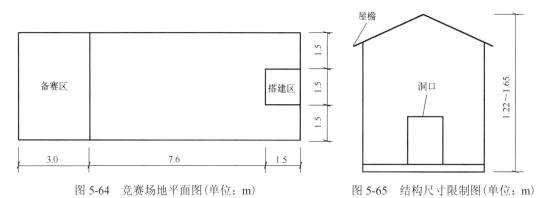

图 5-64　竞赛场地平面图（单位：m）　　　图 5-65　结构尺寸限制图（单位：m）

（6）总体评分原则。

可持续结构赛的最终成绩将由建造成本分数、技术论文分数和答辩分数三者累加，其中技术论文分数和答辩分数采用专家原始分数，而建造成本分数则采用换算分数，成本最低的队伍得 100 分，其他队伍的得分根据最低建造成本与本组建造成本的比值换算得到，计算如下：

$$某一组的分数 = \frac{最低竞赛成本}{某一组的成本} \times 100$$

从以上赛题规定可以看出，可持续结构赛是一项综合性很强的土木工程学科竞赛，与专门的结构设计类竞赛相比，具有以下两方面特点。

（1）围绕可持续理念，突出原创性。可持续为此项竞赛的核心思想，应将可持续理念贯穿于设计全过程，这就要求学生具备良好的创新性思维，不仅能够开发出新型结构形式，而且要突出可持续性。

（2）赛题要求多，综合性强。可持续竞赛包含结构设计、拼装施工、现场答辩、技术论文、项目管理等内容，涉及材料、结构、美学、管理、可持续等多学科知识，是一项综合性很强的学科竞赛，对学生学习新知识、团队合作、动手操作和英语表达等能力均有很高的要求。

2) 可持续理念

可持续理念是可持续结构赛考察的重点内容，是整个设计的总体指导思想。对于可持续理念，不能简单理解为选用环境友好或者可持续的材料来建造结构，这只是一个方面，要尽量以全寿命周期视角去考虑可持续性；同时在结构的设计和使用过程中，如何进行可持续理念的传播，让更多的人关注并践行可持续发展也是重要的方面。

基于以上考虑，针对本次赛题，参赛团队提出从六个方面来体现可持续性，包括体验式设计、因需选材、模块化设计、平板化运输、全过程管理、利益参与方。体验式设计：注重潜在客户设计体验的一种设计方式，体验的过程是一个再创造的过程，充分将人与产品联系起来，同时让人在体验中参与到可持续设计中，从而理解可持续理念并不断传播可持续理念。因需选材：不同的材料具有不同的特性，应该对材料有清晰准确的定位，以材料在结构中所需要承担的功能为主，从全寿命周期视角，结合材料的可持续性进行综合评估后选材，不能为了可持续而忽略其功能性。模块化设计：模块化设计与传统设计最大的区别就是模块设计是系统化的设计，特定的模块可以通过单独或组合使用，拓展产品的功能性，形成模块化产品的多功能性特征。平板化运输：将产品设计成可以分拆成用平板式包装来运输的一种运输方式，相比于产品组装后运输，将大大提高运输效率，节约运输成本及能耗。全过程管理：从产品概念设计到使用维护阶段的全寿命周期内，采用项目管理方法科学规范地实施项目的全过程管理，从而提高工作效率。利益参与方：在产品的设计及使用过程中，难免会涉及许多利益参与方，应该尽可能地考虑和维护他们的利益，尊重他们的想法，从而有利于产品受到更广泛的欢迎。

3) 方案设计

赛题要求为 60～75lb 的灾后无家可归的流浪狗设计一个可安置 3 天的临时庇护场所，同时应考虑结构整体的可持续性。考虑到流浪狗处于潮湿和寒冷状态，这就要求设计的结构应具有一定的防水和保温性。同时结构需要能够抵抗 200lb 的荷载，还要尽量做到质量轻和施工方便。为了满足设计要求，需要从材料选择、结构形式选择、构件拆分及连接设计、尺寸确定、舒适度设计等方面进行考虑。

(1) 材料选择。

选择合适的材料需要考虑材料本身的可持续性，同时要考虑结构的功能需求。这就需要材料不仅具有一定的强度，还要具有一定的防水和保温性能，同时要满足可持续性要求 (可以从材料本身的可再生、可回收利用、建造过程的低碳和环保等方面考虑) 和经济性。在设计过程中，需要进行大量的调研，才能从种类繁多的材料中选取既符合可持续性又满足功能需求的材料。针对本次赛题，在大量调研的基础上，最终确定了木材、挤塑板和亚麻布三种材料，如图 5-66 所示。

(a) 木材

(b) 挤塑板

(c) 亚麻布

图 5-66 选择的材料

木材主要用作承重构件。木材具有轻质、高强等特点，选用木材在满足结构承载的同时可有效地减轻结构重量。木材作为可再生材料，资源丰富，便于回收再利用，具有良好的生态效益，符合可持续发展理念。此外，木材易于机械加工和安装，能够满足快速建造的需求。

挤塑板是由聚苯乙烯树脂和添加剂在一定温度下采用模压设备挤压而成的。其具有极低的热导率和吸水率，较高的强度，优越的抗湿、耐候等性能，且成本低，可回收再利用。挤塑板主要被用作围护结构，实现结构的防水、保温及隔热等功能。

亚麻布是以天然黄麻纤维制成的布料。麻类纤维具有拉力大、吸湿性强、散水散热快等特点，而且是一种快速可再生材料，具有良好的生态效益和天然抗菌性。选用亚麻布可以实现保护挤塑板、提高耐久性和内部空间舒适度等功能。

(2)结构形式选择。

结构形式的选择不仅关系到承载能力，而且对后期的拼装方案等都有重要影响。设计时应该力求结构形式简单，并与后续的快速拼装协调考虑。在比选多个方案后，最终采用简单的框架结构形式，框架结构由木质立柱、横梁和支撑加劲肋相互连接构成，如图5-67所示。面板围护结构由轻质薄木板和挤塑板组合而成，两者结合一方面可以提高单一薄木板的平面外刚度，减少木框架结构的位移和变形，增加结构的整体性，另一方面可以实现保温、隔热等功能需求。基于降雨排水需求，屋面选择双坡屋顶形式，坡度为40。

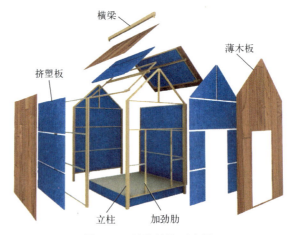

图 5-67　整体结构示意图

(3)构件拆分及连接设计。

确定了整体结构形式后，如何将整体结构进行拆分以及选用什么样的连接方式，对结构的建造速度至关重要。在拆分构件时，必须要满足赛题对于单个构件尺寸的限制条件，否则会有相应的罚分，在此基础上应尽量减少构件数量。对于上述选择的框架结构形式，常规的拆分及连接方式是将梁、柱及面板等作为单独构件，采用螺栓、挂扣等方式进行连接，在拼装时先将梁、柱、加劲肋组装为框架结构，然后再依次安装面板。但是，这样的拆分方式会导致构件数量过多，大量增加拼装时的往返次数及构件间的连接工序，从而大大降低拼装速度，增加拼装时间。

为了最小化构件数量，在满足构件尺寸要求的条件下，参赛团队巧妙地将整体结构简化为 8 个构件，包括 7 块板和 1 根主梁，将框架柱、梁和加劲肋与围护面板作为一个整体进行拆分。为了实现快速拼装和结构连接可靠，需要不断优化连接方式，在相继排除了螺栓、三合一紧固件及挂钩等连接方式后，最终确定在竖向面板之间采用滑槽连接方式，在屋面板与竖向面板之间采用木制滑轨连接方式，如图 5-68 所示。主梁与竖向面板连接时，在主梁中植入预埋件，将其插入竖向面板顶端节点的预留孔中即可实现快速连接。选用的连接方式充分利用了木材加工方便的特点，整个安装不需要使用螺栓、扳手或锤子等工具，而只需要将面板插入竖向滑槽或滑轨中就可实现构件之间的快速连接。

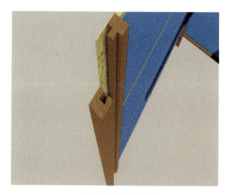
(a) 竖向面板的连接

(b) 屋面板的连接

图 5-68　连接方式示意图

(4) 尺寸确定。

由于赛题要求的结构具有特定的应用对象，那么结构整体尺寸的确定要尽量做到有据可依，科学合理，而不是随意拍脑袋，这就需要查阅资料甚至进行必要的调研。参赛团队在查阅资料和调研的基础上，认为避难场所的尺寸应该和狗的尺寸相协调，其高度应保证在狗站立并抬头时能高出 7～10cm。进一步，从美国养犬俱乐部(AKC)网站上选择出体重为 60～75lb 的狗并整理出体重和身高的统计数据，并进行拟合分析，如图 5-69 所示。最终结构的整体尺寸被确定为 40in×35in×54in(1in=2.54cm)，底板距离地面 4in，这样可以满足大多数狗的空间需求。

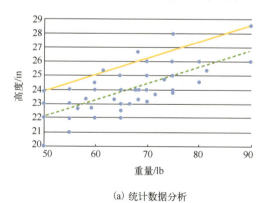
(a) 统计数据分析

(b) 结构整体尺寸

图 5-69　结构整体尺寸确定

(5)舒适度设计。

基于本次赛题，舒适度主要考虑结构的防水、保温和降噪功能。

防水主要通过双坡屋顶和底板抬高方式实现。双坡屋顶相对于平屋顶有更强的排水能力；将结构的底板相比地面抬高 4in，可以避免地面积水进入结构内部。

保温主要通过保温材料和双坡屋顶实现。木材不易导热，其导热率约为钢材的 1/200，而挤塑板也具有优良的保温性能，是目前建筑常用的保温材料。当考虑阳光照射时，双坡屋顶的受光面比平屋顶的受光面小，对于房屋建筑，双坡屋顶比平屋顶在冬季顶层室内温度高 3～4℃，而在夏季却低 4～5℃。以上设计让结构内的"小气候"得到了调节，从而保证了适宜的温度。

降噪主要通过挤塑板实现。挤塑板全闭孔的蜂窝状结构使得它具有较好吸收声波的功能，一些工程表明，在隔音系统中加入挤塑板，外墙隔音效果可改善 8～15dB。

4) 力学性能评估

整体结构形式确定后，需要进行力学性能分析来验证结构的承载能力，并对构件的截面尺寸进行优化。力学性能评估需要借助于有限元软件完成，本项目采用了 Midas Gen 软件建立有限元模型，对框架体系进行受力分析。采用梁单元进行建模，模型共包含 38 个节点和 56 个梁单元，典型的有限元模型如图 5-70 所示。基于梁、柱在实际加工和拼装时的连接特征，在有限元模型中将节点简化为刚接。木材为各向异性材料，根据木材种类，通过查阅文献确定了木材的强度和弹模等力学指标。赛题规定结构要能够承受 200lb 的重量（通过四个沙袋施加在结构中心），针对设计的结构方案，加载时可将四个沙袋并排放置在主梁上，在有限元模型中可以将沙袋重量近似简化为线荷载施加在主梁上。考虑到木材的力学性能，建模完成后要进行线弹性分析。

(a)有限元模型　　　　　　　　　　　　(b)应力云图

图 5-70　有限元分析

基于有限元分析可以得到构件的弯矩、轴力和剪力，截面的正应力和剪应力，以及结构的变形，从而确定出结构的关键构件。在此基础上，根据《木结构设计标准》(GB 50005—2017)进行截面应力和变形复核，并根据计算结果进行截面尺寸的调整优化，从而确定出最终的梁和柱的截面尺寸。

5) 美学设计

美学也是可持续结构赛考察的重点内容之一。参赛团队从外观设计、涂鸦板以及形象标识三个方面进行了考虑。整体设计力求简洁明了、主题鲜明及突出可持续性概念，为此将木色、自然、希望和狗作为整体设计的元素。

在外观设计中，突出"贴近自然，走向希望"的理念。如图 5-71 所示，面板整体以木色为背景，在左侧面板添加了一个"假窗"，可以用狗的照片或绘画装饰，以反映归属感；在右侧面板的左上方是河海大学的英文名称，用可持续的符号代替字母中的"O"，寓意河海大学始终坚持和践行 ASCE 的可持续发展战略。基于提出的体验式设计理念，为了让更多的人参与设计，将背面板设置成涂鸦板，可以让参与的人们展望可持续发展前景，同时也鼓励对受影响地区的狗表达祝愿，如图 5-72 所示。涂鸦板的设计不仅使设计的结构能够满足为流浪狗提供庇护场所的功能，而且通过公众的参与，可以使人们更好地理解可持续发展理念，进而传播可持续发展理念以及推动可持续发展。

(a) 左侧面板

(b) 右侧面板

图 5-71　结构的外观设计

(a)

(b)

图 5-72　公众参与涂鸦设计

在形象标识设计中，将房子元素与可持续元素相结合，整合水滴、嫩芽和结构，形成如图 5-73 所示的形象标识。房子中一个破碎的水滴寓意地球生态环境的破坏，在水滴中加入一个萌芽，则寓意在可持续发展中产生了新的希望。

图 5-73　形象标识的设计

6) 项目管理

项目管理也是可持续结构赛考核的内容之一。参赛作品贯穿了全过程管理，本次竞赛考虑了时间管理、人员管理、运营管理、成本管理等内容。

(1) 时间管理。

在时间管理方面，项目始于 2018 年 11 月 17 日，终止于 2019 年 3 月 30 日，并保留一定的冗余时间以应对突发情况。为了严格把控项目进度，控制项目质量，利用甘特图对项目实施进度进行管理。

(2) 人员管理。

人员的科学有效管理可以提高团队工作效率。在设计过程中，首先，对团队成员进行明确定位，将能力和兴趣纳入考虑因素进行定位和分工，保证项目各个环节有负责人，构成多核心工作网络。其次，细化分工，将 ASCE 可持续路线图与赛题要求、可持续理念、资源使用等方面一一映射，建设合作互助的团队。同时，开展定期会议，包括指导教师的集体会议和小组内部的交流会议等。

(3) 运营管理。

在项目运营管理部分，主要考虑了生产管理、检验和回收管理以及产品再设计管理。其中，生产管理主要是在结构制作过程中的管理，包含生产准备、生产过程监督及管理两个方面。检验和回收管理主要是针对结构在使用后，需要将其拆解成构件并运送至仓库保存，以便后续的再利用，包含构件损伤检查、寿命评估及存储管理。产品再设计管理是指通过自评估并结合用户反馈以及线上和线下反馈等对产品设计、生产工艺和运营方式等进行改进。

(4) 成本管理。

一般的成本管理包括成本预算、成本计算、成本控制及性能评估等方面。本项目对成本管理进行了简化，主要根据材料数量统计、市场调查，以及结合南京市工程项目费用实际情况编制而成，通过计算材料成本、运输成本和时间成本等方面来评估成本。

(5) 其他事项。

其他事项主要包括救助小组人员配置、施工选址、拼装注意事项和不同环境条件的应对措施等方面的预案和管理。

7) 产品评估

结构设计完成后，需要对其综合性能进行评估。由于是可持续结构赛，那么结构的可持续性应该重点分析，这一点通过环境影响评估来实现。参赛团队采用 SimaPro 7.1 软件对比分析了不同产品(包括团队改进优化前后的产品以及市场上的同类产品)在全寿命周期内对环境的影响，从而对设计的产品进行定量评价。最后，进一步从市场优势、环境影响、社会效益等方面对设计的结构进行综合评价。

8) 参赛过程

2019 年美国大学生土木工程竞赛可持续结构赛的全美总决赛在美国佛罗里达理工学院举行，河海大学代表队以中太平洋分区赛冠军身份代表中太平洋赛区参加全美总决赛。比赛期间，河海大学代表队顺利完成答辩、现场拼装、称重、加载及展示等环节，最终凭借出色的综合表现获得了评委及其他美国高校的高度评价，获得了全美总冠军。图 5-74 为 2019 年河海大学代表队设计的可持续结构赛海报。

比赛先要进行结构的现场拼装展示，现场拼装展示是在规定的区域内，将构件拼装成整体结构，拼装速度是最重要的考核指标。现场拼装时，先将梁、板等构件在备赛区摆放整齐，裁判对构件尺寸进行检查，等准备就绪后拼装队员向裁判示意，开始计时拼装。图 5-75 是河海大学代表队比赛现场拼装示意图。在拼装期间，每位参与拼装的队员一次只能拿一个构件，并且不能踏入搭建区。

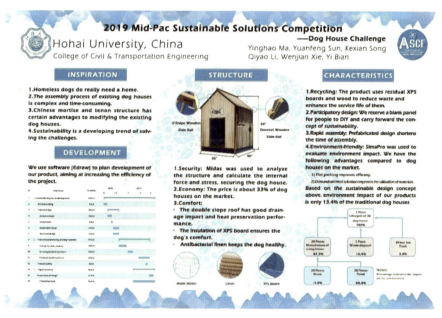

图 5-74　2019 年河海大学代表队美赛可持续结构赛海报

(a) 构件尺寸检查

(b) 结构拼装

图 5-75　现场拼装展示

拼装完成后，进行结构的称重，随后进行加载测试。由于赛题的背景是为受灾无家可归的流浪狗提供临时避难场所，因此结构能够承受规定的荷载即可，并不关注结构的变形，这一点与钢桥赛是明显不同的。图 5-76 为河海大学代表队在进行结构称重和加载测试。

(a) 称重　　　　　　　　　　　　　　(b) 现场加载

图 5-76　结构称重和加载

此外，每个代表队的结构会被放置在一个专门的区域进行现场展示，裁判组将对结构尺寸、外观设计以及海报设计等方面进行评判和打分，并就关心的问题与队员进行交流。图 5-77 为裁判组在对河海大学代表队作品进行现场评审。

(a) 结构尺寸检查　　　　　　　　　　(b) 现场展示

图 5-77　裁判组现场评审

可持续结构赛一个重要的环节是现场答辩，通过答辩可让裁判对结构的设计理念和创新之处有全方位了解。答辩要求用英语汇报不超过 7min，其中一个关键的内容是视频展示，通过不超过 90s 的视频以其他视角展示结构的设计理念、设计和制作过程等方面，视频是加深裁判印象的一个很好的途径。汇报结束后，裁判会进行 10min 的现场提问。

4. 2019 年加拿大全国大学生土木工程竞赛钢桥赛——河海大学亚军作品解析

1) 赛题简述

2019 年加拿大全国大学生土木工程竞赛钢桥（简称加拿大钢桥赛）总决赛在加拿大蒙特利尔工学院举行，参赛队需要设计一个缩小版的桥梁模型，设计时考虑实际工程背景，并通过桥的重量、变形及拼装速度三个指标来评价桥的综合性能，评比时三个单项指标将统一换算成工程造价，桥越轻、变形越小、拼装速度越快则总造价越低，桥的综合效能越好，排名越高。除此之外，参赛队需要制作海报并结合模型进行现场展示；参赛队还需结合 PPT 对模型的设计理念用英语做陈述,解答评审团提出的问题。

此次钢桥结构设计竞赛的主要要求如下:钢桥总长度为 7010.4mm,长跨桥墩间距为 6705.6mm,短跨桥墩间距为 6096mm;河流的宽度为 2438.4mm,河流的宽度主要影响钢桥的节点布置和拼装,图 5-78 是赛题中的钢桥拼装区域图;另外,每个构件都有最大尺寸要求的限制,每个构件要求必须能装进一个内部尺寸为 106.68cm×15.24cm×10.16cm(长×宽×高)的长方体盒子内,构件与构件之间需要用螺栓进行连接。

模型加载时分水平荷载与竖向荷载,水平荷载大约 2340N,要求在水平荷载下位移不能超过 25mm;竖向荷载共有 6 种加载工况,两处加载位置所加荷载分别为 4536N 和 6804N;桥面以上需满足一定的通车空间;钢桥的拼装需要在指定大小的场地范围之内完成。

本次钢桥比赛的评分标准主要包括设计美学、答辩展示与整体性能三个部分。其中,答辩展示和设计美学评分分别占总评分的 25%和 15%。钢桥施工成本占总评分的 60%,主要考虑模型重量、加载后的挠度以及建筑成本,建筑成本通过拼装时间与人数计算确定,拼装过程中发生出界或螺栓、构件掉落等失误情况会有相应的扣分惩罚。

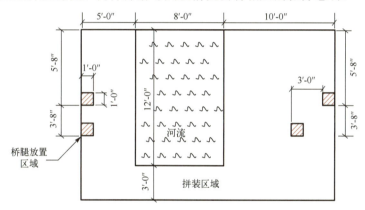

图 5-78 钢桥拼装区域示意图
′表示英尺,″表示英寸

2)赛题分析

加拿大钢桥赛的赛题一般很详细,内容和规则很多,涉及比赛的各个方面。但是初步研读赛题和进行结构设计的时候,首先应抓住赛题的主要方向,把繁杂的赛题精简化。加拿大钢桥赛总体来说与以往的美国钢桥赛相似,但也有不同之处。针对赛题要求,需要重点关注以下几点:

(1)整体复杂度同美赛钢桥赛一样;

(2)加拿大钢桥赛更注重桥的外观与设计特色,即在美学设计与答辩展示方面较以往的美国钢桥赛占有更多的分值,因此在设计过程中同样不能忽视桥的美观;

(3)相比于以往美国钢桥赛中结构较规则的钢桥,加拿大钢桥赛中所设计的桥具有独特的"不对称桥腿"形式,即两侧桥墩位置并不处于对称的位置,这给结构的设计增加了难度。同时,河的宽度有所增加,使得施工更为不便。

3)桥梁模型设计

该案例桥梁设计选型思路与本章节案例 2"2018 年美国大学生土木工程竞赛太平洋赛

区钢桥赛"相似。设计前期主要考虑下承式拱桥和桁架桥两种结构体系图 5-79 给出了两种模型示意图，两种桥梁体系的优缺点及选型思路详见案例 2。

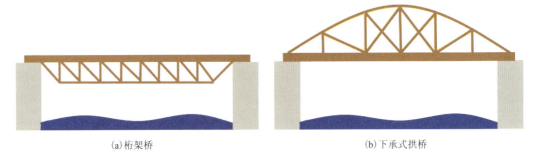

(a)桁架桥   (b)下承式拱桥

图 5-79 桥型对比

经过市场调研，最终选择市场上截面类型丰富且容易购买的 Q235 钢材进行设计。

钢桥的大体结构形式确定之后，就要开始一些局部和细节的设计，主要是拱与下弦之间的吊杆布置和桥面横梁以及纵向桁架的布置，尤其需要满足竖向和水平受力要求以及通车空间。针对钢桥这种较复杂的模型，可以应用结构分析软件 Midas Gen 进行模型设计，并通过有限元分析计算荷载效应。结构分析过程如下。

(1)建立节点与单元，初步确定钢桥的结构形状，如图 5-80 所示。

(2)定义截面尺寸与材料特性，模拟不同杆件的特征。通过模拟试验，最终确定各个杆件尺寸。对于横梁通车板处，为方便加载选用矩形截面，拱采用圆形截面，壁厚大多取 1~2mm，应力较大处取 3mm。

(3)模型建好后，在四个桥腿处定义边界约束条件，如图 5-81 所示。

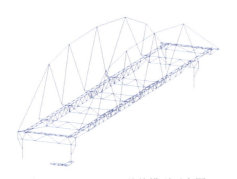 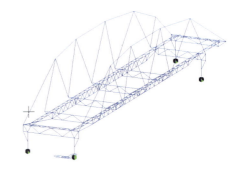

图 5-80 Midas Gen 总体模型示意图   图 5-81 边界约束条件

(4)按照赛题中的 6 种竖向加载工况以及两种水平加载工况，在对应位置建立模拟荷载进行加载，并得出各荷载工况下的变形与杆件应力。同时，建立自重荷载工况，通过自重荷载在桥腿处的反力计算结构自重。对于水平荷载，主要根据赛题要求控制侧向变形，对于竖向荷载，主要考察变形以及各个杆件应力。图 5-82 给出了模型的有限元分析结果。

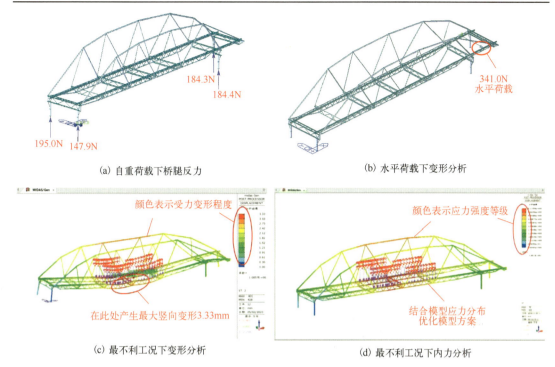

(a) 自重荷载下桥腿反力

(b) 水平荷载下变形分析

(c) 最不利工况下变形分析

(d) 最不利工况下内力分析

图 5-82　模型有限元分析

通过有限元分析，发现钢桥模型在第 2 工况下变形最大，因此将第 2 工况设定为最不利工况来进行变形控制，同时考察荷载作用下模型各个位置的应力，避免出现应力集中现象。

经过不断模拟试验，并修改优化模型以减小荷载作用下的变形，最终确定模型方案，如图 5-83 所示。

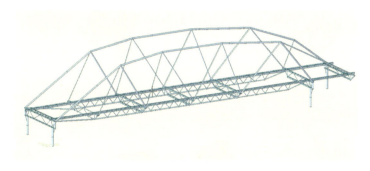

图 5-83　最终模型方案

4) 构件拆分与节点设计

钢桥的模型确定之后(包括杆件长度、截面大小和位置方案)，需要按赛题要求将钢桥拆分为单独的构件，拆分时，要尽量使得拼装更方便。

拆分构件时要满足以下原则：

(1) 构件尽可能地相同，这样可以减少构件种类；

(2) 杆件尽可能长，这样可以减少构件的数量；

(3) 尽可能在节点交会处打断，这样有利于受力；

(4) 交会杆件太多的节点处，构件不宜都在此处打断，否则此处的节点设计会极其复杂。

构件拆分时可运用 Sketch Up 软件建立 1∶1 的钢桥立体模型，如图 5-84 所示，模拟实际情况进行构件拆分，并在构件连接处建立连接节点。设计要求使用螺栓连接。构件之间的连接形式多种多样，但是都应满足受力要求，例如，螺栓的抗拉/抗剪承载力、孔壁的强度等应满足要求，此处的验算参考《钢结构设计标准》(GB 50017—2017) 的验算方法。对不满足规范要求的节点进行重新调整和设计。螺栓的强度尽可能高，这样验算螺栓强度时基本都可以满足要求。构件间的连接最好只用一个螺栓，为此可采用榫卯节点与螺栓共同使用的方法，这样既可以减少螺栓的使用，也可以满足刚性节点的连接要求，如图 5-85 所示；部分不需要螺栓的连接处采用榫卯连接；另外，在多个构件的连接处，设计出共享节点，以减少螺栓的使用。

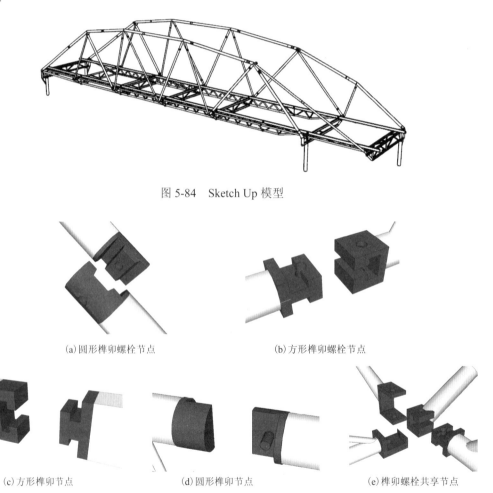

图 5-84　Sketch Up 模型

(a) 圆形榫卯螺栓节点　　　　　(b) 方形榫卯螺栓节点

(c) 方形榫卯节点　　　　(d) 圆形榫卯节点　　　　(e) 榫卯螺栓共享节点

图 5-85　节点设计

5) 拼装方案

按照赛题要求，钢桥的施工成本是一项重要的评分标准，这需要参赛成员认真讨论钢桥的拼装方案以便于提升拼装速度。根据桥的构件划分与场地布置，尽可能地减少施工成本，拼装人数最终确定为 3 人。

由于河面较宽，为避免在河面上施工，采取旋转施工法，如图 5-86 所示，在河面以外将横梁拼装好后，旋转桥腿使其处于正确位置。拼装时，先拼长跨，并固定好四个桥腿；长跨完成后，短跨与拱同时进行拼装，短跨同样采用旋转施工法；完成整座桥的拼装后将螺栓拧紧，完成施工。需要注意的是，与美国钢桥赛不同，加拿大钢桥赛的拼装中不允许使用电子设备，即螺栓必须使用扳手手动拧紧，这在一定程度上增大了施工难度，必须考虑特殊位置处螺栓的处理。

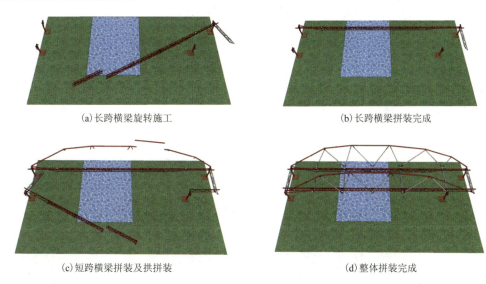

(a)长跨横梁旋转施工　　　　　　　　　　　　(b)长跨横梁拼装完成

(c)短跨横梁拼装及拱拼装　　　　　　　　　　(d)整体拼装完成

图 5-86　　整体拼装过程示意图

确定好最终的拼装方案后，运用 Sketch Up 软件进行模拟拼装，重点观察各个节点与拼装顺序是否冲突，对于实际拼装中可能出现的不利情况进行分析，并优化拼装方案。同时，对可能会出现的违反赛题要求的情况加以关注，避免实际拼装中出现桥腿出界或误触河面等类似情况。

6）模型制作

运用 Sketch Up 软件进行构件划分后，对其进行进一步细化，确定每一个连接节点和构件的尺寸，并画出每个构件对应的施工图纸，以便进行加工制作。构件预制的施工图需要包含每个构件的尺寸图、构件的大小长短、开孔的位置和大小等具体的信息，以及材料多少和螺栓螺母数量等。施工图包括 CAD 图纸与 Sketch Up 图纸两部分，Sketch Up 图纸可更形象地展示构件空间形状，CAD 图纸可更精确地表示出构件的尺寸数据和截面信息等，并且统计好各个构件、端板、螺栓数量。

钢桥预制构件的制作需要进行材料切割以及焊接等操作，需要到专门的加工厂进行加工。参赛队员首先需根据各种材料的用量采购钢管，然后对材料进行归类，到加工厂进行模型制作。

模型制作过程主要如下：

（1）根据设计图纸，切割榫卯节点；

（2）根据施工图的尺寸，对所需钢管尺寸进行分类，并切割好所有的杆件，将切割口的毛边打磨掉，将切割好的钢材分类放置，并且编号做好标记；

（3）待杆件切割和节点制作完成后，参照图纸进行焊接。

图 5-87 为模型图纸的确定与加工厂模型焊接过程。

(a)构件尺寸分类　　　　　　　(b)钢管切割　　　　　　　(c)构件焊接

(d)节点切割　　　　　　　　　　　(e)节点焊接

图 5-87　整体拼装完成示意图

　　另外，需要注意的是，焊接过程会导致钢材杆件产生少量变形，这会导致最终的构件尺寸发生变化，从而使得拼装发生错位。因此，在焊接时要先运用定位板固定好杆件的位置，以减少焊接过程中的钢材变形。

图 5-88　加载试验

　　模型制作完成后，将其拼装好，检验模型是否符合赛题要求，同时，运用等重的角钢作为荷载进行加载试验，布置位移计观测变形，如图 5-88 所示，验证模型的实际受力性能。

　　待所有构件焊接完成后，模型的制作已基本完成。另外，考虑到模型的美观，在模型焊接好后，进行喷漆装饰。钢桥的颜色以中国红为主要色调，搭配银色，彰显东方韵味，桥身有云纹装饰，寓意平安吉祥。

7）参赛过程

加拿大全国大学生土木工程竞赛钢桥总决赛于加拿大蒙特利尔工学院举行，比赛历时2 天，分别进行了模型展示、答辩和拼装加载。模型展示部分主要考察模型的美学设计，要求参赛队在规定场地上进行模型展示，同时需要制作海报，主要展示钢桥的简要计算过程、节点设计、拼装要点等内容。大赛评审团通过实地观察桥梁结构模型、节点设计及制作、海报制作质量等，评定出钢桥的美学展示分数。河海大学参赛队海报展示如图 5-89 所示。

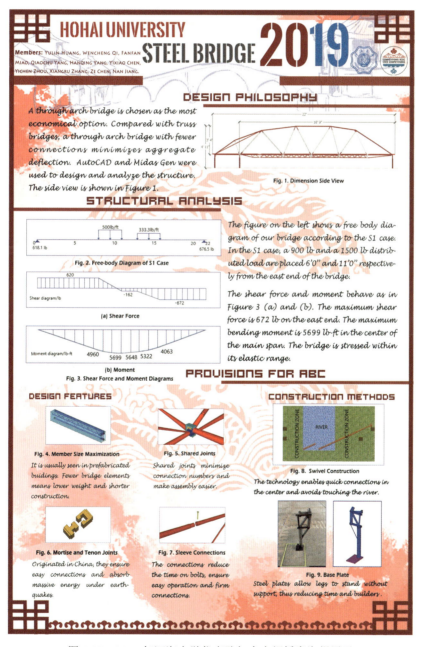

图 5-89　2019 年河海大学代表队加拿大钢桥赛海报展示

答辩部分要求参赛队结合 PPT 对桥梁的设计理念、创新性及结构综合性能等方面用英语或法语做出全面的陈述,并对评审团提出的问题做出合理解答,主要内容包括总体介绍、桥型选择、美学设计、附加价值、风险分析、拼装时间和预算等。报告时间不超过 5min,结束后由评审专家进行提问。

根据赛题,施工成本在评分中所占比例最大,因此现场拼装是比赛中最重要的一部分。拼装加载部分分拼装和加载两个环节,拼装环节要求参赛队利用最少的时间和拼装人数按照既定规则搭建出钢桥模型,加载环节要求参赛队按照赛题要求对钢桥模型施加 11kN 左右的竖向荷载,最终根据拼装时间、模型重量、加载挠度等指标综合评定桥梁的施工成本和结构效能。比赛开始前,根据拼装顺序摆好构件与工具,然后根据拟定的拼装方案进行拼装,最后固定好螺栓,图 5-90 为拼装比赛现场。河海大学参赛队拼装过程耗时 10min47s,拼装速度在所有 18 支参赛队中排名前三,最终获得了结构效率单项冠军和施工成本单项季军。

(a) 构件摆放

(b) 横梁拼装

(c) 拱及吊杆拼装

(d) 螺栓固定

图 5-90　钢桥拼装

拼装完成后,将拼装好的模型移动至加载区进行加载,图 5-91 为现场加载的过程。由于模型设计巧妙,结构形式合理,加载过程中钢桥的挠度很小,河海大学参赛队排名第一,获得了挠度控制的单项冠军。

河海大学参赛队在加拿大钢桥赛中力克诸强,最终取得综合亚军以及 3 个单项冠军(结构效率、挠度控制、钢桥答辩)、1 个单项亚军(美学设计)和 1 个单项季军(施工成本)的优异成绩。

图 5-91   钢桥加载

5.3   岩土类竞赛从构思到实践

　　土木类大学生岩土设计竞赛作为土木工程专业竞赛之一，其本质是让参赛者以岩土工程的专业知识为基础，根据竞赛规则和评分标准进行设计，运用规定的材料和工具制作出尺寸、重量和承载性能满足要求并且挠度、变形和位移在规定范围之内的岩土结构模型。岩土竞赛的赛题设计与实际工程密切相关，赛事设置以现场模型制作为主体，辅以计算书撰写、现场答辩等环节，旨在考察参赛者对以土力学为主，以高等数学、理论力学、材料力学、结构力学、基础工程等多门学科为辅的岩土工程专业知识体系的掌握程度以及理论联系实际的能力，培养参赛者的逻辑思维和创新意识，锻炼参赛者的计算能力和实践能力，提升参赛者的综合素质。同时，岩土竞赛的举办也对促进国内外高校间的友好交流与合作起到了十分积极的作用。

　　岩土竞赛着重考察参赛者对土力学基本概念和基本原理的理解以及将岩土工程专业知识运用于模型设计和制作的能力，对参赛者在力学知识储备以及灵活运用方面提出了较高的要求，如进行模型整体稳定性验算、土体的破坏分析、支挡结构的变形计算等。对于一些简单的构造及接触方式，参赛者可以通过受力分析并运用相关公式进行计算，但对于一些复杂问题，如超静定结构的内力计算、整体模型在荷载下的变形等，必须使用 ANSYS、ABAQUS、PLAXIS 等一些专业数值模拟软件才能得到相关解答。因此，岩土竞赛的参赛者以高年级本科生和研究生为主，并且要求参赛者具有较为完善的力学知识体系和较强的专业技能。岩土竞赛作为一项专业理论与实际操作相结合的学科竞赛，模型设计、制作、加载以及计算书撰写、现场答辩等众多环节不仅让参赛者对相关专业知识理解得更加深入与透彻，而且使参赛者的专业技能和实践能力得到锻炼与提升。

　　相比于结构设计竞赛，岩土竞赛在国内起步较晚，且在数量、规模以及举办频次等方面落后结构设计竞赛，近年来国内外举办的岩土竞赛主要以挡土墙或桩基设计为考察载体（前者更多）。下面结合近年来全国大学生岩土工程竞赛（简称全国岩土赛）和美国大学生土木工程竞赛挡土墙赛（简称美赛挡土墙赛）的赛题设计和参赛经历，从理论分析、制作工艺和计算书撰写三个方面对岩土竞赛进行系统介绍，并选取一些经典作品进行赏析，叙述内容虽以挡土墙为主，但一些设计思想和制作工艺等对今后参加其他类型岩土竞赛的参赛者也具有一定参考价值。

5.3.1　岩土类相关竞赛的理论分析

理论作为以往经验的总结与升华,对实践具有指导作用。在岩土竞赛中,理论分析可为模型制作提供总体思路与理论基础,是改善模型性能、缩短制作时间、提高比赛竞争力的关键。

1. 准备阶段

理论分析的前提是"仔细阅读竞赛手册,明确赛题要求与评分规则"。竞赛手册一般包含了模型尺寸、竞赛时间、测试方法以及赋分标准等关键信息,是整个竞赛的纲领性文件,如同实际工程中的规范一样,必须仔细研究,严格遵守。

对于模型尺寸,一方面,竞赛模型制作不同于实际工程,由于模型本身的体积较小,而且比赛现场对于模型尺寸的检验非常严格,通常达到毫米级别的精度,所以模型的设计和制作应力求精细,避免因尺寸的违规影响竞赛成绩。另一方面,模型某些方向的尺寸在满足竞赛要求的基础上还应根据实际需要进行微调,以满足受力需求。例如,在 2015 年全国岩土赛中,要求在模型槽中用硬卡纸建造一面挡土墙,挡土墙的长宽高都有相应的规定,实际制作时,挡土墙的宽和高都设置为竞赛规定尺寸,但是挡土墙长度则要略微大于规定尺寸,这是因为当挡土墙长度略大于模型槽内壁距离时,挡土墙两侧与模型槽内壁之间的压力会增大,从而增大模型槽施加给挡土墙的摩擦力,提高模型稳定性。理论上正压力越大,摩擦力越大,但是挡土墙长度调整得过大会造成整个模型难以放进模型槽内,强制放进去也会造成模型变形,影响模型性能的发挥。

对于竞赛时间,首先,要做到对竞赛规定时间的明确,深究其中的含义,确保对赛题的理解不产生任何歧义。例如,在 2015 年全国岩土赛中,对于竞赛时间有"60min 时间内完成挡土墙的制作,超过 60min 将被扣分"这一规定,表面看是 60min 内制作好挡土墙模型,但仔细研究赛题会发现,这里"挡土墙的制作"不仅包括模型制作,而且包括墙后填砂,是整个挡土墙构筑物的搭建。此外,竞赛手册中没有对墙后填砂做出另外的规定,说明这里的"60min"包括纸质挡土墙模型的制作时间和墙后填砂压实的时间。其次,在平时的训练中要根据总时间进行每个步骤的时间分配,团队成员需分工明确并进行多次演练,确保实际制作时不会产生超时现象。

对于测试方法,岩土竞赛对结构性能的判断主要是基于模型的承载力以及在一定级别承载力下模型的挠度、变形和位移。在承载力测试方面,由于平时练习的条件、环境等与比赛现场不一定完全相同,为了应对可能出现的不利因素,模型需拥有一定的承载力储备,但需要控制好余量储备程度,余量储备过小,即安全系数过小,可能会造成加载阶段模型变形过大甚至失效,余量储备过大,即安全系数过大,则会造成模型竞争力不足,难以取得优异的比赛成绩。在模型变形和位移的测试方面,需严格按照竞赛规定的测试方法,在竞赛手册中未给出具体方法时,可以考虑自行设计测试方法和制作测试工具。测试工具一方面要求测试精度满足竞赛要求,另一方面要求不对模型制作和加载产生影响,图 5-92 为用高精度百分表测量加载过程中挡土墙面板的变形。

对于赋分标准,岩土竞赛主要的评分项一般为竞赛计算书、模型制作时间、模型加载表现以及违规情况。其中,与结构设计竞赛相似,模型加载表现得分占比较大,主要评分

项有承载力、挠度、位移和变形，不同的加载阶段有
不同的分值，挠度、位移和变形通常不作为得分项，
但当其超出相应荷载下的限值时，会造成整个模型加
载失败。因为不同的竞赛项目拥有不同的得分占比，
所以这里涉及竞赛策略的问题，即为了确保拿到较大
的分值而有计划地牺牲掉一些小分值。例如，在 2016
年美赛挡土墙赛中，浙江大学代表队牺牲了荷载施加
时间这部分的分值而最大程度上消除动荷载对模型的影
响，同济大学代表队则在填砂阶段将砂完全充满模型槽，
从而造成了一个小违规情况但却增加了砂土重量，保证
了加筋条性能的充分发挥。

图 5-92　模型变形测量

　　对竞赛手册的阅读、对赛题的研究是整个竞赛的基础和前提，若赛题理解产生偏差，
则会对整个竞赛产生严重影响，在经过研究和讨论后，若对赛题还是有理解模糊的地方，
应积极咨询竞赛主办方并确保获得明确答复，防止因对竞赛规则把握不好而造成违规现象。

　　2. 分析阶段

　　理论分析的过程就是模型设计的过程，是岩土模型成形过程中最复杂、最具有创造性
的一环，主要包括概念设计—精确设计—优化设计三个阶段。

　　1）概念设计

　　参考 4.2.1 节。

　　2）精确设计

　　精确设计是指通过理论计算和数值模拟等方法确定模型布置的具体方式以及构件的
位置、形状、数量、尺寸等。精确设计一方面通过计算和模拟对模型布置方式与构件物理
特征进行量化，另一方面对量化后的模型进行稳定性和强度方面的验算，包括整体受力验
算、构件强度验算和节点强度验算。

　　精确设计之前应先测定相应的材料参数，以方便后面的计算和模拟顺利开展。常见土
工材料的参数测定可使用土工仪器开展基本土工试验，图 5-93 为利用直剪试验测定填砂的
摩擦角，图 5-94 为利用土工拉力机测定牛皮纸的抗拉强度。一些其他参数的测定需要自己
设计相应的试验，图 5-95 和图 5-96 分别为填砂与牛皮纸摩擦系数测定及海报纸和模型槽
摩擦系数测定。

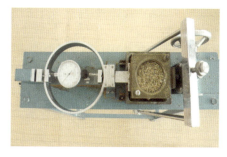

图 5-93　填砂摩擦角测定

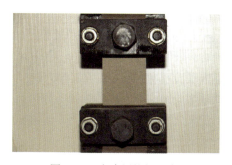

图 5-94　牛皮纸抗拉强度测定

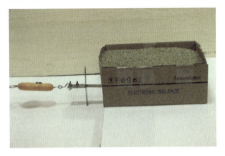 

图 5-95　填砂与牛皮纸摩擦系数测定　　　图 5-96　海报纸和模型槽摩擦系数测定

　　整体受力验算一方面是为了防止模型在荷载作用下的位移和变形超过规定要求,另一方面是为了防止模型发生整体破坏。在岩土竞赛中,整体破坏包括滑移、倾覆、塌陷等,这些破坏是由于模型的外部约束小于施加荷载,往往不会造成构件的失效和节点的破坏。整体受力验算通常采用数值模拟的方法,选取适当的参数建立数值模型,根据最终的应力、应变和位移云图判断模型的整体受力情况,图 5-97 为用 ABAQUS 建立的土体与挡土墙数值模型,图 5-98 为用 ANSYS 模拟的扶壁式挡土墙模型的位移云图。

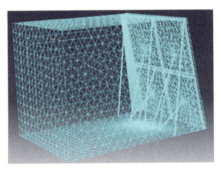 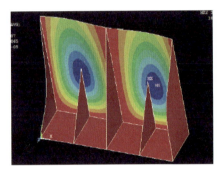

图 5-97　土体与挡土墙数值模型　　　　图 5-98　挡土墙位移云图

　　构件强度验算是为了防止模型发生局部破坏。竞赛中出于提高竞技水平的考虑,会充分利用构件及材料的物理力学性能,构件的安全系数通常设置得较低,模型的安全储备较小,局部构件的破坏会使整体模型产生薄弱截面,应力重新分配,部分构件的受力超过其承载力极限,从而发生破坏。此外,对于静载模型,局部构件在加载状态下发生破坏会对整个模型产生扰动,使模型受到动荷载的冲击,由于模型是根据等效静荷载进行设计和制作的,动荷载会使整个模型发生脆性破坏。通常情况下,静定结构的构件内力通过正常的理论计算就能得出,而超静定结构的构件内力则需要借助一些专业软件方能求解。

　　进行节点强度验算是因为节点处会产生应力集中现象,是模型中最易发生破坏的地方。节点的破坏会使其连接的构件失效,从而失去对模型整体的支撑作用,导致模型的崩坍。模型中的节点强度一方面受设计方案影响,另一方面与所用的黏结材料和制作工艺相关。设计时节点处构件过于集中、操作时黏结材料分布不均匀等都会造成加载时节点的破坏。实际计算中,由于节点的强度受很多因素的影响,通常很难精确计算,一般通过制作经验进行加固。

　　3)优化设计

　　优化设计是指根据模型的实际加载表现对结构、构件和节点进行有针对性的调整和处理。理论计算和数值模拟中，由于参数选取的误差以及公式本身的局限性等因素，其结果与实际情况并不完全吻合，模型的实际性能要靠加载进行检验。加载时可以通过"一听二测三查看"的方法对模型的加载表现进行评价与判断。荷载施加时，同一体系和不同体系间由于相互作用会发出声响，通过声响的特征可以判断模型与其他体系间相互作用的程度和作用力的大小。模型在荷载作用下会产生挠度、变形和位移，通过相应的工具和方法进行测量，对照竞赛加载的具体要求，判断其与竞赛要求的契合度。在模型加载结束后，将模型小心取出，观察受载后的模型是否存在构件扭曲、节点损坏等现象，对其安全系数做出客观评价。优化设计的最终目的是保证模型在满足承载力、挠度、变形和位移要求的基础上充分发挥材料性能，减少材料用量，提高模型竞争力。

在对岩土模型进行理论分析的过程中，概念设计以实际工程为参考，结合赛题要求和自身专业素养，为整个模型的设计和制作构建主要框架，奠定基本方向。精确设计通过理论计算和数值模拟的手段确定结构和构件的基本物理力学参数，对整体结构进行量化，并对结构、构件和节点进行稳定性和强度等方面的验算，确保模型在理论上的可行性。优化设计以模型的实际加载表现为参考，通过观察和量测模型在规定荷载作用下的挠度、变形和位移，对结构、构件和节点进行有针对性的调整与优化，最终得到所选结构类型的最优设计。模型设计是一个"设计—制作—检验—优化"的循环过程，整个过程呈现螺旋式上升的趋势，根据模型加载表现进行有针对性的改进是模型优化的核心。

5.3.2　制作工艺

模型制作以理论分析为指导，结合具体的赛题要求，将所构思的结构以实体模型呈现出来。科学、精细的制作工艺是模型质量的重要保证，模型制作的主要流程为"材料加工—构件制作—结构成形—模型加载"，优良的制作工艺应满足"安全、合理、精细、高效"的要求。

材料加工时，第一要进行原材料的遴选，尽量选用质地均匀、力学性能离散性较小的材料进行加工；第二要选用适宜的加工工具并正确使用，保证制作的安全；第三要根据材料特性进行有针对性的加工，以充分发挥材料性能；第四加工过程中要注意团队间分工与合作，提高制作效率；第五材料要严格按照设计的尺寸进行规范化加工，以更好地实现设计意图。

构件制作是指将加工好的材料组装成模型所需的构件。构件制作时一方面要注意原材料的材料特性，如纸的光滑面与粗糙面、加筋条的受力方向等，并根据构件的受力需要对原材料进行折叠、弯曲等操作，以利用材料特性增强构件性能；另一方面要关注构件连接处的强度，使构件在荷载作用下能保持物理形状，避免发生较大的变形甚至在连接处发生开裂等，以更好地发挥构件的加固与支撑作用。

结构成形是指制作主体结构并将构件与主体结构进行拼装与黏结。结构成形时一要注意构件的放置方式，根据构件的突出性能确定其受力类型，方便构件性能的发挥；二要注意节点的连接质量，由于节点处存在应力集中现象，在荷载作用下容易发生破坏，因此节点连接的可靠性影响着局部构件的稳定性，进而影响整体结构性能。

模型加载主要注意两个方面：一是加载过程中要做好必要的防护措施，防止加载过程中出现意外，对参赛者造成伤害；二是注意优化荷载施加的工艺，特别是在静荷载施加中要防止出现过大的动荷载，因为模型的承载力以及挠度、变形和位移的控制都是以静荷载为设计依据的，动荷载不仅使目标荷载增大，可能超出模型承载力，而且会造成模型的扰动，影响模型稳定性。

安全是模型制作的首要目标和基本条件，不仅保证了模型的顺利制作，也是对参赛者人身安全的一种保护。制作过程中的安全隐患主要源于一些不安全的工具使用和操作步骤以及荷载施加过程。为了消除安全隐患，一方面，对危险的制作工具和操作步骤进行替换，例如，在进行纸张裁剪时用裁纸刀代替美工刀，从制作的源头上消除安全隐患；另一方面，在进行模型制作时做好相关的人身安全保护措施，例如，加载时佩戴手套和安全帽等，防止意外的发生。

合理是指在制作过程中能够依据材料特性进行裁剪、黏结和组装，以充分发挥材料的突出性能。合理制作的前提是对所用材料的力学特性非常了解，如纸筋耐拉、胶水(带)耐剪等，在结构制作中要注意转变构件的受力方式，使材料的突出性能得到充分发挥。加载性竞赛的本质与核心就是追求承受单位荷载的最省用料，合理化制作是其一个重要的方面。

精细是出于更好地实现设计意图的考虑，包括原材料的裁剪与切割、构件的制作与组装、节点的连接与加固等。手工制作的误差难以避免，但可以通过精细的制作工艺尽量减少。精细的制作工艺一方面可以保证模型的制作质量，提高模型性能，另一方面可以检验设计的可行性，即在正常的制作误差范围内，此种设计能否满足竞赛的赛题要求。

高效是出于竞赛制作时间的考虑。竞赛制作时间作为评价竞赛水平的一个重要指标，对最终的竞赛成绩具有重要影响。高效首先体现在参赛者的动手能力上，即操作的快慢。其次体现在团队合作方面，良好的团队默契和科学的团队分工能很大程度上提高制作效率。最后，一些其他方面也影响着模型制作的效率，如模型本身的复杂程度、制作工具的选用等。

在具体的制作方面，从材料选择、材料加工、黏结剂的使用、填充料的压实到荷载的施加等诸多方面都有其注意点和关键的施工工艺。

1. 材料选择

一方面，平时练习中材料选择的基本原则是选用竞赛规定的标准材料，这样可以充分了解材料性质，对制成模型的力学性能做出准确的评估并能根据加载情况进行有针对性的改进；另一方面，在比较结构性能选择结构类型阶段，对于比较昂贵的原材料，可选择近似材料进行代替，因为在选型阶段只涉及模型结构的相对性能好坏，不涉及绝对指标，因此只要使用同一种材料便能判断不同结构之间的性能，并非标准材料不可。这能在不影响竞赛结果的前提下，很大程度上降低竞赛成本，在确定结构形式进行后期加载改进阶段时，再使用竞赛手册中规定的标准材料。例如，在美赛挡土墙赛中，挡土墙制作使用的是美国当地的海报纸和牛皮纸，原料的购买和运输不仅昂贵而且费时，因此，在竞赛初期可以先用国内的相似材料进行结构类型的设计和制作，在节省成本的同时也很好地利用了材料运输的时间差。此外，对于一些可重复使用的竞赛材料，建议一开始就按照竞赛标准进行购买或者制作，"磨刀不误砍柴工"，这些材料的标准化对制作后期的模型评估尤其是优化改进非常有利，而相似材料的替代则会对模型造成明显影响，如全国岩土赛中的有机玻璃模型槽及美赛挡土墙赛中一定粒径的黄砂填充料，前者影响挡土墙的受力和整体稳定性，后者影响一定击实功下填充料的密实度，进而影响加筋条性能的发挥。在具体的制作方面，材料加工时应避免选择有局部受潮、暗斑、颜色深浅不一等缺陷的材料，这些有缺陷的材料在加载时很可能会成为模型的薄弱截面，影响加载效果。

2. 材料加工

一方面是加工方法的选择，例如，对于岩土竞赛常用的纸质材料，常用的裁剪工具有三种，即美工刀裁剪、剪刀裁剪和裁纸刀裁剪，如图 5-99 所示。

(a) 美工刀剪裁　　　　　　(b) 剪刀剪裁　　　　　　(c) 裁纸刀剪裁

图 5-99　纸质材料裁剪

这三种裁剪方式各有优缺点：美工刀裁剪速度快，精度高，范围大，并且非常适合扣洞、开槽等细致的操作，但是在使用过程中非常危险，刀片的断裂、刀刃的瞬间偏移等经常对制作者造成伤害。在使用美工刀时，应注意尽量缩短刀片的伸出长度并且放慢裁剪的速度，在条件允许的情况下要佩戴手套、防护镜等保护措施。剪刀是一种比较安全的工具，其优势在于裁剪形状不规则的小尺寸构件时非常便捷，在一般的构件裁剪中，其速度慢，精度较高，但在裁剪长度过大时不是很方便，并且裁剪切口不如美工刀平整。裁纸刀作为专业裁纸工具，是三种方法中安全性最高的，裁剪范围视裁纸刀的规格而定，其裁减速度较快，在事先的对齐工作做到位的情况下，裁剪精度能够满足竞赛的要求。

值得注意的是，在一些强调安全的岩土竞赛中，一些开刃的刀具(如美工刀)是禁止使用的，因此参赛者如果在工具选用方面有不明确的地方，应积极向竞赛组委会进行咨询，防止因使用违规工具影响竞赛结果。

另一方面是加工工艺的选择，这与原材料的性质及制作者的实践经验有关。对于竹材、木材等有明显纹理的材料，加工时应注意其纹理方向，避免其在纹理方向受压、受剪等；对于纸张等均质材料，由于其物理性质在横纵方向相同，所以裁剪时对方向一般没有要求，但对于一些软纸材料，由于其在包装时有一定的物理形状，因此裁剪时的形状仍需注意。如图 5-100 所示的牛皮纸，当沿牛皮纸卷曲方向剪裁时，纸筋会有一定程度的卷曲，且纸筋长度越长，卷曲程度越大，这会对后面的制作产生不利影响，而沿垂直于卷曲方向裁剪的纸筋则不会发生卷曲现象。

(a)沿卷曲方向裁剪的纸筋　　　　　　　(b)沿垂直卷曲方向裁剪的纸筋

图 5-100　牛皮纸纸筋的裁剪

3. 黏结剂使用

黏结剂关系着构件的连接质量和节点强度，对模型能否充分发挥性能至关重要。在岩土竞赛中，常用的黏结剂有 502 胶水、AB 胶、双面胶和透明胶带。502 胶水为液体快干胶，具有强腐蚀性，在使用时要防止倾倒和挥洒。AB 胶为液体慢干胶，粘贴构件时需要挤压一段时间，待胶水充分干涸后方可进行下一步制作。对于液体胶的使用，要避免"胶量越大，黏力越大"的误区，胶水与胶水之间的黏力很小，用胶时只需在待粘贴区域均匀地涂上薄薄一层即可，太多的胶水反而会影响粘贴效果。对于 502 胶水，使用前可以在其底部黏结一块硬纸板，防止其在使用过程中发生倾倒，在使用时不宜直接将胶水对准待粘贴区域挤出和倾倒，这样很容易造成胶水的溢出和粘贴面的不均匀，可用小木片进行蘸取涂抹。对于双面胶和透明胶带，使用时一是要注意胶带需铺设平整，避免起皱；二是在粘贴后需要对粘贴处进行挤压，排除胶带与构件间少量的空气，良好的粘贴效果应该能够清晰地呈现粘贴处的边界线条。

图 5-101(a)中胶带与卡纸充分接触，是理想的粘贴方式，图 5-101(b)中胶带与卡纸之间留有空隙，不利于胶带黏力的发挥。值得注意的是，无论固体胶还是液体胶，其突出性能都是抗剪能力较强，抗拉能力较弱，因此在设计和制作时要特别注意构件的受力方式。

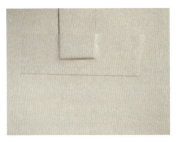

(a)正确粘贴　　　　　　　　　　　(b)错误粘贴

图 5-101　固体胶粘贴示例

4. 填充料压实

为了便于制作和重复利用，岩土竞赛的填充料一般为一定粒径的砂。在其他条件相同的情况下，填充料的压实对模型性能的发挥至关重要。目前，在竞赛中对填充料的压实主要有三种方法。第一种是与实际工程类似的分层压实法，即根据竞赛情况将砂逐层铺设，逐层压实；第二种是振动密实法，即将砂全部装进模型槽后通过振动模型槽侧壁来带动砂的振动，使砂密实；第三种是荷载预压法，即将砂全部装进模型槽后通过在砂的顶部铺设垫板并在垫板上堆放荷载使砂密实。实践证明，这三种方法都能够使砂的密实度达到竞赛要求，竞赛时可以根据实际需要进行选择或者组合使用。在制作时为了实现压实效果和压实的便捷性，不同的压实方法通常配合使用不同的压实工具，压实工具在竞赛规则允许范围可以进行自行选择和设计。例如，在使用分层压实法时，制作如图 5-102(a)所示的压实工具，不仅制作方便，轻巧易用，而且可以根据需要设计成不同的尺寸，用来压实边角的填砂。在使用振动密实法时，常使用如图 5-102(b)所示的橡胶锤，橡胶锤敲击时的弹力波会扩大振动范围，增强振动效果。在使用荷载预压法时，为方便起见经常是参赛者站在垫板上，并通过跳动施加动荷载。值得注意的是，压实方法的选择还与模型槽的材质有关，例如，在塑料、钢化玻璃等刚性材料制成的模型槽中，就不能使用振动密实法，在一般的组装木质模型槽中三种方法都可以使用。

(a) 分层压实法　　　　　(b) 振动密实法　　　　　(c) 荷载预压法

图 5-102　三种填砂压实方法

5. 荷载施加

岩土竞赛中的荷载一般为静荷载，目前主要有两种施加荷载的方式：一种是通过质量已知的重物(一般为砝码)进行逐级加载，这种重物加载要做到"平"、"慢"和"稳"。"平"是指在重物下放过程中要注意重物间接触面的平行与对齐，"慢"是指对重物轻拿轻放，使重物的重量缓缓施加到模型上，"稳"是指在荷载施加时，在竞赛允许范围内施加可能的临时支托，保持重物和模型的平稳；另一种是通过填充料(一般为砂)进行荷载施加，这种荷载施加方式要注意减小填充料下落的势能，即减缓速度，降低高度。图 5-103 为填充料荷载施

 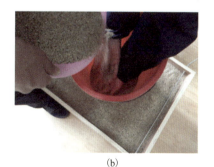

(a)　　　　　　　　　　(b)

图 5-103　填充料荷载施加实施例

加的实施例，图 5-103(a)采用了纸质漏斗状的辅助工具，能有效降低砂的下落高度，并且通过控制漏斗底端的松紧程度能有效控制砂的下落速度，图 5-103(b)将砂从参赛者的指缝间缓缓流入桶内，下落的砂通过两次"卸荷"，其下落高度和速度均得到了有效控制。两种荷载施加方式的共同点是消除荷载施加过程中对模型的扰动，即防止或者减少动荷载的出现。

6. 制作实例

下面将以 2015 年全国岩土赛中河海大学参赛队的模型为例，对模型制作的流程、工艺、注意点等进行具体讲解。

1)材料使用说明

模型制作的核心是通过一定的结构形式充分发挥材料性能，因此在制作之前需要充分了解所用材料的性能。本次全国岩土赛采用的原材料为硬卡纸(目前岩土竞赛中原材料以纸质材料为主,硬卡纸是其中最常用的一种,以硬卡纸为例讲解模型制作工艺具有典型意义)。目前市面上常用的硬卡纸主要有三种类型、单面白卡纸、双面白卡纸和双面灰卡纸，单面白卡纸如图 5-104 所示，一面为白色光滑面，另一面为灰色粗糙面，相应的，双面白卡纸两面都为白色光滑面，双面灰卡纸两面都为灰色粗糙面。

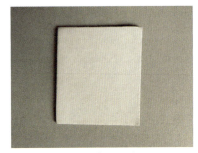
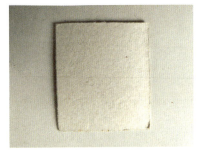

(a)白色光滑面　　　　　　　　　　(b)灰色粗糙面

图 5-104　单面白卡纸

单面白卡纸与另外两种硬卡纸的主要区别就是它是正反异性的，因此对其加工时需要注意其性质的差异。首先，单面白卡纸的白面较光滑，灰面较粗糙，因此当涉及摩擦力的问题时应根据实际情况选择卡纸与外部约束的接触面。在岩土竞赛中，模型与外部约束间的摩擦一般是有利摩擦，因此制作时应尽量使卡纸的灰面与其接触，增强模型整体稳定性。

其次，由于其正反两面的材质不同，在折叠时会产生不同的现象，如图 5-105 和图 5-106 所示，由灰面向白面折叠时，灰面折痕处的纸纤维受拉破坏严重，这会造成卡纸抗拉强度的降低；由白面向灰面折叠时，白面折痕处的纸纤维受拉破坏较少，对卡纸抗拉强度影响相对较小。最后，单面白卡纸的白面具有一定的防水功能，而灰面吸水。此外，白卡纸作为纸质材料，也有着一般纸质材料的共性，即各向同性和抗拉能力突出，前者决定了对其进行裁剪时可以不用考虑方向，这点与竹材、木材等有纹理的材料有明显区别，后者说明在设计时应使卡纸尽量受拉，以充分发挥其突出性能，在需要白卡纸承受压弯剪扭等作用力时，应根据需要将白卡纸制作成相应的构件，使其具有一定的空间形态，如制作成空心圆柱抗压、制作成三棱柱抗弯等。卡纸的特殊性在于其本身具有一定的刚度，制成的模型

(a) 白面折痕

(b) 灰面折痕

图 5-105　由灰面向白面折叠

(a) 灰面折痕

(b) 白面折痕

图 5-106　由白面向灰面折叠

具有固定的形态，在放置于模型槽中时应避免过分挤压致其变形，影响其性能的发挥。对于变形较大的部位，可以对卡纸进行加工使其成为具有一定空间形态的构件，作为类似加劲肋的构件对薄弱截面进行加固，增加模型刚度。

全国岩土赛所用黏结材料为双面胶，一方面，其与卡纸白面的粘贴效果要好于同等条件下与灰面的粘贴效果，另一方面，胶带的突出性能是抗剪，因此在设计时要注意构件的连接方式。此外，在用双面胶进行构件间的单面粘贴时，可不将双面胶的保护层揭掉，一方面，双面胶的保护层质量较小，对整个模型的质量几乎没有影响，另一方面，若揭掉保护层，制作过程中模型会与外部物体粘贴，影响制作效率和进度。尤其是双面胶与墙后填充料的粘贴更会影响压实效果，影响结构性能。

2) 纸质挡土墙制作

首先，在制作之前需画出模型的示意图，明确主要构件的位置、数量、尺寸、黏结方式等，并在组内分配好制作任务。在制作前细致的准备工作有利于提高制作效率和质量，并能够明确制作目的，在制作过程中及时纠偏。在比赛现场也可以制作小的提示卡放在手边，标明关键数据，防止因紧张出现裁剪失误。图 5-107 为本次参赛模型的整体外观和构件尺寸示意图。

其次，依据设计尺寸对卡纸进行裁剪并进行构件加工。此次作品主要的构件是肋条和翼板，在肋的制作过程中应避免过度折叠，以防止卡纸分层开裂影响肋条强度，折叠时可借助钢尺固定折痕。在肋条制作完成后，应先在面板上划线定位，以实现肋条的精确粘贴。由于肋条本身刚度较大，而双面胶黏力较弱，因此需要进行加固，加固时保留双面胶的保护层以防止填砂进入肋条与面板之间。此外，加固时胶带只能与卡纸相接触，胶带与

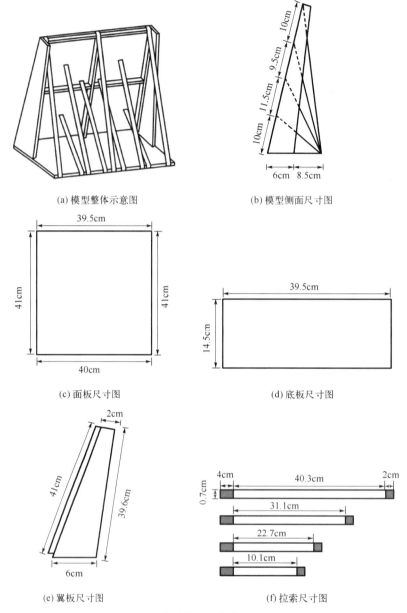

(a) 模型整体示意图　　　　　　　　　(b) 模型侧面尺寸图

(c) 面板尺寸图　　　　　　　　　　(d) 底板尺寸图

(e) 翼板尺寸图　　　　　　　　　　(f) 拉索尺寸图

图 5-107　模型外观和构件尺寸示意图

胶带之间不可重合,因为双面胶的保护层较为光滑,与胶带之间的黏力很小,很容易开裂使填砂进入,进而影响整个胶带的粘贴效果。肋条的制作和粘贴过程如图 5-108 所示。

　　在模型组装的过程中,主要存在的两个问题是模型倾斜度的控制和拉索的组装。模型倾斜度对模型的受力异常重要,倾斜度的存在使得面板的土压力减小,使其变形减小,但过大的倾斜度会使底板土压力较小,从而减小模型与模型槽之间的摩擦,因此如何找到其临界值是关键。实际操作中,通过 ABAQUS 对多种工况进行模拟得到一个理论最佳角度,再通过多次试验对其进行调整,得到其实际最佳角度。制作时通过翼板来控制倾斜度,翼

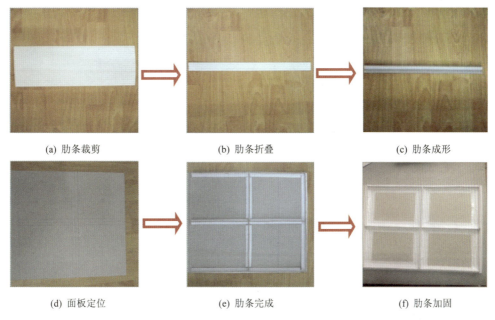

(a) 肋条裁剪　　　　　　　(b) 肋条折叠　　　　　　　(c) 肋条成形

(d) 面板定位　　　　　　　(e) 肋条完成　　　　　　　(f) 肋条加固

图 5-108　肋条的制作及粘贴过程

板本身具有一定刚度，又与面板与底板黏结，所以可以通过设置翼板的尺寸和粘贴宽度来控制面板倾斜度。拉索的松紧程度对模型的加载表现至关重要，拉索太松难以起到约束面板上部变形的作用，拉索太紧则会导致其与面板不能协调变形，难以充分发挥模型性能。实际安装时，将拉索的一端先行固定，然后将模型放置到模型槽中，用手模仿填充料对其施加一定的力，使其呈现在受载状态下的变形，再固定拉索的另一端，类似于实际工程中的现场组装，这种组装方法虽然略微烦琐，但能最大限度地减少制作误差。组装好的挡土墙模型如图 5-109 所示。

(a) 模型侧面图　　　　　　　　　　　　　(b) 模型后视图

图 5-109　组装好的挡土墙模型

值得一提的是，最终的方案是在经过多次试加载后根据模型的加载表现进行有针对性的改进之后确定的。这些改进措施有结构方面的改进，如图 5-110 所示的改进措施一，初期的模型在面板中部发生弯折破坏，原因是面板刚度不足，据此采取了用肋条增强面板刚度的措施。

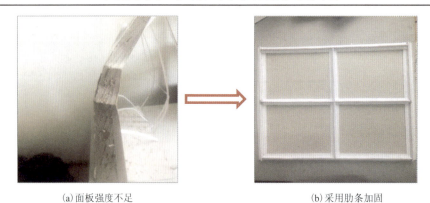

(a)面板强度不足   (b)采用肋条加固

图 5-110 改进措施一

也有制作工艺方面的改进，如图 5-111 所示的改进措施二，节点处出现了脱胶，原因是这样的粘贴方式使得胶带与卡纸的灰面相粘且使胶带受拉，改进的措施是通过在面板上挖孔使拉索穿过孔洞与卡纸白面相粘并使胶带受剪。

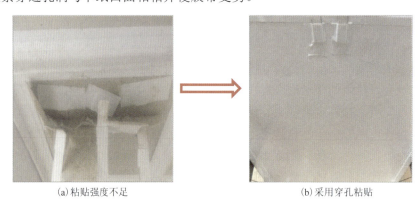

(a)粘贴强度不足   (b)采用穿孔粘贴

图 5-111 改进措施二

还有出于整体受力方面的考虑，如图 5-112 所示的改进措施三，针对挡土墙模型出现的整体滑移破坏，除调整面板倾斜度外，还采取了多种措施增大挡土墙与模型槽之间的摩擦力，图 5-112(b)为对底板采取刮毛处理，增强挡土墙底部的摩擦。图 5-112(c)为刮毛翼板并设置了安全线，一方面起到增强两侧摩擦的作用，另一方面起到防止渗砂漏砂的作用，

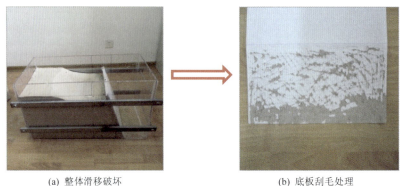

(a) 整体滑移破坏   (b) 底板刮毛处理

(c) 翼板刮毛处理　　　　　　　　　(d) 面板底部增加摩擦条

图 5-112　改进措施三

因为当砂进入卡纸与模型槽之间时，两者之间的滑动摩擦会变为滚动摩擦，使模型槽给予挡土墙的摩擦力减小，不利于挡土墙的稳定，因此翼板既为受力构件，又是构造措施。图 5-112(d)为在面板底部增加一根摩擦条，也是出于增大摩擦的考虑。

在经过多次改进优化后模型最终加载成功，如图 5-113 所示。

(a)加载成功正面图　　　　　　　　　(b)加载成功侧面图

图 5-113　挡土墙模型加载成功图

5.3.3　计算书撰写

计算书作为岩土竞赛的一个重要组成部分，它展示了模型构思、设计、制作及改进的全过程，是对整个竞赛准备过程的精练浓缩和对最终成果的系统展示。不同的岩土竞赛对计算书在内容和格式上有不同的要求，总体而言，基本撰写思路与结构设计竞赛类似，因此本节只简述一份优秀的岩土竞赛计算书应该达到的核心标准。

1. 理论计算

岩土竞赛中的计算书是针对最终模型撰写的设计说明书，具有很强的理论性与专业性。对于所要应用的原理或理论，要明确其应用对象和使用范围，并对比模型建造的相关条件，讨论此理论是否适合来分析这一问题，以解决理论的适用性问题。此外，一些物理力学参数应进行试验测试，需要通过参考文献获取时要注意所选用文献的权威性，一些经验参数如折减系数的选取应在参考相关规范和标准的基础上，结合模型实际和制作目标综合考虑。

2. 内容完整

竞赛计算书作为一份总结性的文件，是对整个模型诞生过程精练和系统的描述。内容完整一方面是指对竞赛涉及的内容进行全面的阐述，赛题分析、设计构思、参数获取、理论计算、制作工艺、加载步骤等内容都要在计算书中有所体现，让评委能够从计算书中对模型从构思到成形的整个过程有一个系统的了解；另一方面是指对每一部分叙述的内容要足够详细，一些关键流程和制作要点都要叙述清楚，实现模型制作的可重复性。

3. 逻辑清晰

竞赛计算书本质上是对竞赛思路的梳理、对备战过程的归纳、对理论计算的誊写等，因此整个计算书的写作思路和行文结构要与实际的操作过程一致，符合正常的思考逻辑。从赛题分析到设计构思到模型遴选，再到制作、加载、改进，不仅要明确各部分的作用，而且要将计算书的各部分内容进行合理有序的组合与排序，使计算书的各部分内容环环相扣，形成一个有机的整体。

4. 形式美观

首先是写作的规范，各类标题的设置、符号的使用以及字体的选择等都要符合正规文书的表达习惯和规定，没有明显的错误；其次是版面的工整，行间距、对齐、图片的大小以及表格的设置等都应符合标准，避免版面凌乱；最后是图表的精美，无论拍摄的照片还是绘制的图表，都要清晰美观、表意明确、内容丰富，而且对每一个图表都要有相应的说明或描述。

5. 图文并茂

一方面，一些内容很难用文字描述清楚，单纯的文字表达也会使人觉得枯燥甚至困惑；另一方面，图片对于需要表达的内容更为直接和简单生动，能够更为简单地解释清楚所表达的意思。模型实物图、受力示意图、制作施工图等不仅让计算书版面更为美观，而且便于吸引评委的眼球，能让评委快速地了解到模型构造、施工过程、传力路径等关键信息。

5.3.4 经典案例

1. 2017 年第二届全国大学生岩土工程竞赛——河海大学冠军作品解析

1）赛题要求

在尺寸为 80cm×40cm×50cm(长×宽×高)的有机玻璃模型槽中建造桩基础，桩基础形式不限，模型槽中，主办方将在底部 15cm 高度内预填砂土，并用标线标注出底部填砂高度边界。桩基础放置在预留砂层上后进行填埋，基桩上放置加载柱、加载板，加载方式为用砝码在加载板中心处逐级堆载，竞赛流程示意图如图 5-114 所示。

2）材料及工具要求

(1) 风干标准砂。

粒径：0.25～0.5mm。

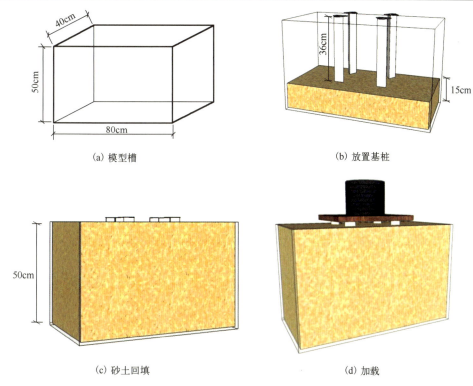

(a) 模型槽　　　　　　　　　　　　(b) 放置基桩

(c) 砂土回填　　　　　　　　　　　(d) 加载

图 5-114　竞赛流程示意图

(2) 1.0mm 厚的灰底白纸板。

名称：灰底白纸板，规格：A2(420cm×594cm)。

(3) 双面胶和透明胶带。

名称：得力 30403 双面胶 2.4cm，得力 33131 透明胶带，4.5cm×60m。

(4) 剪刀、裁纸刀。

(5) 填砂用的铲子、装料桶。

(6) 测试用的加载柱若干(直径为 5cm，高度为 3cm；材质：硬木)。

(7) 测试用的百分表、砝码、加载板(材质:复合板材，尺寸:长 40cm×宽 30cm×高 1.8cm)。

(8) 模型制作材料只允许用主办方提供的材料，制作过程中材料不够可以申请补充。

3) 参赛队自备的材料

尺子(形式不限)，标记用的笔(形式不限)，经评审小组确认的自制辅助成桩和填砂时用来支撑桩体的工具等，记录本、图纸、计算器等辅助材料，其他经评审小组确认可以携带的材料。

4) 基桩制作

(1) 可以采用灌注桩、管桩、板桩等。基桩横断面和纵断面形式不限，其中，灌注桩可封底，并用砂填满(砂的质量要计入成绩扣分部分)；管桩内部在任何位置不允许封闭，上部留 2cm 不能灌砂(管桩中填的砂子不计入成绩扣分部分)。

(2) 桩径(边长)、桩数不限(提示：桩径设计要考虑方便放上加载柱)。如果采用扩底桩或其他桩身局部扩大异型桩，以桩的竖向投影计，最小截面的形心到桩周任意一点的连线延伸到扩展边缘，扩大比例不超过 2.5。

(3) 群桩情况下，桩与桩之间不能有任何连接。

(4) 经评审小组检查不合格的基桩需进行改正或重做，重做时间也被计入总时间；使用材料按重做用料计。

(5) 桩封闭或有内部结构为桩中的砂提供了端阻就算是灌注桩，灌注桩可不填砂或者部分填砂，桩中的砂子质量称量后计入成绩。

(6) 成桩材料只能用主办方提供的材料。基桩制作完成后，由工作人员对制作好的模型进行称重(见评分标准)。

5) 基桩填埋

(1) 砂层厚度为 50cm，如图 5-114(c)所示。砂层填筑到模型槽顶部，桩端不得进入下部 15cm 砂层。在平面上，基桩任何部位距模型槽内壁净距不得小于 3cm。

(2) 先置桩，后填土，不允许先填土，后置桩。

(3) 填埋前，针对灌注桩，需要灌砂称重。灌砂由参赛方实施，称重由评审小组实施，桩身内部的灌砂可以通过振动、插捣等予以密实。

(4) 填埋过程中可以使用自制工具对基桩进行临时支撑和定位。整个填埋过程中，支撑装置只能放置在填砂面之上，即任何时候支撑装置都不得处于填砂面之下。作用在砂面上的辅助工具的总质量不得超过加载板的质量，砂面不得有任何形式的振捣、压实。

(5) 填砂时撒砂高度不得高于模型槽顶以上 20cm。填埋过程中以及填埋后进行找平时不得有击实、压实、插捣、敲击等任何加密基桩周围砂子的做法。

(6) 不得给砂子加水。

(7) 砂土最终表面须平整。

(8) 所有的桩顶均需高出砂土表面 5mm。

6) 测试方法

自指令下达开始计时，参赛者须在 120min 时间内完成桩基制作和填埋，超过 120min 将被扣分(见评分标准)，超过 150min 将被取消资格。

基桩和填砂完成并将散落的砂子清除干净后，可向评审小组提出完工验收申请。验收不合格者，改正后须再次进行完工验收申请(改正时间计入总时间)。完工验收合格后，在评审小组的监督下，由参赛者自行进行桩基承载能力测试。测试方法、程序和规则如下。

(1) 测试顺序按照完工验收申请的先后次序依次进行。从提出完工验收申请计，测试前的静置时间需≥5min。

(2) 测试时，先在桩顶位置放上加载柱，加载柱直径为 5cm，高度为 3cm，数量与桩数相同。加载柱上放置加载板(由主办方统一提供)。然后安装沉降测量用的百分表。百分表位置距加载板边缘约 2cm，如图 5-115(事先由主办方在加载板上标出放置位置)所示。共有 4 个百分表，加载过程中以 4 个百分表中沉降最大值为基准来判别成绩(注意：不是平均值)。

(3) 参赛者可以在桩顶垫上不同厚度的纸片进行找平，以使每个桩顶均和加载板保持良好接触。上述找平所用的纸片重量也要计入总的用纸量。

(4)正式加载前，首先施加5kg砝码作为预压荷载。施加预压荷载的目的是消除各种的施工间隙等。预压荷载施加时间为30s，之后，预压荷载不取下，进行百分表调零，之后的加载均是在预压荷载的基础上每级增加10kg。

(5)正式加载采用加砝码的方式逐级进行，每级增量10kg，两级之间静置时间间隔为30s。每级加载后30s读取4个百分表的沉降并记录，作为该级荷载的沉降值。最大加载质量为70kg(考虑预压荷载，实际最大加载质量为75kg)。加载到最后一级时，静置2min后，读取4个百分表的沉降并记录，作为最终沉降值。

(6)预压荷载砝码需放置在加载板中心事先划定的区域内(图 5-115)。之后，每级砝码需和下面的砝码重合放置。不得有意进行偏心加载。

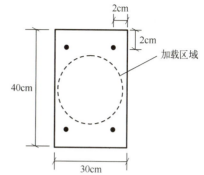

图 5-115   百分表位置(图中黑点)示意图

(7)如果由操作失误等原因造成没能完成整体的加载过程，认定为加载失败。如果在加载过程中的任何时刻，量测的沉降达到20mm，也认定为加载失败。

7)评分标准

得分分三档计算。在70kg荷载下沉降≤3mm为A档，>3mm为B档，加载失败的为C档。B档排序在A档之后，C档排序在B档之后。三档内部按各自得分排序：

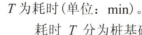

$$得分\ S = S_1 + S_2 - S_3 - S_4$$

式中，S_1为报告得分，最高 100 分(取自决赛过程中的专家评分)；S_2为沉降得分，$S_2 = 21000 - 100 \times \delta$，$\delta$为沉降量(单位：mm)，加载失败得 0 分；$S_3$为超重所扣分数，$S_3 = \max[0, (P - 300)/5] + \max[0, (M - 2000)/50]$，$P$为用纸量(包括纸和胶带的用量，单位：g)，$M$为灌注桩内填砂的质量(单位：g)；$S_4$为超时所扣分数，$S_4 = \max[0, 10 \times (T - 120)]$，$T$为耗时(单位：min)。

图 5-116   河海大学桩基模型

耗时 T 分为桩基础制作时间(t_1)、灌注时间(t_2)和填砂时间(t_3)，$T = t_1 + t_2 + t_3$。时间自主办方发令起开始计时，待选手完成桩基础制作后，举手示意，即停止计时，选手不可再接触模型，时间记为 t_1，由主办方进行桩基础模型的称重。

选用灌注桩的小组，桩基础称重完成后，进行桩内砂的灌注，时间记为 t_2。灌注后进行第二次称重，两次称重质量相减得到实际填砂质量 M。随后进行填砂计时，至模型槽砂填满并且整平完成后，选手举手示意，即停止计时，时间记为 t_3。

选用非灌注桩的小组，桩基础称重完成后可直接开始填砂计时，时间记为 t_3。

8)作品赏析

图 5-116 是河海大学代表队的桩基模型。绝大多数队伍

过分关注桩底的扩底设计，对于桩顶部这个直接受力区域没有足够重视，多采取顶部加厚的做法来增加刚度，防止顶部压屈。实际上，顶部是桩基础与加载柱直接接触的部分，直接承受荷载，桩顶强度直接影响桩与加载柱的贴合程度，影响整个桩基础的受力。针对这个问题，河海大学参赛队采取顶部外扩的设计来减弱消除接触部分的应力集中现象，同时在外扩部分与桩身之间设置加劲肋，用最少材料增加刚度、防止压屈，取得了较好效果。在桩侧构造上，通过多次试验验证与分析，考虑到基底附加应力向下传递是一个锥形分布，在桩长上部 1/4～1/3 处达到最大，因此，把桩侧扩瓣设置在距离桩顶 1/3 长度处，在节省材料的同时受力合理，以简单明了的结构承受最大荷载，且在竞赛现场控制沉降量达到最小。现场模型制作及加载如图 5-117 和图 5-118 所示。

图 5-117　河海大学基桩模型制作　　　　图 5-118　河海大学基桩模型加载

2. 2018 年美国大学生土木工程竞赛中太平洋赛区挡土墙赛——河海大学冠军作品解析

1) 赛题要求

设计并在内尺寸为 26in×18in×18in(长×宽×高)的胶合板模型槽中建造使用牛皮纸作为制作材料的受力稳定的墙面包裹式加筋挡土墙模型，示意图如图 5-119(a)所示，通过加载桶进行竖向荷载施加，通过附加支撑架进行水平荷载的施加，加载示意图如图 5-119(b)所示。

2) 材料及工具要求

(1)回填材料：风干建筑砂，粒径分布如表 5-1 和图 5-120 所示。

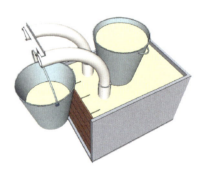

(a)挡土墙模型示意图　　　　　　(b)模型加载示意图

图 5-119　2018 年美赛挡土墙赛模型示意图

表 5-1　填砂粒径分布表

典型分布		下限分布		上限分布	
粒径/mm	比例/%	粒径/mm	比例/%	粒径/mm	比例/%
2.36	100.0	1.30	100.0	2.50	100.0
1.70	96.0	1.20	96.9	2.10	96.9
1.18	20.0	1.15	93.7	2.00	93.7
0.85	1.0	0.95	38.7	1.60	38.7
0.60	1.0	0.83	12.7	1.30	12.7
		0.70	2.0	1.10	2.0

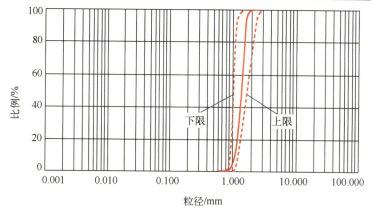

图 5-120　填砂粒径分布图

(2)墙体材料：规格为"60lb 的牛皮纸"，克重(Grammage)为 97.7g/m^2。

(3)制作及施工工具：参赛队自行准备。

3)挡土墙制作与施工要求

(1)参赛者须在现场施工前自行完成模型的制作。

(2)模型称重，精确到 0.01g。

(3)25min 内完施工，超时将被记录并扣分。

4)挡土墙加载方法

(1)拆除前面板，等待 1min 后检查挡土墙挠度及漏砂情况。

(2)在 1min 内完成竖向荷载(50lb)放置，再等待 1min 后检查挡土墙挠度及漏砂情况。

(3)在 1min 内完成水平荷载(20lb)放置，再等待 1min 后检查挡土墙挠度及漏砂情况。

5)评分标准

$$Score = R + 15(60 - M) + 5(10 - L) - 10N_{min} - 40N_{maj} - 2T - 20D$$

式中，R 为报告得分；M 为加筋纸的调整后质量，精确到 0.01g；L 为牛皮纸使用长度，以尺(1 尺≈0.33m)为单位；N_{min} 为次要犯规的次数；N_{maj} 为主要犯规的次数；T 为各个阶段中超过时间限制的总分钟数(向上取整，如 3min14s 向上取整为 4min)；D 为挠度评分。

6) 作品赏析

以本次比赛的冠军获得者——河海大学代表队的参赛作品为例。

如图 5-121 所示，将赛题要求荷载进行简化，结合土力学相关知识，计算墙面土压力理论值，并通过数值模拟验证理论计算结果。将作用在填土上表面的竖向荷载简化为一个局部的均匀竖向荷载，其主要的影响范围作用在挡土墙的下半部分；将支撑杆施加的水平荷载理解为一组由填土中竖向桩身转动而引发的不均匀水平荷载 q。由计算结果可知，水平荷载的施加对墙面土压力分布的影响是十分显著的，挡土墙中部将承受最大的土压力，这与单纯竖向静载下的土压力分布特征存在较大不同。在分层包裹式加筋挡土墙的分层和加筋条设计过程中应充分考虑墙面土压力的分布特性。

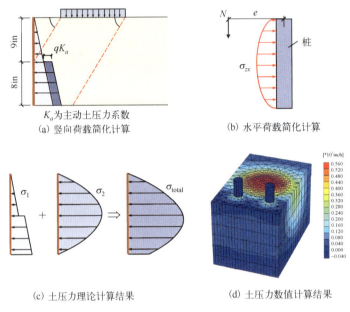

(a) 竖向荷载简化计算 K_a为主动土压力系数

(b) 水平荷载简化计算

(c) 土压力理论计算结果

(d) 土压力数值计算结果

图 5-121　土压力计算

土压力数值计算结果以沉降结果即竖向位移表示（单位：in），根据计算结果，进行挡土墙分层与加筋条布局设计。如图 5-122 所示，整个加筋挡土墙模型共分为 4 层，根据滑动带的位置，加筋条从上至下长度逐渐减短。每层包裹层的层高根据其受力和变形特性设计，例如，底层包裹层由于上覆填土量最大，经历施工时间最长，砂土最为密实，容易产生较大局部变形，应适当降低包裹层高度；顶层包裹层由于上覆填土量最少，密实度最低，单位面积加筋条受摩擦阻力最小，应适当降低包裹层高度，防止顶层倾覆而导致整体失稳。加筋条的长度则通过包裹层墙面土压力与加筋条拉力受力平衡计算确定。需要注意的是，加载过程是通过倒入一定质量的砂土来实现的，整个过程并非理想的静态过程，因此，应在局部应力较大处增大加筋条锚固力，提升模型的整体稳定性。此外，该模型相较于其他参赛模型具有一个较为突出的创新点——加筋条增设梯形尾部，起到大幅加强加筋条锚固、提高墙面整体稳定性的作用。通过对同样面积的普通矩形加筋条和梯形尾部加筋条进行相同条件下的抗拔试验发现，梯形尾部加筋条的抗拔力比普通矩形加筋条高39%，说明加筋条增设梯形尾部可以大幅增强加筋条与砂土之间的摩擦力和咬合力，加强加筋条在填土中的锚固作用，从而提升墙体的整体稳定性。具体现场施工及加载如图 5-123 和图 5-124 所示。

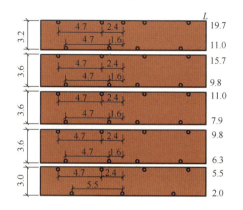

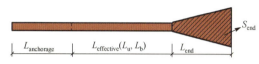

（a）加筋条布局示意图　（b）包裹层受力分析示意图　（c）加筋条形态设计示意图

图 5-122　模型加筋条布局与设计理念

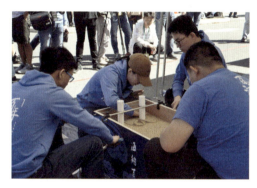

图 5-123　分层包裹式加筋挡土墙施工

图 5-124　分层包裹式加筋挡土墙加载

思　考　题

1. 利用木材制作一跨度为 30cm、宽 3cm 的桁架梁，要求能够承受均布荷载（总重 5kg），质量最轻者最优。

2. 利用纸质材料设计制作一截面为 15cm×10cm（宽×高）的格构柱，高 50cm，承受轴力 5kg，长轴方向弯矩 30N·m，短轴方向弯矩 30N·m，质量最轻者最优。

3. 利用木材和竹皮两种材料，制作如图 5-125 所示的悬臂结构，其中梁的悬臂长度不小于 400mm，梁至地面的净高不小于 300mm，整个结构的最高点不超过 350mm，与地面接触的柱及各种支撑不要超过以

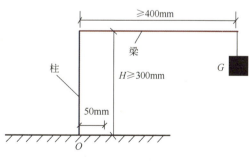

图 5-125　悬臂结构

原点为中心的 50mm 范围。悬臂梁的最远端悬挂重物，模型承载能力最强且质量最轻者最优。

4．利用竹条和竹皮两种材料，制作如图 5-126 所示的两层装配式框架结构，结构长边跨长 400mm，短边跨长 300mm，每层层高不低于 300mm，结构总高小于 650mm；结构由板、梁、柱组成，内部空间及柱间均不允许设置任何斜撑，其中柱不可以沿结构通长布置，梁、柱以构件形式组装且在形成框架后能够拆卸，节点为自行设计并采用题目提供的材料制作，楼面、屋面板均采用竹皮制作。模型制作完成后在两层分别施加 5kg 的均布竖向荷载，在不卸载的情况下在加载成功的模型顶部沿长边方向施加水平荷载，承受水平荷载最大且不发生破坏的模型最优。

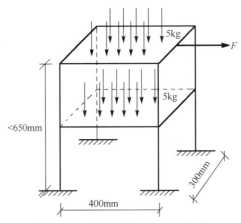

图 5-126　装配式框架结构示意图

5．利用牛皮纸制作一组挡土墙模型，在如图 5-127 所示的模型槽中进行挡土墙施工，填埋材料为风干标准砂。要求模型在分级加载条件下能够始终保持整体稳定性，且墙面最大挠度不超过 2cm：①后方填土自重作用；②30kg 竖向静载作用；③1kg 水平动载作用。加载示意图如图 5-128 所示。模型质量最轻者最优。

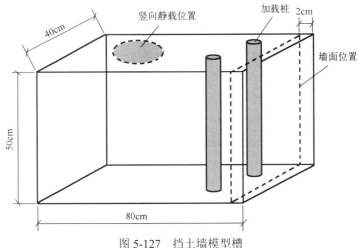

图 5-127　挡土墙模型槽

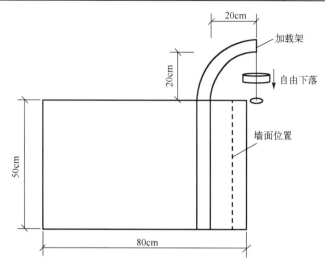

图 5-128　模型加载示意图

6. 利用 1.0mm 厚的灰底白纸板制作一组桩基模型，在如图 5-129 所示的模型槽中置桩，并用风干标准砂填埋，随后通过加载板分级加载，每级增量 10kg，两级之间静置时间间隔为 30s。要求砂层填筑到模型槽顶部，桩端不得进入下部 15cm 砂层；在平面上，基桩任何部位距模型槽内壁净距不得小于 3cm；模型至少能够承重上覆荷载 30kg，并保证沉降小于 20mm。模型承载力最强且质量最轻者最优。

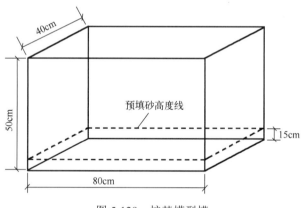

图 5-129　桩基模型槽

第6章 土木类大学生创训类竞赛进阶

6.1 如何做好创新训练项目

自 2011 年起，教育部根据《教育部 财政部关于"十二五"期间实施"高等学校本科教学质量与教学改革工程"的意见》(教高〔2011〕6 号)的安排，决定启动大学生创新创业训练计划(简称创训项目)，其中包含创新训练、创业训练和创业实践三类。由于土建工程自身的行业特点和相应高教领域的教育特色，目前，土木类大学生参与的创训项目多是以科技研究、创新实践为目标的创新训练。好的土木类创训项目在符合基本要求的同时，也应具备创新性、可行性和实用性，并能够对土木、交通行业及社会做出一定的贡献。下面简要介绍开展创训项目过程中需注意的几个问题。

1. 选题

选题是重中之重，决定创训项目的创新性、可行性以及研究价值，也限定了本科生在规定期限内能否顺利地完成项目。掌握选题的关键和方法后，应确定选题。课题设置的一般建议如下：①作为本科生选题，课题应在中小科学问题的实践层面，尽量不要过于追求学术理论层面；②课题要小而精，不要过大、过高、过难，在规定时间内(一般为 1 年)有能力完成该项目；③应查阅资料，确定课题的新颖性和可行性，掌握土木、交通行业的发展趋势，了解历年项目，确定自己项目与以往项目的不同之处及优点，不要做重复的课题。

2. 研究背景和意义

为什么做这个课题是每个申请创训项目的队伍必须要思考的问题。通常从两方面回答这个问题：一是课题很重要，必须要解决；二是解决该研究课题能给社会带来很多好处，即学术论文中必须涉及的"研究背景和意义"。如何用学术语言，清晰、缜密地阐述研究背景和意义，是申请人回答好"为什么做这个课题"的关键。

3. 研究内容

研究内容是为了达到创训项目的目的而展开的研究，通常是针对研究背景中存在的问题，提出自己解决问题的思路。研究内容是项目完成的几个主要步骤和内容，不能太多、太乱，各内容之间需有明确的主线，并能体现项目作品的可行性和创新性。内容要切题，结构要层次分明、逻辑严密、条理清楚、思路清晰。可将核心问题分解成 3~5 个次级问题，针对每个次级问题依次设置相应的研究内容。各研究内容之间在纵向和横向维度应具有合理的逻辑关系，研究内容之间不能互相包含，也不能没有相关性，所有研究内容可以整合为严密的整体。

4. 研究方法

研究方法是实现研究内容的支撑，一般包括文献调查法、观察法、思辨法、行为研究法、历史研究法、概念分析法、比较研究法等。研究内容的完成需要一系列紧密相关的流程，每个流程涉及不同的研究方法，选择合适的研究方法也是至关重要的。

5. 项目成效

每个项目选题都有其针对研究背景而产生的意义，以及其最终要达到的研究目的。而最终创训项目是否能达到课题设立之初拟定的目标，并产生何种效益，需要通过不同的方式进行验证和证明。选择合适的方式证明项目成效，不仅能更清晰地认识到该项目的意义所在，也能够更直观地向读者呈现出项目目标和优势。

6.1.1 如何做好土木方向创训项目

土木方向创训项目的实施流程如图 6-1 所示，主要包括选题与立项、过程与方式以及结题与展示三个环节。结合土木工程的学科特点，立项内容主要有理论推导类、试验研究类和数值研究类等，实施方式主要有理论研究、试验研究和数值模拟等。参加创训项目的大学生在每个环节上均应有相对明确的认知，以自身为主体，处理好细节，以获得项目的成功。

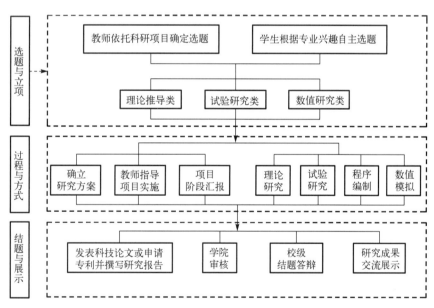

图 6-1 土木方向大学生创新创业训练计划的实施流程

1. 选题与立项

与大学课堂教学相同，创训过程也需遵循"双主"原则，即教师的主导性和学生的主体性。一方面，教师出题的时候应把握好选题的难易程度。由于大学生缺少足够的专业知识，技术难度的把握非常具有挑战性。另一方面，大学生如果想成功完成创训项目，应充分发挥自己的主观能动性，主动和指导教师交流，深入了解课题，及时完成选题难度的修正，从而保障自己更好地完成创训项目。

1) 选题类型

大学生选题分为两类：一类是教师立项类，即教师依托科研项目直接确定课题或者给学生提供多个课题以供选择；另一类是学生立项类，即学生根据专业兴趣自主选题。针对教师立项类，指导教师根据所承担的科研项目、教学任务等拟定项目名称，并撰写立项报告，然后学生组队申请对应项目，并在立项教师的指导下实施和完成项目；学生立项类则是学生作为项目负责人，结合自身感兴趣的专业问题进行立项申请，并邀请有关教师作为指导教师，指导实施和完成项目。相比之下，教师立项类项目通常是其科研的一部分，具有较好的资金保障和一定的研究基础，而且有研究生作为导师助手协助指导，项目的创新性和科技水平也都经过了一定的前期论证，是创训项目的主要来源。

大学生创训项目立项主要有理论推导类、试验研究类和数值研究类等，根据大学生的知识储备，大部分学生选择试验研究类的创训项目。这主要是因为理论推导类和数值研究类均要求学生具有较强的理论基础，难度相对较高。当然这三者不是完全隔离的，也可以在同一个项目中以试验研究类为主，辅助以数值研究或者理论推导。

2) 自主选题的关键

创训项目的初衷是培养学生的思考能力和动手能力，鼓励大学生自主选题，所以，抓住自主选题的关键也很重要。

(1) 掌握新问题或热点问题。

随着社会经济发展，土木工程领域出现了很多新问题和新事物。解决这些新问题通常伴随着创新性，这是创训项目立项的重要方向。国家定期发布的五年规划，中华人民共和国住房和城乡建设部(简称住建部)及中华人民共和国交通运输部(简称交通部)定期发布的主要立项课题，中华人民共和国科学技术部(简称科技部)定期发布的科研选题方向，都是为近期新出现的土木工程问题而设定的研究热点。申报者可以根据以上信息确定创训项目选题，以保证作品的创新性、实用性、可行性。

例如，2017 年科技部公布的"十三五"国家重点研发计划中有"绿色建筑及建筑工业化"，该重点专项包含的内容与传统土木比较相关的有：①绿色建材；②绿色高性能生态结构体系；③建筑工业化；④建筑信息化。大学生可以结合自己所在学校的优势选择相关的方向，进一步细化，找到合适的选题内容。例如，在方向②中涉及的绿色高性能生态结构体系的研究，与平时课程所学的"钢筋混凝土结构"和"钢结构设计"关系密切，大学生可在接触了这些课程后探索生态结构的性能研究。又如，当前国内很多城市在夏天饱受内涝的问题，为此提出了"海绵城市"的发展计划。在"海绵城市"的发展中，需要用到透水混凝土，如何研制这种材料，既保证有一定强度又有透水性也值得大家研究。

(2) 具有一定的好奇心。

大学生正处于富有精力和激情的年龄阶段，有着极强的好奇心和学习潜力。大学生不应被动地接受老师和书本传达的知识，而应以自己的知识为基础，带着怀疑与好奇心去看待老师传授和书本讲述的知识，并通过研讨和查阅资料判断知识是否正确，是否存在缺陷。

若存在问题，应该如何改正。教材中的很多理论会有前提和假设，如果这种假设不被满足，该如何处理。例如，《土力学》中的太沙基一维固结理论有多条假设，如果有假设不满足，该如何计算土体的固结。又如，"材料力学"课程有四条基本假设，如果有假设不满足，又该如何计算结构构件的内力和应力。带着这种怀疑和好奇心，就有可能有新的发现，并可能发展为创训课题。例如，"土力学"课程讲述到渗流时提及了管涌和流土的区别，由此引发了学生对上述两种破坏问题的好奇心，然后学生自主选题，并通过与老师的交流，确定了创训项目——不同围压及变水头条件下堤防侵蚀型管涌试验研究。除了具体的知识点，很多学生对科研充满了好奇心，想了解科研是怎样的一个过程，并想通过已学的知识去完成一件未知的事情，锻炼自身的主动学习能力。例如，在一个题为"PCC 桩桩身变形监测和桩土相互作用研究"的创训项目中，监测手段用到了光纤，学生最初的兴趣是被如何利用一根普通的光纤去测量桩身的温度和应变所激起的。可见，大学生对学习的好奇心和对知识的探索精神，能够促成很多创训项目的立项和选定，也是促成自主选题的关键。

3）立项前的准备工作

（1）理性组队。

学生在选题时应判断自己或者整个团队是否感兴趣，并应根据选题的难易程度确定自己或者整个团队能否胜任。有些学生本身对创训缺乏兴趣，一旦在项目过程中遭遇挫折和困难，就会选择放弃，影响整个团队的进展。为此在选题阶段，大家应该理性组队，在有兴趣的前提下，确保大家能够取长补短，充分发挥每位组员的优势。

（2）阅读文献。

为了加深对选题的认识，大学生应该学会如何使用学校图书馆的文献数据库，这也是创新训练的一个重要环节。大学生可通过选题的关键字，自行查阅文献，优先阅读本领域内顶级期刊上的论文。目前常用的中文文献数据库有中国知网、维普和万方等，常用的英文文献数据库有 Science Direct、Engineering Village、ISI Web of Science 以及 Springer Link等。同时，也可以选择阅读先前相近创训项目的结题报告及相关的毕业论文，或者参加指导教师课题组的学术讨论，以增进对选题内容的理解。针对检索到的文献或者论文，通过阅读其摘要、引言和结论判断其与选题的相关性，对相关性比较高的需要进一步精读，明确文献的研究内容、研究方法以及研究方法的使用条件、难易程度、精度、优点和缺陷等。通常文献的不足有以下几点。

①研究对象的范围有限：例如，在钢筋混凝土结构防连续倒塌的研究中，大量的研究关注钢混框架的防倒塌性能，而对于框架结构中的填充墙以及楼板关注相对较少。那么填充墙和楼板是否对结构的防倒塌性能有影响以及有多大的影响，需要进一步研究。

②方法使用范围受限：例如，隐式有限元法在分析结构的静力性能方面非常适用，但是如果需要研究结构的大变形性能，隐式有限元法在应用时可能因为单元变形过大而导致无法收敛，无法获得理想的结果。这时就需要考虑其他方法，如显式有限元法或者离散元法等。

③方法的难易程度：例如，在数值模拟砌体填充墙的性能时，在有限元模型中，可以把砌体和砂浆等效为一种均质材料，采用弥散模型，也可以将砌体和砂浆当作两种材料分别建模考虑。其中前者的均一化处理比较简单，后者更为精确但是难度也更高。

④方法的优缺点：例如，在结构构件测试中，可以采用力或者位移控制来实行加载方

案。力控制可以比较精确地反映结构构件的极限承载力，但是过了该承载力后的结构性能就无法展现了；而采用位移控制可以较好地展示结构构件的完整抗力曲线，甚至包括软化段，但是其在承载力的精度上相对偏弱些。

文献分析一定要客观，既要客观地肯定文献的优势、已取得的成果，也要辩证地总结文献有待进一步研究的问题，从而确定项目的研究特点和突破点。

（3）细化内容。

在充分理解选题的基础上，需要细化立项内容，从而增加项目的可行性。例如，指导教师给出一个基本的创训立项议题——南海礁砂土坡的稳定性研究，该议题研究内容较广，这就要求小组成员自己细化并确立具体的研究内容。创训小组成员通过查阅大量文献，比较类似的研究内容，借鉴其中的研究方法与手段，选定了几个研究内容，最终通过与教师讨论确定了"坡度、降雨和水位对南海礁砂土坡稳定性影响的试验研究"这一确实可行的项目课题。

2. 项目实施

创训项目与课程学习的最大区别在于创训项目需要学生边做边学，是以解决问题为核心的主动学习。这就要求大学生依据选题确定的研究内容自主学习，确定合适的研究技术路线，并选择科学的实施方法，从而保证项目的有效实施和顺利完成。

1）研究技术路线

土木方向创训项目实施的研究技术路线并不是完全独立的，也可以相互组合使用，主要包括以下几种。

（1）理论研究。

理论研究类似于大学生数学建模，通过一定的理想化假设，去粗取精，呈现研究对象涉及的核心问题，之后通过数学模型对所研究的对象进行描述。然后对模型进行求解，研究模型中各个参数在一定合理取值范围内对研究对象的影响，解释研究对象的内在机理和规律。在对数学模型进行求解时，未必能够推导出解析解。若不能，还需要通过编制程序，以数值的方法求解模型。除了采用常规的 C、C++以及 Fortran 语言编程求解模型，软件 MATLAB、Maple 以及 Mathematica 更加适合数学模型的数值求解。

（2）试验研究。

试验研究是对研究对象进行实物的研究，其中试验方案的确定至关重要。针对结构力学性能测试的试验方案包括构件设计、加载方案、约束方案以及测量方案。以简支梁测试为例，其加载方案和约束方案比较固定，而构件设计和测量方案的确定取决于研究目的，即要研究什么类型的简支梁以及哪些信息需要通过试验获取。比较常见的测量信息包括应变、位移和力等。每种物理量的测试需要采用不同的传感器和数据采集器，所以试验前，还需了解传感器原理以及数据采集器原理，确保试验的顺利开展。试验过程中，及时记录数据，并辅助以图片。试验结束后，则需进一步对试验数据进行处理，通过绘制试验曲线和制作表格，反映测量方案是否成功，以及试验目的是否达成。若不成功，则需进一步改进。

（3）数值模拟。

数值模拟是运用成熟的数值算法，如有限元法和有限差分法等，通过可视化软件对研究对象进行数值模拟试验。数值模拟相对于试验研究成本较低，但是由于数值模拟涉及较多的数值算法背景以及各类材料模型参数的取值，数值模型的准确性通常需要与已有的试验结果进行比对验证加以证明，只有验证过的数值模型才可以用于进一步的参数研究。

数值模拟的流程包括模型前处理、模型求解和模型后处理。前处理是建立模型、划分网格、赋予单元类型以及材料特性、施加边界约束和指定加载方案。模型求解是将所建数值模型在上述指定条件下的平衡状态展现出来。模型后处理则是将整个加载历程或者某个加载时刻下的物理信息展现出来，包含内力、应力、变形和应变等，而这些物理信息将用于描述研究对象的性能和机理。

2) 科学的实施方法

创训是一个探索过程，下一步会产生怎样的结果、能不能达到自己预期的目标，并不是完全确定的。为了在有限时间内成功完成创训项目，需要合理规划，采用科学的实施方法。

(1) 分类思想。

当研究内容较多或目标比较明确时，需要进行合理分类，确保后期研究能做到准确对应和有的放矢。例如，在创训项目"塑钢纤维混凝土的动态力学性能研究"中，需要测试的混凝土试件数量很多，为此，可按照待研究参数，如材料强度、纤维掺量和加载速率等进行分类，对所研究的试件进行合理的命名编号，从而可有效地与试验数据做到一一对应。而在创训项目"钢筋混凝土框架结构倒塌的模型破坏研究"中，需要制作两个小比例模型结构，并施加重力荷载，然后分别研究在不同单柱移除工况下(一个角柱失效和一个边中柱失效)的结构动力响应以及倒塌模态。对不同工况需要的测量方案需要做不同的调整，从而记录关键信息。

(2) 控制变量思想。

当影响参数较多，而又想掌握每一个参数对研究结果的影响时，可以采用控制变量法，即持续变化待研究参数而同时保持其他参数不变。例如，创训项目"坡度、降雨和水位对南海礁砂土坡稳定性影响的试验研究"聚焦于三个参数，即坡度、降雨和水位。为了逐一考察每个参数对南海礁砂土坡稳定性的影响，都会保持另外两个参数不变。又如，创训项目"浅埋结构抗冲击性能研究"中，研究上覆土层厚度、浅埋结构的顶板厚度及配筋率对浅埋结构抗冲击性能的影响。在研究上覆土层厚度影响时，保持浅埋结构的板厚及配筋率不变。

(3) 类比思想。

类比思想强调的是对知识的迁移能力。例如，在创训项目"PCC 桩桩身变形监测与桩土相互作用研究"中，其创新点是将光纤技术用于监测桩身的应变，借鉴了光纤在其他结构变形中的监测思路和技术方法。又如，在创训项目"桥面工程除冰能量桩系统优化设计与热力学特性研究"中，在研究能量桩储热时缺少方法，但是可借鉴地源热泵的规范方法。再如，混凝土和岩石两种材料都属于抗压能力强、抗拉能力弱的材料，两者的研究方法一定程度上也可以相互借鉴。所以采用类比思想，需要敏锐地捕捉到不同对象的共同点。

创训项目中科学的实施方法有很多种，这里不一一列举，仅以上述例子抛砖引玉，关于科学方法的介绍也可参考第 3 章。

3) 实施过程的建议

通过作者的问卷调查，本科生得出如下有助于创训项目实施的共识。

(1)制定研究计划和项目进度表,严格按照时间来完成创训项目,尤其要充分利用暑假和寒假的时间,尽量争取提前完成项目。时间抓得紧,才能拥有主动权,才能有足够的时间撰写论文和专利,一旦时间不足,往往导致创训项目草草收场。

(2)创训小组成员应具有较好的团队协作精神,彼此任务分工明确,组员独立承担起各自的任务,保持良好的沟通,同时又能相互鼓励、相互支持,克服研究过程中遇到的困难。

(3)定期向指导教师汇报进度,和教师保持良好的沟通,让指导教师对研究方法进行适当的把关。遇到不懂的问题和疑惑,小组成员聚到一起讨论,力图自行解决,若找不到解决方法,可及时向教师和学长请教。

(4)在试验阶段,也需要多读文献。

3. 项目实施的技术成果

在项目实施过程中取得的成果,可以总结并转化为期刊论文和专利。而论文和专利的撰写均具有相应的格式,需要指导教师严格把关。由于很多学生是初次撰写科技类论文,撰写之前还需多阅读相关文献,学习别人的组织架构与表达方法。

4. 项目结题与展示

项目结题是对大学生创训项目的实施情况以及取得的成果进行的全面检查,同时也是学生自己对整个项目的梳理总结和归纳。学校或学院会对立项时期计划的成果数量(如发表论文、授权、申请专利等)进行核查,并进行答辩,以保证创训项目完成的质量。

对于优秀的创训成果可以海报或展板甚至辅助以研究产品的形式进行展示和交流,这既是对优秀团队及指导教师的鼓励和宣传,又可让更多教师和学生了解创训项目的魅力,提升教师和学生参与创训的积极性。

6.1.2 如何做好交通方向创训项目

本节以创训项目需注意的几项问题为出发点,对项目作品从构思到完成的过程进行阐述。

1. 选题

本部分先阐述项目选题的关键,分析交通方向创训项目的选题范围及往年项目选题规律,并介绍几种简单有效的选题方法。

1)选题关键

(1)符合主题要求。

首先,交通学科的作品,可以改进交通方法和技术、提高交通效率、改善交通环境、保障交通安全、促进交通行业的发展;其次,应根据项目研究领域选择相应的主题。

(2)具有创新性。

作品的创新性应考虑两点:一是从哪些方面实现创新;二是作品创新性的表现形式。古语“人无我有,人有我优”诠释了创新性的定义。简单的理解是,别人没有的东西,我们有了;即便大家都有的东西,我们的比别人的更好。学术上可理解为“新”、“借用”和“改进”三个层次。

"新"表现为发现了一种全新的交通材料，解决了一个从未解决的交通问题，设计了全新的交通模型或实验方案，提出了一种全新的交通理念、技术、方法。例如，2017 年国家级创训立项课题"基于不同空间表现尺度的混合交通流仿真系统开发"创新性地提出将不同空间尺度的交通流模型进行混合建模，能够融合微观和宏观交通流模型的优势，用于大规模交通网络的高精度建模，是一个全新的方法理念。

"借用"是将其他领域已有的方法、理论等应用于交通领域，进而解决交通领域的问题。例如，2021 年国家级创训立项课题"面向车路协同的车辆换道行为建模及仿真分析"将物理学中的电场理论应用到交通安全分析中，对车路协同环境下的车辆换道行为进行了建模和分析，以保证驾驶安全。

"改进"是对现有的交通技术、方法、实验方案、理论、设备进行优化，使其在精度、便捷性、性价比等方面变得更佳。例如，2022 年省级创训立项课题"雨天行人过街行为特性分析与多智能体仿真"从雨天行人穿戴雨具过街的特征出发，考虑到降雨的随机性以及真实现场的复杂性，提出了行人过街行为特性观测实验的模拟方案，以较低的成本为雨天城市多方式交通行为的分析提供了可靠的数据观测方案。

因此，作品的创新性可以从"新"、"借用"或"改进"三个方向实现。

创新性有两种表现形式。一种是技术创新。该表现形式主要应用于交通规划与管理工程和载运工具运用工程、道路与铁道工程参赛主题中，主要包括在交通规划、设计、管理、控制等过程中提出新方法、新理论以及新系统等。另一种是产品创新。该表现形式主要应用于交通信息工程及控制和载运工具运用工程、道路与铁道工程参赛主题中，包括在交通基础设施的设计、建设、施工等过程中提出新设备、新材料等。

（3）具有可行性。

可行性是项目不仅在理论上是先进的而且在实际中行得通。可行性表现在以下几点：

①科学可行性，应保证在科学上成立，不违反客观规律；

②社会可行性，符合国家政治体制、法律道德、方针政策、经济结构等要求；

③技术可行性，按照现有的理论基础和技术条件可以实现，保证技术合理，而不是看不见摸不到的空中楼阁；

④经济可行性，性价比要高，用最少的价格实现最佳的效果，而不能是实现作品付出的代价远大于作品的收益；

⑤风险可行性，有些项目可能带来一定的环境破坏等损失，应保证其风险远低于收益；

⑥可完成性，学生可完成性是最重要的一点，项目一定是本科生能在规定时间内完成的课题。

（4）具有实用性。

实用性应满足以下几方面：

①项目要能为交通行业服务，解决实际和重要的交通问题，若研究对象不是交通领域中存在的问题或者是交通领域中很弱的问题，则没有研究的必要；

②应尽量满足大多数人的交通要求和需要，仅能满足小部分人的要求和需要的项目不具有实用性；

③应能应用于大多数交通环境中，若项目的使用条件较苛刻，仅在某些特殊的交通环

境中使用，则实用性不佳；

④项目的用户接口及界面应充分考虑人体结构特征及视觉特征进行优化设计，界面尽可能美观大方，操作简便实用。

例如，手机地图导航软件能够有效提升用户出行效率、优化出行方式、避免城市交通拥堵加剧。导航软件界面可实现定位、目的地搜寻、路径推荐、实时导航等功能，界面可读性强且操作直观简洁，青少年和成年人均容易上手使用。因此，手机地图导航软件具有实用性。

2) 选题范围

交通是一个复杂的系统，可供选择的主题多种多样。本部分以高水平的创训立项课题为例，从不同角度解析交通方向创训选题范围，以供读者参考。

(1) 运输方式。

交通运输工程包括道路运输、铁路运输、水路运输、航空运输、管道运输五种方式，每种运输方式均可作为创训的选题。另外，多式联运是当前交通运输发展的重要方向，通过两种以上运输方式的结合，充分发挥各种单一运输方式的优势，实现扬长避短。

(2) 道路运输。

道路运输系统包括人、车、路、环境四部分，随着信息技术的发展，交通大数据、智慧交通已成为道路运输的研究热点。人、车、路、环境、交通大数据、智慧交通均可作为项目主题。

人包括行人、驾驶员、乘客等交通参与者以及交通管理者等，可以从保护行人、保证驾驶员驾驶安全、为乘客提供安全舒适的乘车环境、为管理者提供快速及时的管理方案等方面选题。

车包括小汽车、公共汽车、自行车等出行工具，可以从车辆自动驾驶、公共交通优先、绿色交通、停车场设计等方面选题。

路包括公路、城市道路、交通设施，可以从道路新材料、线路几何设计、道路养护等方面选题。

环境包括照明、绿化、标志/标线、护栏、限行、限速、单行、控制等交通环境及自然与社会环境，可以从新材料、新方法等方面考虑。

交通大数据包括数据采集、数据传输、数据处理、数据挖掘、数据发布等环节，可为交通系统决策提供自动化的数据支持。

智慧交通包括先进的出行信息系统、先进的交通管理系统、先进的公共交通系统、路径导航系统、突发事件管理系统、电子支付系统等。

(3) 研究热点。

近阶段，交通安全、通行效率、节能减排、智慧交通、交通大数据分析、保护弱势交通出行者等方向是研究热点。

(4) 表现形式。

项目的最终表现形式可以是方法、设备、材料、系统、软件、设计等。

3) 选题方法

掌握选题的关键和范围后，应确定项目选题。有的学生可能用几个月的时间筛选主题，浪费宝贵时间。本部分介绍几种简单有效的选题方法。

(1)抓住新问题或热点问题。

随着社会经济发展,交通问题越来越严重,并出现很多新问题。解决交通涌现的新问题是大赛选题的重要途径。国家定期发布的五年规划,交通部及住建部定期发布的主要立项课题,科学技术部定期发布的科研选题方向,都是为近期新出现的交通问题而设定的研究热点。学生可以根据以上信息确定大赛选题,以保证作品的创新性、实用性。也可通过关注社会重大交通新闻,确定项目主题。

例如,近年来,国家不断强调交通系统的科技创新与智慧发展。2019 年 9 月,中共中央、国务院印发《交通强国建设纲要》,部署大力发展智慧交通,推动大数据、互联网、人工智能、区块链、超级计算等新技术与交通行业深度融合。2021 年国家级创训立项课题"面向车路协同的车辆换道行为建模及仿真分析"正是以"车路协同"这一新兴技术为研究对象,分析不同类型车辆的空间安全特征和安全换道条件,开展仿真研究,以提升车路协同环境下城市交通运行的安全性和效率。

(2)将不可能转为可能。

随着科技日新月异的进步,以前交通禁止的事情或者暂时不能实现的事情,借助科技的力量,也可能实施或成为可能。虽然暂时交通禁止或不能实现,但对人类和社会有意义的课题,往往能形成有价值的参赛课题。

例如,由于成本和技术等原因,驾驶员无法实时获取限速信息,导致超速后没有及时获得提示和管控,从而引发交通事故,特别是在隧道这样封闭的环境下更容易造成严重后果。创训项目"基于驾驶行为特性的道路防追尾系统研究"在驾驶员视觉特性基础上提出了隧道内实时限速的发布提示方案,让超速驾驶员能够及时获取提示,创训课题衍生的相关作品获得了 2019 年全国大学生交通科技大赛的二等奖。

(3)运用学习积累。

大学生教材中会写明理论、方法、观点的使用条件和不足,匹配理论、方法、观点的使用条件,弥补理论、方法、观点的不足,都是对交通行业的巨大贡献。通过查找教材理论、方法、观点的使用条件和不足也可以确定项目主题。另外,实验过程中,可能发现实验结果与已有知识相悖或不同,甚至失败,不要忽视这个问题,要认真分析问题产生的原因,可能就会有新的发现,进而设定项目主题。

例如,在学习交通安全课程中可以发现,城市隧道和高架是交通事故黑点且救援难度大。目前相关研究多在理论建模分析阶段,在实践中对于缺少车道灯的高架路段,很难封闭出一条临时安全车道,救援难度大;没有系统的管制措施,存在一定的安全隐患。创训项目"城市隧道及高架道路交通事故逆向救援方案"针对交通事故发生条件下正向救援方式受拥堵影响严重、到达事故现场速度缓慢的现状,在现有救援措施的基础上,通过改变该车道的行驶方向,隔离出一段用于清障车和救护车逆向通行的临时安全车道,由于想法独特、研究路线完备,基于该项目的作品获得 2017 年全国大学生交通科技大赛一等奖。

2. 研究背景及意义

1)研究背景

研究背景应能明确表达出"在目前交通环境和未来交通发展趋势情况下,必须要做这件事情；不做这件事会给社会造成巨大损失"的意思。

证明事情必须要做的角度很多，如研究主题存在诸多问题，目前的研究或措施不能有效解决问题，给社会造成巨大财产生命损失等。列举相关证据时需注意两点：一是证据应是全面的，且证据之间应有递进的逻辑关系，切忌片面杂乱无章的证据链，因此，阐述证据时，应先说明研究对象的重要性，再说明研究对象存在的问题，证明研究对象是研究热点，最后说明研究存在的不足；二是尽量用客观的数据描述证据，避免使用主观性文字。

(1) 研究对象的重要性。

重要性可以从研究对象在交通中的地位、产生的经济效益、获得的社会效益、对人类活动的贡献等方面阐述。若研究对象为高速公路，可以说明"2021 年底，我国高速公路通车里程达到 16.91 万公里，占公路总里程的 3.30%。完成了全社会公路营业性货物周转量 40.79%、全社会公路营业性旅客周转量 40.76% 的运输任务"。若研究对象为高速公路出口匝道，可以说明"我国高速公路沿线分布有大量的产业接驳需求，畅通的进出口匝道设计能够保障地方经济与道路设施系统的畅通融合"。

(2) 研究对象存在的问题。

对交通行业而言，存在的直接问题主要是交通安全和通行效率，间接的影响包括因交通事故和拥堵造成的经济损失、环境污染等。若高速公路匝道的交通安全存在问题，可以说明"匝道的路线长度占整个高速公路长度不到 5%，而 30% 的高速公路交通事故发生在匝道上"。若说明交通拥堵造成的危害，可表述为"交通拥堵带来的经济损失占城市人口可支配收入的 20%，相当于每年国内生产总值 (GDP) 损失 5%～8%，每年达 2500 亿元"。

(3) 热点分析。

研究热点可以从三方面描述：第一种是罗列国家的相关政策、指导文件等；第二种是分析研究数量；若前两种没有找到相关资料，可以通过分析调查结果的方法证明研究对象是热点问题。

例如，证明路面智能沥青摊铺是研究热点，可以这样说明，2021 年《国家综合立体交通网规划纲要》明确指出："加快推进绿色低碳发展，交通领域二氧化碳排放尽早达峰""加快提升交通运输科技创新能力，推进交通基础设施数字化、网联化"。习近平主席在第二届联合国全球可持续交通大会上指出："坚持生态优先，实现绿色低碳"。建立绿色低碳发展的经济体系，促进经济社会发展全面绿色转型，才是实现可持续发展的长久之策。要加快形成绿色低碳交通运输方式，加强绿色基础设施建设，推广新能源、智能化、数字化、轻量化交通装备，鼓励引导绿色出行，让交通更加环保、出行更加低碳。

中国知网 (CNKI) 和汤森路透 (JCR) 具有对其数据库内论文统计的功能，可以分析某类研究对象在一定时间的论文发表数据，进而得到在学科中的发表比例、各学科近几年发表论文数量的增长比例、某种研究方法的引用率、某研究方向的最新进展等。通过分析结果可以说明研究对象是研究热点。

调查也是一种反映研究对象是热点的手段。可以通过随机抽样调查的数据分析，证明被调查人员认为该问题很重要，应尽快解决。

(4) 现状分析。

现状分析不仅包括文献资料的研究现状分析，还包括现有应用现状分析。文献应包括近几年发表的论文、报告等资料，可以代表研究趋势、研究前沿的技术或方法。也应包括发表年代较早，但经典的学术论文、报告等资料。文献研究现状分析是重点，须明确文献研究对象，采用了何种研究方法，研究方法的使用条件、难易程度、精度、优点、缺陷，研究方法是否经过实例验证等。在对文献进行分析后，应对相关文献进行总结，分析目前学术研究可以改进之处。当文献较多时，可按研究内容将文献分类，对每类文献进行分析后，再总结学术研究可以优化之处。文献不足之处主要包括以下几点。

①某对象的研究缺失：例如，交通流的相关理论多建立在高速公路这样的连续流基础上，但对一般公路上的中断流研究较少。随着物联网的发展，一般公路最终会纳入物联网之中。由于缺少一般公路中断流的研究，其纳入物联网有一定难度。

②方法使用环境受限：例如，交通事件检测方法多应用于交通流较多的情况，当交通流处于低峰时，很难检测出交通事件。实际上，低峰时段，如黑天，发生的交通事件数量较多，后果严重。因此，交通事件检测方法应尽可能检测出各种流量状态下的交通事件。

③方法的难易程度：有些方法实现起来十分复杂，造成计算时间长、操作容易失误、实现较为困难等问题，对于参加交通科技大赛的作品而言，若复杂和巧妙方法的效果相差不大，能用巧妙方法解决问题，尽量不选用复杂方法。例如，交通事故救援需要争分夺秒，若检测时间长，则影响救援效果。

④方法的系统性：创训项目本身是一项系统性研究，各部分研究内容之间具有关联性，因此运用的研究方法也应当成体系。另外，创训项目研究本身具有一定的前沿性，在适配研究对象特点的基础上，所选择的方法应当具有一定复杂度，从而体现研究工作的难度和工作量。

⑤方法的精度：研究精度的提升往往与其他指标相互冲突。例如，交通事件检测效果除了包括平均检测时间 (MTTD) 指标，还包括检测率 (DR)、误报警率 (FAR) 两个指标，通常情况下两个指标相互制约，检测率越高，误报警率也越高，而现实情况是需要检测率高、误报警率低的检测方法。因此为保证检测率牺牲误报警率或者保证误报警率牺牲检测率的检测方法都是存在问题的方法。

⑥方法的优缺点：交通中有些复杂的方法如神经网络，具有很强的非线性拟合能力，可映射任意复杂的非线性关系，而且学习规则简单，便于计算机实现等，但也具有不能解释模型推理过程和推理依据，需要大量数据进行学习，当数据不充分的时候无法进行工作等不足。目前相关数据驱动手段已得到长足发展，各种新方法不断被提出和应用，例如，支持向量机回归就能够在小样本下取得不错的预测效果，克服了神经网络的局限性。因此在项目开展过程中应充分了解各种方法的优缺点，选择与研究问题特点相匹配的方法进行应用或创新改进。

⑦实例验证：没有经过实例验证的方法值得质疑，用建立模型的数据验证可行性的方法会让人对其效果产生怀疑，用特定数据验证可行性和效果的方法也存在问题。如果文献存在以上情况，可认为文献存在缺陷。

应用现状分析与文献研究现状分析相似，本部分不再赘述。应用情况的不足包括耗能高、制造费用多、操作复杂、携带困难、界面不友好、精度不高、无法满足一部分使用需求、建造材料不易获得、经常发生故障、特殊区域不能使用等。

2）研究意义

研究意义包括学术意义、实践意义两个方面。描述项目的学术和实践意义时，要写得具体、有针对性，不能漫无边际地空喊口号。无论何种研究意义，都应能解决研究背景中提出的问题。

（1）学术意义。

学术意义是指对于学科理论体系的构建和研究意义。可以利用其中的思想方法、观点和规律，解释一些社会问题和自然现象，主要是一些关于人、世界、宇宙、人的认识等是怎样产生的，这类追根寻源的问题。可以与以前研究相比，作品增加了什么内容，有什么新的见解；与同时代研究相比，有什么突破之处，在某个理论体系中起了什么作用；作品在后续研究中，为理论发展起到何种促进作用，为一种理论体系的完善增补了什么等方面描述。

方法、材料等表现形式的项目可重点阐述其学术意义。方法的学术意义可体现在将某种方法引入一个新的领域，如扩大方法的适用条件，提高方法的精度，降低方法的误差，缩短方法的计算时间，克服方法的缺点等。材料的学术意义主要体现在发现材料的新特性，提高材料优势方面的特性，降低材料劣势，发现材料新的规律，将材料用于新的领域等方面。

（2）实践意义。

实践意义在于可以利用其中的思想方法、观点和规律，指导、分析、判断具体实践活动中遇到的问题和现象。实践意义相对学术意义更具体、更物质和更客观。设计、材料、软件、系统、设备表现形式的项目均有很强的实践意义。可以从成本、效率、实时性、效果、节能等方面描述作品材料的实践意义，或是强调其可以更好地保障人的生命安全、减少社会的经济损失、降低环境污染程度、保证社会的稳定性。为体现实践意义的客观性，可用具体数字说明。

3. 研究内容

本部分重点介绍交通规划与管理、交通信息工程及控制、载运工具与道路铁道工程三个主题的研究内容。

1）交通规划与管理

交通规划与管理主要研究交通运输系统规划设计与决策管理的理论与方法。通过对交通运输系统的综合规划设计与评价，以及对交通运输系统运营过程的科学管理，优化交通运输系统资源配置，协调交通供需关系。主要研究方向包括交通规划、交通设计、公共交通组织、交通安全和交通管理与控制等。

（1）交通规划。

交通规划运用定性与定量分析相结合的方法，权衡规划区的交通发展，以一定交通资源条件下的交通需求与交通供给的动态平衡关系为研究基础，研究在规划区内修建适度的交通设施，选择合理的交通方式，为出行和经济发展提供交通条件。参考教材包括《交通工程学》、《交通规划原理》、《交通调查与分析》、《城市交通》、《城市交通网络分析》、《交通区位理论》、《道路勘测设计》和《运筹学》。

(2)交通设计。

交通设计运用数学、物理定律来描述交通特性，并根据用路者的特性改进交通设计方法，力求设计出符合人的生理、心理、行车规律及相关交通规范的交通设施。参考教材包括《交通工程学》、《交通流理论》、《交通设施设计》、《道路通行能力分析》、《交通行为学》、《交通系统分析》和《道路勘测设计》。

(3)公共交通组织。

公共交通组织以客流分布为依据，结合路网规划和交通设计相关知识，应用系统工程学的理论，统筹优化的相关知识，设计公共交通全部路线的起讫点、路径及各路线之间相互衔接的最佳布局方案。参考教材包括《城市交通网络分析》、《交通枢纽规划与设计》、《停车场规划与设计》、《公共交通运营管理》、《城市公共交通组织与管理》、《交通需求管理》和《城市公共交通规划的理论与实践》。

(4)交通安全。

交通安全运用系统论、信息论、控制论的原理和方法，综合分析影响交通安全的道路条件、交通条件和环境条件，揭示产生交通事故的机理和规律，科学地预测、预报交通事故，从而保证道路交通安全。参考教材有《交通工程学》、《道路交通安全学》、《道路交通工程设施设计》、《交通安全与环保》、《交通设计》、《交通工程设施设计》、《道路勘测设计》和《概率论与数理统计》。

(5)交通管理与控制。

交通管理与控制运用管理科学、系统科学和控制论的原理组织、诱导交通，以期减少拥堵、提高安全水平、最大限度地利用交通空间。参考教材包括《交通工程学》、《交通管理与控制》、《交通管理技术》和《交通组织》。

2)交通信息工程及控制

交通信息工程及控制以信息技术在交通运输领域中应用为核心，是控制、通信、计算机、微电子、信息等技术在交通领域中的交叉集成应用。在动态实时交通数据的基础上，将先进的信息技术、通信技术、控制技术、人工智能技术、安全技术等进行有效的集成，并应用于交通运输系统，从而建立起大范围内、全方位发挥作用的信息化、智能化、安全、准确、高速的先进交通系统。研究方向包括交通信息系统、交通管理系统、公共交通系统、车辆控制系统、货运管理系统、电子收费系统、紧急救援系统等。

(1)交通信息系统。

交通信息系统应建立在完善的信息网络基础上。交通参与者通过装备在道路上、车上、换乘站上、停车场上以及气象中心的传感器和传输设备，向交通信息中心提供各地的实时交通信息；交通信息系统得到这些信息并通过处理后，实时向交通参与者提供道路交通信息、公共交通信息、换乘信息、交通气象信息、停车场信息以及与出行相关的其他信息；出行者根据这些信息确定自己的出行方式、路线。更进一步，当车上装备了自动定位和导航系统时，该系统可以帮助驾驶员自动选择行驶路线。

(2)交通管理系统。

交通管理系统主要是给交通管理者使用，用于检测控制和管理公路交通，在道路、车辆和驾驶员之间提供通信联系。它将对道路系统中的交通状况、交通事故、气象状况和交通环境进行实时的监视，依靠先进的车辆检测技术和计算机信息处理技术，获得有关交通状况的信息，并根据收集到的信息对交通进行控制，如信号灯控制、发布诱导信息、道路管制、事故处理与救援。

(3) 公共交通系统。

公共交通系统采用各种智能技术促进公共运输业的发展，使其实现安全便捷、经济、运量大的目标。例如，通过个人计算机、闭路电视等向公众就出行方式和时间、路线及车次选择等提供咨询，在公交车站通过显示器向候车者提供车辆的实时运行信息。在公交车辆管理中心，可以根据车辆的实时状态合理安排发车、收车等计划，提高工作效率和服务质量。

(4) 车辆控制系统。

车辆控制系统帮助驾驶员实行本车辆控制的各种技术，从而使汽车行驶安全、高效。车辆控制系统可以提供对驾驶员的警告和帮助、障碍物避免等自动驾驶技术。

(5) 货运管理系统。

货运管理系统是以高速道路网和信息管理系统为基础，利用物流理论实现管理的智能化物流管理系统。综合利用卫星定位、地理信息系统、物流信息及网络技术有效组织货物运输，提高货运效率。

(6) 电子收费系统。

电子收费系统是车载器(通常安装在车辆挡风玻璃上)与微波天线(通常布设在收费站收费车道)之间的微波专用短程通信系统，利用计算机联网技术与银行进行后台结算处理，从而达到车辆通过收费站时不停车交费的目的，且所交纳的费用经过后台处理后清分给相关的收益业主。

(7) 紧急救援系统。

紧急救援系统以电子信息系统、电子管理系统和有关的救援机构和设施为基础，将交通监控中心与职业的救援机构联成有机的整体，为道路使用者提供车辆故障现场紧急处置、拖车、现场救护、排除事故车辆等服务。

交通信息工程及控制任何研究方向的研究基础都是交通数据，包括交通数据的采集、传输、处理和控制的基本理论与技术。需要交通运输工程、信息与通信工程、计算机科学与技术、控制科学与工程方面的教材。交通运输工程知识可明确交通运输领域对交通信息及控制的需求，参考教材包括《交通工程系统分析》、《交通工程学》、《城市交通规划》、《交通环境》、《交通规划与土地使用》和《公共交通系统》等。信息与通信工程知识支撑交通信息采集与传输的理论与技术，参考教材包括《智能运输系统》、《交通大数据分析》、《交通通信原理》和《交通信息技术》等。计算机科学与技术知识支撑交通信息处理的理论与技术，参考教材包括《智能运输系统》、《数据库系统》、《计算机实时应用》和《人工智能》等。控制科学与工程知识支撑交通信息控制的理论与技术，参考教材包括《交通管理与控制》、《智能运输系统》、《人工智能》和《高级控制系统》等。

3) 载运工具与道路铁道工程

载运工具与道路铁道工程主要研究交通工具运输特性改进、道路交通安全技术、道路结构与材料、施工方法改进等方面的内容，涉及机械工程、材料科学与工程、电子科学与技术、管理科学与工程及系统工程、微电子技术、计算机技术、综合集成技术、路面路基工程、桥梁工程、建筑材料等学科技术。研究方向包括载运工具安全与检测控制技术、载运工具运用管理、节能与环境保护、道路工程新材料运用技术、道路桥梁施工新技术等方面。

（1）载运工具安全与检测控制技术。

载运工具安全与检测控制技术方向综合应用载运工具安全工程、计算机技术、信息技术、控制理论与技术、车辆传动技术、检测技术等先进理论与技术，研究载运工具状态安全防护、速度安全控制、安全人机工程、关键部件检测诊断、各种传动控制、多机网络重联控制、辅助控制等。

（2）载运工具运用管理。

载运工具运用管理的主要研究领域包括载运工具信息管理、模拟系统、系统可靠性、维修管理。

（3）节能与环境保护。

节能与环境保护研究载运工具内、外部热环境，振动与噪声环境问题，汽车排放预测与大气污染控制，清洁汽车动力，现代发动机控制策略，发动机故障诊断系统，汽车动力传动综合控制技术。

（4）道路工程新材料运用技术。

道路工程新材料运用技术的主要研究内容包括环境健康材料、复合材料、功能-结构一体化材料和高性能结构新材料的合成、制备与应用，以及各种材料的先进加工技术在各种道路工程中的应用与理论研究。参考教材包括《交通工程学》、《道路建筑材料》、《路基工程》、《路面工程》和《基础工程》等。

（5）道路桥梁施工新技术。

道路桥梁施工新技术主要研究道路、桥梁等交通基础设施在施工过程中采用的节能环保、智慧化、无人值守等新兴施工技术手段，包括技术创新、设备研发、智能软件设计、集成系统开发等方面。参考教材包括《道路低碳施工与交通环境影响分析》、《道路勘测设计》、《交通工程施工技术》和《路面养护设计及养护新技术》等。

4. 研究方法

本部分根据研究流程的先后顺序介绍不同流程常用的一些研究方法。

1）数据采集

数据是交通科学研究的基础。数据的获得方式包括交通调查、交通仿真、科学实验三种。

（1）交通调查。

调查法是获取数据最常用的方法。它是有目的、有计划、有系统地搜集有关研究对象现实状况或历史状况材料的方法。交通调查分为现场调查和问卷调查两种。现场调查通过人或设备获得交通流量、速度、车头时距等定量参数，并对调查搜集到的大量资料进行分析、综合、比较、归纳，从而为人们提供规律性的知识。问卷调查是以书面提出问题的方式搜集资料的一种研究方法，即调查者将调查项目编制成表式，分发或邮寄给有关人员，请示填写答案，然后回收整理、统计和研究。当数据很难通过现场调查获得时，可采用问卷调查的方式获取。

（2）交通仿真。

交通数据分析结果可靠的前提是样本量足够大。由于时间、经济、安全等方面的因素，交通调查获得的数据无法满足数据分析样本量的要求。此时，可采用交通仿真的手段。交通仿真软件分为微观和宏观两类。微观仿真软件包括 VISSIM，一般做道路交通系统仿真；Anylogic，一般做行人、场站、物流仿真。宏观仿真软件包括 TransCAD，做路网仿真；Cube，做四阶段交通需求分析。此外，还包括照明仿真软件 TracePro、LightTools；绿化景观仿真软件 Terragen Classic、Sketch Up 等。无论何种仿真都要通过验证，没有通过验证的仿真结果不能成为研究所用的数据。

（3）科学实验。

载运工具与道路铁道工程相关的数据基本都是通过科学实验获得的。确定实验对象后，根据研究的需要，通过交叉实验设计来确定实验的方案数量，主动操纵实验条件，改变对象的存在方式、变化过程，通过控制研究对象发现与确认事物间的因果联系。

2）确定研究方法

确定研究方法的手段很多，根据研究资料的不同，可以分为文献研究和实证研究；根据建立模型的方式不同，可以分为模型比选和模拟方法；根据研究手段的不同，可以分为定性方法和定量方法。

（1）文献研究。

文献研究法是根据一定的研究目的或课题，通过调查文献来获得资料，从而全面、正确地了解掌握所要研究问题的一种方法。文献研究法广泛用于各种学科研究中。其作用有：①能了解有关问题的历史和现状，帮助确定研究课题；②能形成关于研究对象的一般印象，有助于观察和访问；③能得到现实资料的比较资料；④有助于了解事物的全貌。

（2）实证研究。

实证研究法依据现有的科学理论和实践需要，提出设计，并利用科学仪器和设备，在自然条件下，通过有目的、有步骤的实验控制，观察、记录、测定与研究问题相伴随的现象变化，由此确定条件与现象之间的因果关系。主要目的在于说明各种自变量与某一个因变量的关系。

（3）模型比选。

模型比选法是根据以往的学术经验，选择几个可能合理的数学模型，通过研究数据分别建立数据模型，根据模型的验证指标或参数选择最合适的模型。

（4）模拟方法。

模拟方法是基于理论研究建立数值或实物仿真模型，模拟计算结果可用于验证设计方案的应用效果、判定数据符合的概率分布、测试创新理念的实践效果等。

（5）定性方法。

定性方法就是对研究对象进行"质"方面的分析。具体地说就是运用归纳和演绎、分析与综合以及抽象与概括等方法，对获得的各种材料进行思维加工，从而去粗取精、去伪存真、由此及彼、由表及里，达到认识事物本质、揭示内在规律的目的。

（6）定量方法。

定量方法是在科学研究中，通过对研究对象的规模、速度、范围、程度等数量关系的分析研究，认识和揭示事物间的相互关系、变化规律和发展趋势，借以实现对事物的正确解释和预测的一种研究方法。通过定量方法可以使人们对研究对象的认识进一步精确化，以便更加科学地揭示规律，把握本质，厘清关系，预测事物的发展趋势。定量方法的结果更加客观，尽可能使用定量方法。

5. 项目成效

可以通过实例验证和前后对比的方法证明项目的成效。

1) 实例验证

实例验证可以证明方法的可行性或有效性。针对不同的情景对新设备/方法进行实例验证，说明新设备或方法的可靠性。若表现形式是方法，应通过具体的实际情况，将方法实现一次，并验证方法得出的结果的准确性、误差率等在接受范围之内。若表现形式为设备、软件等，尽量将实物制作出来，并验证实物的有效性。项目成效包括可靠性、可移植性、使用方便程度等指标。将新设备或方法应用在不同的环境中，验证新设备或方法适用条件广泛，说明新设备或方法的使用时间较长，便于检测或维修，证明此项目具有广泛的应用前景和发展潜力。

2) 前后对比

将未使用项目作品时的结果与使用项目作品之后的结果进行对比，用数据直观说明项目方法在交通安全、运行效率、环境保护、节能减排等方面所产生的效果。主要方法包括经典算例验证以及仿真模拟验证。例如，若项目是为了解决交通拥堵，可以通过仿真分别计算未使用项目作品时交通拥堵时间和使用后交通拥堵时间，通过对比拥堵时间证明方法的有效性，也可将减少的拥堵时间转化为 GDP，更直观地说明项目作品的有效性。例如，对新旧设备或方法在费用上进行对比，比较新旧设备或方法的性价比，体现项目作品在成本上的优势。

6.1.3　创训成果形式

大学生在本科创训阶段，所能取得的创新成果主要体现在论文、专利和软件著作权的申请上，而专利和软件著作权申请本身又属于一项技术工作，下面简单介绍专利以及软件著作权申请的基本情况和流程。

1. 专利申请知识简述

1) 专利的定义

专利是专利权的简称，它是指一项发明创造向国家知识产权局提出专利申请，经依法审查合格后，向专利申请人授予的在规定的时间内对该项发明创造享有的专有权。

2) 专利的类型及特点

专利分为发明专利、实用新型专利和外观设计专利三种，三种专利的特征比较见表 6-1。

表 6-1　不同类型专利比较表

专利类型	发明专利	实用新型专利	外观设计专利
含义	包括产品发明和方法发明	有一定形状或者构造的产品	对产品的形状、图案等做出新设计
技术水平	较高	较低	较低

续表

专利类型	发明专利	实用新型专利	外观设计专利
市场寿命	较长	较短	较短
审查制度	实质性审查制	初步审查	初步审查
审批流程	较长	较短	较短
费用	较高	较低	较低
保护期限	20 年	10 年	10 年

3)专利申请的提交

专利申请提交的途径包括以下两种。

(1)个人提交。包括纸质申请和电子申请两种形式。

(2)委托专利代理机构提交。说明书初稿完成后，提交给专利代理机构，代理人会提出修改意见，申请人根据修改意见修改定稿，提交给代理机构，代理机构会办理申请的相关手续，提交专利申请。

通过专利代理机构申请专利，可以保证申请文件的完整性、说明书格式的规范性和正确性，不会因格式问题延误专利申请。

4)专利的审批

发明专利申请的审批程序包括受理、初步审查、公开、实质性审查以及授权五个阶段，其流程如图 6-2 所示。

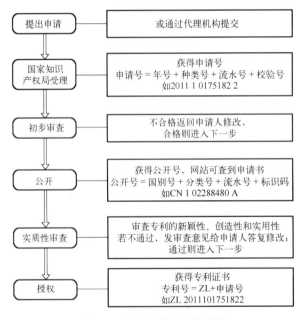

图 6-2   发明专利审批流程图

实用新型或者外观设计专利申请在审批中不进行早期公开和实质性审查，只有受理、初步审查和授权三个阶段。

5)专利的检索与查询

专利的检索与查询包括以下途径。

(1)国家知识产权局网站,提供专利所有信息的查询,包括申请文本全文、专利法律状态信息、收费信息、通知书发文信息等。

(2)其他网站专利搜索引擎,也提供专利信息的查询。

2. 软件著作权申请知识简述

1)软件著作权的定义

计算机软件著作权简称软件著作权,它是指软件的开发者或者其他权利人依据有关著作权法律的规定,对于软件作品所享有的各项专有权。

2)软件著作权的登记申请

软件著作权的登记申请途径包括以下两种。

(1)个人登记申请。

(2)委托专利代理机构登记申请。

通过专利代理机构申请软件著作权,可以保证登记申请表信息的完整性和正确性以及格式的规范性,不会因格式问题延误申请时间。

3)软件著作权登记申请的详细流程

软件著作权登记申请一般分为两个阶段。

第一阶段:网上登记申请。

(1)软件完成之后,需要编写程序源代码、登记申请表、申请说明书和使用说明书。

(2)登录学校网站进行登记申请。这一步必须使用导师的账号和密码,学生账号没有此权限。故这一步可由导师代为申请(需将第(1)步准备好的四份文档发给教师),或者借用导师的账号由第一作者自己完成申请。

(3)学校科技处成果科收到登记申请后会将材料信息整理,转交专利代理机构。

第二阶段:《登记申请表》加盖公章及领用事业单位法人证书复印件(加盖公章)。

(1)专利代理机构将信息整理后会与申请人联系共同完成登记申请表。

(2)登记申请表确认后需申请人用 A4 纸单面打印,并且需要在第三页上加盖公章;申请领用高校的事业单位法人证书复印件(加盖公章)。

4)软件著作权的登记查询

自将《登记申请表》及法人证书复印件邮寄至专利代理机构之日起,一般三个月后即可查询到登记公告。

登录中国版权保护中心(https://www.ccopyright.com.cn/),可以查询到已登记并取得证书的软件情况。

6.2 土木类创训竞赛实战

土木类大学生目前参加的创训类竞赛主要包括全国土木工程专业本科生优秀创新实践成果竞赛(简称全国土木大创赛)、全国大学生交通运输科技大赛(简称全国交通大赛)、美国大学生土木工程竞赛中太平洋赛区交通赛(简称美赛中太赛交通赛)、全国大学生"茅以升公益桥——小桥工程"创新设计大赛(简称公益桥赛)等。其中全国土木工程专业本科生优秀创新实践成果竞赛由全国高等学校土木工程学科专业指导委员会主办(简称土木专指委)，旨在探索以项目为载体的研究性学习和个性化培养方式，激发学生学习的主动性、积极性和创造性，培养大学生的创新能力和实践能力，最终奖励取得土木工程专业优秀创新实践成果的本科生，是全国土木工程专业本科生学术科研的最高奖项之一。全国大学生交通运输科技大赛是由中国交通教育研究会、中国交通运输协会，教育部高等学校交通运输类专业教学指导委员会(简称交通教指委)主办，交通工程教学指导分委员会组织的全国性交通科技创新竞赛。它是国内第一个由诸多在交通运输工程领域拥有优势地位的高校通力合作促成的大学生学科竞赛，是一个以大学生为主体参与者的全国性、学术型的交通科技创新竞赛项目。美国大学生土木工程竞赛中太平洋赛区交通赛(ASCE Mid-Pacific Student Conference Transportation Challenge)由美国土木工程师学会(ASCE)主办，是一项综合性很强的国际顶级交通工程学科竞赛，因其专业性和竞技性，得到国际上不同高校的热情参与。全国大学生"茅以升公益桥—小桥工程"创新设计大赛由北京茅以升科技教育基金会联合共青团交通运输部直属机关委员会、教育部高等学校土木工程类、交通运输类专业教学指导委员会开展，大赛旨在给全国高校土木工程专业学子打造创新实践的平台，以实际工程为载体，培养大学生的科学精神素养、工程实践能力，同时融入国家精准扶贫、乡村振兴发展战略。

6.2.1　不同作品形式释义

针对上述三项竞赛，参赛作品展现形式主要包括申报书、研究报告、PPT、论文、专利、软件、实物、视频等。对全国上木大创赛来讲最重要的材料是申报书、PPT，必不能少的材料是科研成果，如专利、论文和软件著作权等，锦上添花的材料是实物等。对全国交通大赛来讲最重要的材料是研究报告、PPT，必不能少的材料是实物模型、软件和视频，锦上添花的材料是附录文件、专利和论文。而对美赛中太赛交通赛来讲最重要的材料是研究报告(包含计算书)、PPT 以及展示海报，必不能少的材料是视频、仿真等必要的方案论证手段，锦上添花的材料是专利。

1. 申报书

对于全国土木大创赛来讲，土木专指委初审时主要依据申报书内容评定项目成绩，因此申报书的撰写尤为重要，甚至会成为能否推荐参加一等奖角逐的关键。申报书的制作在成果奖的申请中至关重要，申报书应包括成果的所有信息，但不能将成果杂乱无章地堆砌，而应有条理地展示。在确定申报题目后，须按给定模板要求撰写申报书。申报书主要分为三部分：成果综述、成果意义、相关支撑材料目录，其中最主要的是成果综述部分。

成果综述包括成果内容、技术思路、实施过程及创新点。建议首先介绍项目背景，即现有技术或者现象的大致情况、存在的问题(针对项目所解决的问题)以及带来的不利和危害，从而推出申报的项目。即先提出现有的一些问题，所推出的项目是为了解决这些问题而展开的。在介绍项目的过程中，如果申报项目是由几个分项目组成的，则应当注意这些分项目之间的联系，并且介绍每个分项目时要最终回到总项目上来，使项目成为一个有机的整体。如果项目是单独的，在介绍过程中要注意创新点的把握，突出介绍这个项目中创新的部分。项目内容展现时最好做到图文并茂，对于实物操作型项目，适当使用一些实物模型以及操作过程中展示现象的照片；而对于数据分析型项目，则在合适位置插入图表并配好相应解说。总之，撰写者在编写成果综述时应将已获得的各项成果，围绕着一个主题有机整合起来，中心突出、逻辑严谨、语言通顺。针对每项成果，要明确写出所要解决的主要问题、解决思路以及社会意义和价值。

成果意义实际上就是再一次阐明申报项目所解决的现有技术所不能解决的问题，又或者是揭示现有某一种现象背后的问题机理，并且改善这一种现象可能导致的一些影响。

申报书的相关支撑材料目录应当包括相关论文、申请或授权专利、相关奖励和社会评价等，须附原件复印件。在成果表述时若涉及图片，尽量提高插图的清晰度以保证申报书的美观性；在文字表述时，尽量减少第一人称"我"的出现，如果实在需要，可用"笔者"代替，成果若由团队合作完成，则用"团队"代替；在编排段落编号时，要注意多级编号的顺序，如"一""（一）""1""（1）""①"。

总而言之，在撰写申报书时要保证其在内容上充实有序，在格式编排上清晰合理，做到"内外兼修"。

2. 研究报告

针对全国交通大赛，研究报告有两个重要作用：一是初赛阶段，研究报告外送评审专家，报告的好坏决定了作品是否有机会参加复赛；二是复赛的答辩阶段，评审专家查看研究报告的时间可能会比听取作品介绍的时间要长。本部分先介绍研究报告的主要内容，再说明撰写研究报告的注意事项。其中主要包括标题、摘要、关键词、引言、正文、结论、参考文献等部分。对于美赛中太赛交通赛，研究报告是最终成绩评定的重要组成部分，专家主要从方案目标、方案设计、方案应用、语言规范性等方面对报告进行评分，报告分数占最终总成绩的60%。

1）标题

对于全国交通大赛，标题应准确、简练、醒目、新颖，尽可能覆盖全部关键词以反映论文内容、研究范围和深度，让评委看到标题就对课题产生浓厚的兴趣。标题中应避免不常见的缩略词、字符、代号和公式，以便提供实用信息。标题命好后，最好用关键词表检查下，将可作索引用的字都包括进去，并把重要的字尽可能靠前写。美赛中太赛交通赛由于由赛方指定主题，通常无须拟定作品标题。

2）摘要

摘要是对论文内容不加注释和评论的简短陈述，字数以 200~300 字为宜。应意思完整，语言流畅，有条有理，用简练的语言层次分明地阐述课题要做什么、为什么要做、怎么做、成果如何、理论或实践意义。包含四要素，即课题的目的、研究背景与意义、研究方法、研究结果和结论。目的应指出研究的范围、目的、重要性、任务和前提条件，不是主题的简单重复。方法多是简述课题的工作流程，研究的主要内容，在这个过程中要做的工作，包括对象、原理、条件、程序、手段等。结果主要是陈述研究之后重要的新发现、新成果及价值，包括通过调研、实验、观察取得的数据和结果。结论则是通过对这个课题的研究所得出的重要结论，包括从中取得证实的正确观点，通过分析研究、比较预测其在实际生活中运用的意义而得到的理论与实际相结合的价值。

3）关键词

关键词是为了文献标引工作，从论文中选取出来用以表示全文主题内容信息的单词或术语。研究报告关键词以 4~6 个为宜，另立一行排在摘要左下方，尽量使用《汉语主题词表》提供的规范词。关键词是从论文的标题、摘要和正文中选取出来的，是对作品的高度概括，是对表述论文中心内容有实质意义的词汇，应尽量反映作品的主要内容。可从标题、摘要、层次标题和正文的重要段落中抽出与主题概念一致的词和词组。关键词顺序也有要求，第一个关键词应列出研究报告主要工作或内容所属二级学科名称；第二个关键词应列出研究报告研究得到的成果名称或报告内若干个成果的总类别名称；第三个关键词应列出研究报告在得到成果或结论时采用的学科研究方法的具体名称。

4）引言

引言要概括作者意图，说明选题的目的和意义。引言要短小精悍、紧扣主题。不要与摘要雷同或成为摘要的解释，不要注释基本理论，不要推导基本公式，不要介绍基本方法，不过谦也不吹嘘，应言简意赅，真正起到"引导"作用。常见的引言包括以下内容。

（1）研究背景与意义，具体内容见 6.1 节。

（2）前人的研究成果及其评价，对主题范围内的文献进行评述，引用他人信息时，必须深刻理解、融会贯通，以反映参赛小组对目前的研究现状了然于胸；

（3）课题的性质、范围及重要性，突出研究目的或要解决的问题，可以加上作品得出研究成果的研究方法和实验设备等。

5）正文

正文主要介绍是如何实现研究目的或解决问题的。其表达了一项研究工作中最主要的、最精彩的和具有创造性的内容。本部分重点介绍正文的内容和撰写注意事项。

（1）正文的内容。

正文主要包括分析问题和解决问题。分析问题可以运用 4 个"W"、1 个"H"。4 个"W"分别是 What、When、Where、Who，1 个"H"是 How much。解决问题是一个"H"，即"How"。

①What。

What 主要是分析发生了何事，界定问题的范围，搜集问题的相关信息。可采用交通调查、科学实验等方法。无论采用何种方法应详尽描述。如数据采集，应写清楚对哪些交通设施采集数据，数据的种类，采集间隔，采集时间、地点，数据采集方法，数据是否是随机的，数据样本量能否支撑研究需要，数据处理方法，数据符合哪种分布，数据表现出的客观规律等信息。对所要讨论的现象（概念）如何进行观察度量应交代清楚。不管是访谈、调查还是实验，要观察什么指标都必须明确。在每一个概念都有明确的观察度量指标的基础上，才有可能探讨它们之间的因果关系，并将理论成果与实验数据可产生的成果描述清楚。

②When、Where 和 How much。

When 和 Where 是特征分析，分析不同时间、地点情况下问题的时间和空间特征。How much 是各种时空特征发生的频率。When 和 Where 将问题分解、细化，按严重程度对问题进行排序，可确定制定解决方案的优先顺序，并使得解决问题的方法更具有针对性、更全面。How much 分析出哪种特征的问题出现频率最大，进而确定制定解决方案的优先顺序。

③Who。

Who 主要分析问题的影响因素。通过概率统计、事故数、鱼刺图等方法分析问题有关的影响因素，找出对问题贡献度最大的影响因素，分析影响因素对问题的贡献度和贡献方向，解析各影响因素之间的关系，为解决问题提供依据。

④How。

解决问题包括论证和论证步骤。在分析问题的基础上，基于分析结果，设计解决问题的方案。针对每个研究内容确定研究方法。研究方法应有理论依据，从可行性、可操作性、经济性等方面说明选用的方法是目前可选方法中的最佳方法。课题的技术路线由研究内容之间的逻辑关系确定，因此技术路线也应具有逻辑性和连贯性，以让评委直观理清技术路线。

（2）撰写注意事项。

正文各部分确定后，须保证各部分之间的逻辑性和连贯性，让整个研究报告成为一个整体，且重点突出。重点应自己强调出来，不要让评委去找，可以使用不同字体和颜色；关键地方可以用简单和通俗的话描述出来；研究报告要通俗易懂，不能让评委去猜。语言应准确，避免含糊其词和过激言论。正文可以适当插入一些图表，如思路流程图、装置对比图等。图表应保证清晰度。数据分析时，可以采用图表的形式。表格最适用于比较并行的数据资料，但缺乏视觉效果。一般而言，能用图不用表，能用表不用文字。常见的图形包括圆饼图、柱状图、条形图、曲线图。圆饼图用于显示比例，将分割块的数目限制在 3～6 块，用颜色或碎花的方式突出最重要的块；柱状图用来显示一段时间内数量的变化情况，将竖条的数目限制在 4～8 条最佳；条形图用来比较数量；曲线图用于说明趋势。能用图表就用图表，所有的人都会先挑图表看。相关概念、公式不能有错误，不能有错别字，尤其是标题、关键词、黑体字，参考文献格式统一，说清楚打算做什么。文字内容不能重复，分清研究内容、研究目标和关键科学问题。研究内容是在关键科学问题指导下需要具体做的事。研究目标是在解释这些科学问题的基础上达到的结果。

6）结论

结论是对作品研究的成果、解决问题的扼要总结，在研究报告中起到画龙点睛的作用，是评委最关注的部分，要求有理、有据、有新思想、有新见解。结论不是摘要的简单重复，必须有事实证明，不宜罗列过多的事实，也不要简单重复、罗列实验结果，是从正文全部材料出发，经过推理、判断、归纳等过程而得到的新的作品创新性成果、新见解，提出建议、研究设想、仪器设备改进意见、尚待解决的问题等内容。结论要用肯定的语气和可靠的数字写作，绝不能含糊其词，模棱两可。结论应包括以下内容：

（1）说明作品所提方法、观点、理论等的创新性，解决了什么理论或实际的问题，得到了哪些主要的定性或定量结论；

（2）说明成果意义，对前人有关本问题的看法做了哪些检验，哪些与本结果一致，哪些不一致，做了哪些修改与补充；

（3）本作品尚未解决的问题，解决这些问题可参考的关键点及今后的研究方向等。

7）参考文献

科学研究工作总是在前人基础上发展提炼的。当作品中引用前人的文章、数据、结论等资料时，均应按文中出现的先后次序，列出参考文献表。这样做足以反映出起初的科学依据、严谨的科学态度、对前人科学成果的尊重，还有利于读者了解此领域里前人做过的工作，便于查找有关文献。列参考文献的范围应与本作品密切有关，多列或不列都是不妥的。

8)附录与计算书

对于全国交通大赛，大赛允许在初赛阶段上传与作品有关文件，主要包括研究过程报告、演示视频、APP等。其中，由于研究报告篇幅和展现形式有限，为了更好地介绍参赛作品内容，参赛小组可提交研究过程报告，这是对作品方案更进一步的详细说明，如相关数学模型推导过程、参数标定过程、算法求解过程、物模制作过程等。演示视频通常是对参赛作品效果的动态演示，能够让评审更直观地判断作品的特色和创新点。APP等通常能够让专家直接体验参赛作品的执行过程与效果，验证了作品的可行性和实用性。

对于美赛中太赛交通赛，计算书通常以附录形式出现在研究报告中，是作品所提方案的详细计算过程，对所得结论可行性、正确性、准确性、可靠性起到支撑作用。计算书附录并不单独进行评分，但是会对研究报告中相关方案的评判产生重要影响。计算书内容力求详尽，一般包括方案的设计过程、相关指标的计算过程、模型的推导过程、仿真的运行过程以及必要的设计图纸，如道路平纵断面设计方案及图纸、信号灯配时计算、交通控制模型推导、仿真验证建模、预算估计等。

3. PPT

PPT是进入答辩环节以后众多材料中的重中之重。PPT的内容、形式、讲解影响着评委对作品的印象。本部分从PPT的内容、形式和讲解三个方面进行介绍。

1)PPT的内容

作品PPT要有故事性。让评委听着觉得作品学术价值大、理论水平高、有潜在的应用价值。逻辑是学术型PPT的灵魂，整个PPT前后整体要有逻辑，要瞻前顾后，各部分之间有逻辑，各幻灯片之间有逻辑，先后顺序有逻辑，每张幻灯片中的内容先后也有逻辑。学术型PPT通常包括四个内容：为什么做这个研究？怎么做的研究？研究结果是什么？研究有什么样的效果？语言逻辑应完整、简明扼要、连贯、合乎逻辑。在汇报过程中不能出现逻辑跳跃或逻辑断层。PPT可严格遵循研究报告的思路来做。本部分按照PPT中内容出现的先后顺序对PPT的内容进行描述。

(1)首页。

首页应包含作品题目、参赛学校、指导教师姓名、答辩人姓名、其他参赛学生姓名、答辩日期等信息。具体页面组织根据PPT背景自行设计。作品题目应重点突出，PPT背景可选择与作品内容相关的图片。

(2)目录页。

目录页可以以"研究内容""汇报内容"等命名，具体名称根据PPT的内容确定。注意引导作品逻辑，让评委知道作品思路大概是什么样子的。

(3)研究背景与意义。

研究背景与意义的主要内容包括前面提到的研究对象存在的问题、证明作品是研究热点、目前研究或产品存在的问题、作品的研究意义等内容。以上内容不要按照研究报告复制粘贴，应用一句简单概括性的句子表达。各内容之间应是递进关系，而不是简单罗列。在研究背景与意义阶段，提起评委对作品的兴趣。

(4)研究目标。

研究目标是作品预期要达到的目的。可从作品应用效果的角度进行分析，如缓解交通拥堵、增强交通安全、降低尾气排放、改善出行条件等。也可从具体的方法改进效果进行分析，如提升了模型的预测精度或降低了算法的运算时间等。

(5)研究思路。

研究思路是完成、实现作品的思路。应包括研究内容、各研究内容的作用，体现各研究内容之间的逻辑关系，点明研究重点和关键技术。研究思路中应出现标题、关键词和摘要中出现频率较高的词语。若作品是设备等表现形式，研究思路还应体现作品的物理框架体系、功能框架体系以及逻辑框架体系。研究思路应尤其注意各内容之间循序渐进、相互制约、相互依靠的关系，让评委对作品总体有所了解。

(6)研究方案。

应写明研究方案的理论基础、研究方案的确定过程、研究方案的效果等信息。理论基础要求有理有据，符合科学依据和客观事实。研究方案可以通过模型模拟、方案比选确定，无论何种形式，都要写明数据来源、样本量，问题的影响因素、贡献度及影响因素之间的关系，模型拟合评价指标数值，各对比方案的精度、误差实验条件，不同方案得到的实验结果及实验结果之间的关系等关键信息。研究方案应注重说明本方法与以往方法的不同和优势。写研究方案的时候注意将复杂的问题用一个简单的概念表达，快速缩短理解的距离，使得听众更加易于理解。

(7)研究结论。

研究结论的撰写切忌与研究思路/方案等重复，重点强调研究得到的定性和定量结果，并就结果进行归纳总结或做出适当讨论，有时也需要说明当前研究成果的局限性以及对未来研究方向的展望。

(8)总结。

简单概括作品研究的成果，包括作品的创新性成果、见解，尚待解决的问题等内容。

(9)成果。

汇报的内容需详略得当，要根据成果内容有所侧重。如果成果侧重试验，要让评委看到团队的工作量；如果成果侧重专利，要尽量展示该产品的社会效益及关注度。在 PPT 的最后列出项目已取得的所有成绩，如发表的论文、获得的专利等。

(10)创新点。

创新点应依据事实，不能夸大其词。主要写明作品的亮点和特点，包括作品出彩的地方、新的内容。

以上是 PPT 的主要内容。由于作品形式或内容有差别，PPT 的具体内容应根据申报书或者研究报告的逻辑安排。无论何种 PPT 内容，应做到每张幻灯片尽量只给评委表达一个主题，将幻灯片的题眼、段落的句眼和图文的图眼三个关键的地方凸显出来。注意做到关键点显眼，但不刺眼。尽量多使用图、表、影音等多媒体表达的方式。通过图表能有效地呈现内容表格、图形和图片等展示项，这些直观内容可使作品简洁清晰地展示详细的研究结果和复杂的关系、模式和趋势；缩短文字的长度，促进评委对内容的理解。

PPT 做好了之后，还有一件事也是同等重要的：PPT 上的文字与答辩人口头语言之间的协调和平衡。不要让 PPT 上的文字太多而答辩人口头表达变得毫无意义或没人理会。PPT 的图表、PPT 上的文字辅助说明、答辩人的口头表达三者要做到"各司其职",以达到最佳的"被听懂"和"让评委跟着您的思路走"的效果。

2）PPT 的形式

PPT 应深入浅出,首先能保证评委在有限的时间听懂作品。每页的 PPT 之间都具有详细、严密的逻辑性,让评委对作品产生最少的质疑。由于讲解时间有限,为了保证讲解语速与内容全面,PPT 应不超过 25 页。制作 PPT 一般遵循以下几项原则。

（1）PPT 应简洁。

PPT 越简洁,它提供的视觉信息就越直观。每张 PPT 传达 3 个概念效果最好。5 个概念人脑恰好可以处理,超过 7 个概念负担太重,应重新组织。

（2）限制 PPT 动画。

PPT 应该谨慎使用动画。展示动态过程的地方或需要重点突出的地方可以应用动画以增加 PPT 整体的动感和关注度。简单地从左至右显示的动画或者文字闪烁动画的形式都可以,移动或飘动动画就显得过于沉闷与缓慢,一帧接一帧的动画很快就会让评委感到厌烦。

（3）使用高质量的图片。

应使用高质量的图片,包括照片。可以加入小组成员在采集交通数据、进行实验时的照片,增加评委与 PPT 之间的情感联系。图片分辨率通常要求在 300ppi 以上。

（4）建立视觉主题。

PPT 中的大多数模板评委已经看了无数次,评委期待看到一个包含新鲜内容的独特演示。可以制作一个一致的 PPT 模板,模板的设计应与课题主题相关,可以加上学校、院系等相关信息。

（5）选择合适的色彩。

合适的色彩具有说服和促进能力,能提高评委兴趣。不同的光照、不同的环境下,PPT 背景字体颜色起到不同的作用,再考虑投影仪色差,使用白底蓝字是比较安全的色彩选择。

（6）选择适当的字体。

字体可传递微妙的信息,应仔细选择字体。在整个 PPT 演示中尽量使用相同的字体,补充突出时不要超过两个。

（7）标识出页码。

让评委知道你的 PPT 还有多少,或者告诉评委你要说的条理和结构,可以让答辩人掌握 PPT 讲解进度,也可以让评委对作品汇报进程有个大概了解。

3）PPT 的讲解

俗话说:"台上一分钟,台下十年功。"答辩最重要的还是靠答辩人的语言讲解以及肢体眼神的表现。答辩人要把 PPT 逻辑关系理顺,使用适当的连词将内容串联起来。PPT 上没有,但需要解释的内容,可以试试写手稿,对着手稿反复排练,把拗口的、顺不下来的地方都修改掉。等到演讲思路清晰了之后,再对着 PPT 反复排练,把 PPT 上没用的信息、遗漏的信息、说得不周全的信息等进行查漏补缺。

答辩在保证学术性的基础上,尽量做到口语化。答辩时口齿清晰,语速平稳,重点突出,逻辑合理,注意时间。答辩应开门见山,尽快切入主题并突出创新点以吸引评委。另外，国际竞赛(如美赛中太赛交通赛)可适当引入新颖的答辩形式，如双/多人接替答辩等。

回答问题时要注意，评委是想进一步了解作品的研究还是想解开他们的疑惑，答辩人不能认为评委提问是"有敌意的"或"目的不纯的"，而要让他们进一步了解作品的研究或解开评委的疑惑。对评委提出的问题要听清楚，回答必须扣题。评委经常问一些常识性的知识以评判作品是否是本科生自己完成的，因此答辩人应对作品中的每个内容都熟悉、了解和掌握，尤其是理论、方法等内容。

4. 论文和专利

论文和专利以及相应的成果转化等研究成果可以间接地证明学术领域或工程单位对作品的肯定，因此，与作品相关的论文和专利应放在 PPT 后面做简单介绍。

5. 软件

涉及方法、系统开发等形式的参赛作品最好制作出相应的软件。软件可以很好地证明课题的可实施性，在作品展示方面更充分。有计算机程序开发的直接现场运行程序并进行操作说明；有 APP 开发的可将手机上安装的 APP 现场演示给评委看；因为软件平台等无法在现场实际演示的，也可制作模拟视频进行讲解。

6. 实物

实物同样可以很好地证明课题的可实施性。展示装置的时候可以结合 PPT、视频介绍装置的技术、尺寸、硬件、功能、指标等与装置有关的信息。若有实体装置可以将装置带至讲台上由同组成员演示实际功能并讲解。

7. 视频

可以适当地使用视频对具体的例子进行说明。视频可以将申报书、研究报告和 PPT 中抽象的文字说明变得更加生动、直接，加深评委对作品的研究内容、研究方法、实验方法、实践应用等的认识，激发评委的兴趣。在初赛阶段，视频通常以附件形式提供，因此视频应配上必要的文字、音乐和讲解，增加作品进入复赛的概率。

6.2.2　土木创训的高阶实战——全国土木工程专业本科生优秀创新实践成果赛

1. 简介

全国土木工程专业本科生优秀创新实践成果赛的申报项目必须由土木工程专业本科生独立负责，且项目成果应满足研究内容创新、技术思路新颖等要求。项目完成人申请创新实践成果奖，应当提交下列材料：①土木工程专业本科生优秀创新实践成果奖申请书；②相关论文、获奖证书、专利申请及授权等支撑材料。建议：支撑材料中专利至少有 1 项，或者有 1 篇核心以上的小论文。申报要求主要包括以下几个方面：①项目内容有新意，技术思路新颖；②获学校优秀创新成果奖及获得相关表彰和推荐的优秀项目；③项目成果有潜在的应用前景和可能产生的社会、经济效益。针对上述要求，申报项目可以来自下列几个渠道：①已结题或在研的大学生创新训练计划项目；②毕业论文阶段基于指导教师的科研项目；③与土木相关的学科竞赛项目；④发表的优秀论文和授权专利。

2. 经典案例分析

1）案例

第十届全国土木工程专业本科生优秀创新实践成果赛特等奖(第一名)申报书

(河海大学)

高应变率下混凝土动态力学特性试验研究

作者：邵羽，陈晨，徐令宇

指导教师：陈徐东

1. 成果综述(成果内容、技术思路、实施过程及创新点)

自大二下学期专业分流及导师制项目开启后，本人便进入陈徐东老师的科研小组进行学习，经过半年的积累和学习，经陈老师授意，本人作为负责人申请参报大学生创新创业训练计划，并于 2015 年 5 月成功申报国家级大学生创新训练计划项目：多次冲击荷载下混凝土动态轴拉损伤劣化规律研究(编号：201510294021)。在这个过程中，我和小组成员对高应变率下混凝土动态力学特性进行了较为系统的试验研究和理论分析，主要研究过程、思路、成果及创新点展示如下。

1.1 研究背景

生活中混凝土结构常常会受到爆炸、冲击或地震荷载这些强动载作用。例如，施工过程中，混凝土不可避免会受到外界间断性甚至是持续性的影响。这种现象在隧道和巷道施工过程中经常发生。对于围岩条件差、地表沉陷有严格要求的隧道，多采用三台阶七步开挖法或侧壁(双侧壁)导坑等分断面钻爆法施工(图 1)。目前国内外高速公路隧道开挖过程中，钻爆掘进法仍然是最主要的施工手段[1]。因此，当隧道断面存在多个工作面同时进行钻爆法掘进时，整个隧道断面要受到多次爆破的动力扰动作用。

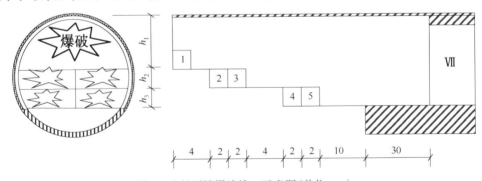

图 1 分断面钻爆法施工示意图(单位：m)

爆破等工序的扰动作用会对混凝土结构造成损伤，这对工程设计提出了新的要求。系统了解高应变率下混凝土的动态力学特性是确保设计中混凝土支护结构在遭遇外界扰动时满足工程要求的关键，同时在施工中，对爆破等工序中如何采取措施来防护支护结构也能提出相应的指导，从而在确保满足工程要求的同时也提高了材料的利用率，科学指导工程设计与施工。因此，鉴于实际工程的需要，有必要对混凝土在高应变率下的动态力学特性进行深入研究。

1.2　国内外研究现状

1.2.1　混凝土动态力学特性

混凝土材料在动载作用下具有与静载作用下不同的特性，一般称混凝土材料的这些应变率敏感特性为混凝土的动态力学特性，主要包括动载作用下混凝土的动态强度、动态弹性模量、峰值应变和泊松比等。大量试验研究成果表明：混凝土的龄期、养护条件、配合比、水灰比、级配以及骨料类型(刚度、表面纹理)等对混凝土的应变率效应均有影响。在不同加载速率、加载方式以及加载历史作用下，混凝土材料均反映出不同的宏观动态力学特性。不同的研究者所采用的试验设备、测量方法以及混凝土试件的尺寸、形状不同所得到的试验结果也不相同。基于大量的试验成果总结，研究者得出混凝土材料动态力学特性的基本规律：①应变率效应是固体材料的共性，可以认为是一种基本的材料特性[2]；②非均质材料较均质材料的应变率效应更为显著，普通混凝土较高强混凝土呈现出更强的应变率敏感效应[3,4]；③湿混凝土的动态强度高于干混凝土的动态强度，在水中养护的混凝土应变率敏感性高于在正常实验室条件下养护的混凝土，龄期越长，应变率敏感性越差[5]；④应变率对混凝土动态弹性模量的影响有与动态强度类似的强化规律，但对动态强度的影响较大[6,7]；⑤混凝土动态拉、压强度均随应变率增加而增长，但在同一应变率变化范围内抗拉强度比抗压强度的应变率敏感性更为显著[8]；⑥加载到同样的应力水平时，混凝土材料表现出不同的损伤积累，静态时要比动态时产生更多的内部损伤。低速加载条件下与高速加载条件下混凝土材料具有不同的破坏形态[9,10]。

现有文献中不同应变率下混凝土抗压及抗拉强度的试验数据总结如图 2 及图 3 所示[11]。图中纵坐标为混凝土的动态提高因子(Dynamic Increase Factor，DIF)，DIF 定义为

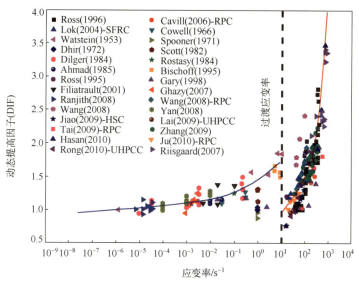

图 2　混凝土抗压强度动态提高因子

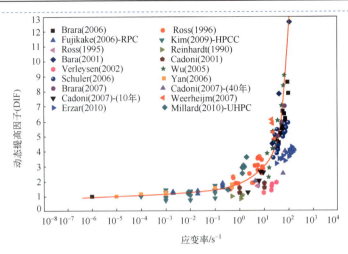

图3　混凝土抗拉强度动态提高因子

动态强度与静态强度的比值。从图2及图3中可以发现研究者的试验结果有一定的差异性。这种差异性由诸多影响因素造成，如试件的尺寸、试验的加载设备、端面摩擦效应、惯性效应等。现有研究多针对混凝土的动态抗压特性，而针对混凝土动态抗拉特性的研究较少。

就混凝土材料的动态力学特性而言，最常用的几种试验方法有液压试验系统、落锤试验系统及分离式霍普金森压杆(Split Hopkinson Pressure Bar，SHPB)试验系统等。图4为各种试验系统的应用范围[11]。自Hopkinson利用弹性杆来研究应力波传播的问题以来，经过研究者的改进，SHPB可用于测定混凝土材料在中高应变率下的动态力学特性。目前现有的SHPB装置可以较好地对混凝土动态抗压力学性能进行测试，然而对混凝土的抗拉力学性能进行研究时，还需要对SHPB装置进行进一步的改进和研发。

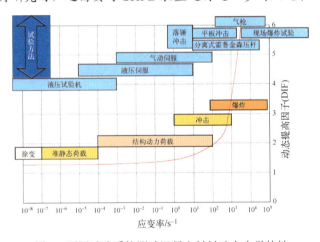

图4　不同试验系统测试混凝土材料动态力学特性

1.2.2　混凝土微观结构特征

混凝土微观结构的改变是其宏观力学性能变化的根本原因，因此研究混凝土的微观结构至关重要。孔结构是混凝土材料微观结构的重要组成部分，孔结构可以由最可几孔径、临界孔径、孔径分布、孔隙率等基本参数来表征[12]。目前混凝土孔结构常用的测孔方法有光学法、压汞法、等温吸附法、X 射线小角度衍射法等[13]。混凝土的界面过渡区是混凝土中的薄弱环节，其厚度一般为几十微米，这种结构直接影响到混凝土的宏观力学性能及耐久性[14]，因此国内外学者一直将其作为研究重点。现有研究多数针对养护条件、自身配合比、掺和料、纤维等差异所引起的混凝土微观结构的变化，但对不同外部荷载下混凝土内部微观结构演变的研究较少有研究者关注。

1.2.3　加载历史对混凝土力学性能的影响

目前对混凝土性能的研究往往是在无初始静态荷载的条件下进行的，混凝土结构在实际应用中多是在承受初始静态荷载的基础上再承受动态荷载。有关加载历史对混凝土特性影响的研究并不多。Cook 等[15]研究了持续恒定加载和循环加载历史对混凝土以及砂浆抗压性能和抗拉性能的影响。Ozbolt 等[16]通过有限元法研究了预加荷载历史对混凝土静态轴拉强度的影响，对混凝土圆柱体试件先加载后卸载再量测其劈拉强度。Lu 等[17]在三向受压荷载历史后对混凝土的抗压强度劣化进行了试验研究。Chen 等[18]对不同初始荷载后混凝土的快速往复弯拉力学性能进行了试验研究。学者就加载历史对混凝土力学性能的影响开展了一定的研究，研究成果大多集中在静态加载及中低应变率的试验，不同初始荷载后的混凝土高应变率力学性能研究较少。

本小组基于 SHPB 试验装置对混凝土进行动态力学特性试验，研究其动态抗压和抗拉力学性能，同时采用先进的微观结构测试手段，研究混凝土在初始荷载下的微观结构演化，从而得到高应变率下混凝土的动态力学特性。

参考文献

[1] 李术才, 刘斌, 孙怀凤, 等. 隧道施工超前地质预报研究现状及发展趋势[J]. 岩石力学与工程学报, 2014, 33(6): 1090-1113.

[2] 方秦, 洪建, 张锦华, 等. 混凝土类材料 SHPB 实验若干问题探讨[J]. 工程力学, 2014, 31(5): 1-14.

[3] 杜修力, 揭鹏力, 金浏. 考虑初始缺陷影响的混凝土梁动态弯拉破坏模式分析[J]. 工程力学, 2015, 32(2): 74-81.

[4] CADONI E, SOLOMOS G, ALBERTINI C. Concrete behavior in direct tension tests at high strain rates[J]. Magazine of concrete research, 2013, 65: 660-672.

[5] XIAO J Z, LI H, SHEN L, et al. Compressive behaviour of recycled aggregate concrete under impact loading[J]. Cement and concrete research, 2015, 71: 46-55.

[6] CHEN L, FANG Q, JIANG X, et al. Combined effects of high temperature and high strain rate on normal weight concrete[J]. International journal of impact engineering, 2015, 86: 40-56.

[7] BRAGOV A M, PETROV Y V, KARIHALOO B L, et al. Dynamic strengths and toughness of an ultra high performance fibre reinforced concrete[J]. Engineering fracture mechanics, 2013, 110: 477-488.

[8] CHEN X D, WU S X, ZHOU J K. Experimental and modeling study of dynamic mechanical properties of cement paste, mortar and concrete[J]. Construction and building materials, 2013, 47: 419-430.

[9] ERZAR B, FORQUIN P. Analysis and modelling of the cohesion strength of concrete at high strain-rates[J]. International journal of solids and structures, 2014, 51: 2559-2574.

[10] TRAN T K, KIM D J. High strain rate effects on direct tensile behavior of high performance fiber reinforced cementitious composites[J]. Cement and concrete composites, 2014, 45: 186-200.

[11] 陈徐东. 混凝土动态本构模型若干问题深入研究[D]. 南京: 河海大学, 2014.

[12] 肖海军, 孙伟, 蒋金洋, 等. 水泥基材料微结构的反复压汞法表征[J]. 东南大学学报(自然科学版), 2013, 43(2): 371-374.

[13] ZENG Q, LI K F, TEDDY F C, et al. Pore structure characterization of cement pastes blended with high-volume fly-ash[J]. Cement and concrete research, 2012, 42(1): 194-204.

[14] 陈惠苏, 孙伟, STROEVEN P. 水泥基复合材料集料与浆体界面研究综述(一): 实验技术[J]. 硅酸盐学报, 2004, 32(1): 64-69.

[15] COOK D J, CHINDAPRASIRT P. Influence of loading history upon the compressive properties of concrete [J]. Magazine of concrete research, 1980, 32: 89-100.

[16] OZBOLT J, SHARMA A, IRHAN B, et al. Tensile behavior of concrete under high loading rates [J]. International journal of impact engineering, 2014, 69: 55-68.

[17] LU J, LIN G, WANG Z, et al. Reduction of compressive strength of concrete due to triaxial compressive loading history[J]. Magazine of concrete research, 2004, 56: 139-149.

[18] CHEN X D, WU S X, ZHOU J K. Large-beam tests on mechanical behavior of dam concrete under dynamic loading[J]. ASCE journal of materials in civil engineering, 2015, 27(10): 06015001.

1.3 技术路线

本项目拟采用的技术路线如图 5 所示。

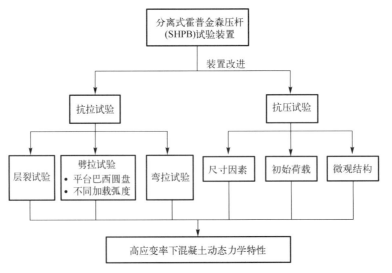

图 5 本项目拟采用的技术路线

1.4 研究成果

1.4.1 SHPB 装置的改进及研发

分离式霍普金森压杆(SHPB)装置是研究中高应变率下混凝土动态力学特性比较常用的试验装置。为了对混凝土的抗拉特性进行研究, 还需要对 SHPB 装置进行进一步的改进和研发。为了解决这个问题, 我和小组成员合作完成了多项发明专利, 具体介绍如下。

1)一种高应变率下准脆性材料层裂强度的测量及确定方法

目前, 最主要的三种基于 SHPB 技术的混凝土的动态拉伸试验方法分别是层裂、劈拉和直接拉伸。事实上,在层裂试验中,试件的应力和应变率沿着长度方向发生了显著变化,这也是几十年以来层裂拉伸数据没有被直接用来与其他比较好控制的动态拉伸试验技术得到的动态拉伸性能作比较的原因。为了解决以上问题,采用以下技术方案(图6):在入射杆(1)的撞击端加装由聚四氟乙烯盘(3)叠加退火铜盘(4)制备的复合脉冲整形器(2);将入射杆(1)另一端的垂直端面与圆柱体混凝土试件(5)一端的垂直端面紧密贴合;在入射杆(1)中部和混凝土试件(5)上粘贴应变片(6);试验开始时,氮气罐(7)为撞击杆(8)提供足够大的撞击速度撞击入射杆(1),以产生较大的冲击波使混凝土试件(5)发生层裂拉伸。记录入射杆(1)中传导的入射波。入射波 $f(x,t)$ 的波形类似一个等腰三角形,如图7所示。对于这个特定的波形,当反射波 $g(x,t)$ 的上升段完全进入层裂试件时,与入射波的卸载段相互作用,一个均匀应力区域产生(虚线之间的区域)。当这两种波在试件中传播时,均匀拉应力增大直至脆性试件断裂。

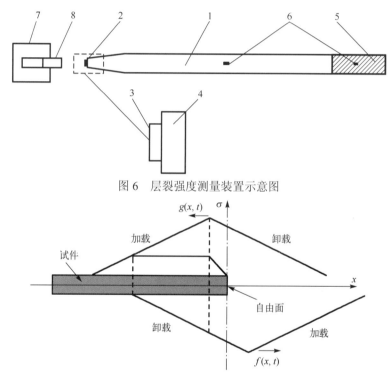

图 6　层裂强度测量装置示意图

图 7　层裂试验波的传播过程示意图

　　与现有技术相比,本发明可以通过整形技术得到类似等腰三角形入射波,并在层裂试件中实现恒应变率变形和均匀拉伸应力状态,能够帮助层裂试验和其他动态拉伸试验方法在数据解释上建立联系。类似等腰三角形入射波的幅度可以通过脉冲整形来调整,波的持续时间可以通过改变撞击杆长度来调整。这些特性使这项新技术适用于不同材料、不同尺寸的层裂试验。(上述成果已申请发明专利1项。)

2)一种爆炸作用下准脆性材料应力波衰减规律的测试装置及量征方法

　　通常完善爆破控制理论的试验方法是测量距离爆炸点不同距离处的质点峰值速度,该速度与质点的峰值应变和峰值应力有直接的关系。但是,在保证仪器不破坏的情况下,通常只能测得振动区的速度，因此，不能很好地实施其他区域的试验。为了解决上述问题，设计了一种基于经典 SHPB 装置的准脆性材料应力波衰减规律测试装置，并提出了其量征方法。试验装置包括入射杆(10)、子弹(20)、测速计(40)、整形片(50)、吸能杆(60)、试件杆(70)、应变片(81/82)、数据采集仪(90)、示波器(100)等(图 8)。其中，吸能杆(60)和试件杆(70)为混凝土材料。入射杆(10)和子弹(20)采用铝制材料。入射杆(10)上中间位置粘贴 2 组应变片(81)，试件杆(70)上距离入射杆(10)0.5、1、1.5、2、3、4、5、6、7、9、11、13、15、17 倍杆直径大小位置处粘贴 14 组应变片(82)。子弹(20)以一定的速度冲击入射杆(10)，应变片(82)记录应变变化。取每一个应变片(82)粘贴位置处所对应的最大应变列在表中，通过公式 $\varepsilon=\varepsilon_0 e^{-\alpha R}$(其中 ε 表示沿试件杆轴向的峰值应变，ε_0 表示试件杆与入射杆接触处的峰值应变，R 表示从测试点到试件杆与入射杆接触处的距离，α 表示衰减系数)进行拟合计算，即可得到应力波的衰减规律。

本发明提出了一种用应变来描述应力波衰减规律的方法，简化了传统的通过测应力来描述应力波衰减的方法；并且不同区域的衰减过程可以通过该试验完整地表现出来，操作简便，应用领域广泛。(上述成果已申请发明专利 1 项。)

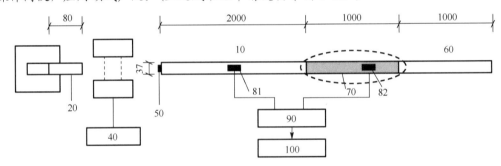

图 8 测量应力波衰减规律的试验装置示意图(单位：mm)

3) 基于非平衡状态的混凝土冲击弯拉损伤的测定装置和测定方法

实际生活中混凝土经常被用作受弯构件，特别在冲击荷载作用下，受弯混凝土破坏时间极短，其损伤的测量和计算十分困难。目前虽然有对静载下弯拉混凝土损伤的研究，但对冲击荷载下受弯混凝土损伤规律的测量和定量描述还十分少见。

为了提供一种基于 SHPB 技术的混凝土受弯损伤测量方法，本发明采用的试验装置包括气枪(10)、子弹(20)、入射杆(30)、透射杆(60)、应变片(70)、桥盒(80)和一个与计算机相连的数据采集系统(90)，如图 9 所示。

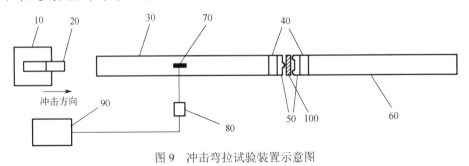

图 9 冲击弯拉试验装置示意图

入射杆(30)中部粘贴的应变片(70)对入射波和反射波进行测量，应变片(70)通过桥盒(80)与数据采集系统(90)相连。在入射杆(30)和透射杆(60)上分别设置套头(40)，套头(40)上均设置垫块(50)，混凝土试件(100)置于垫块(50)之间。通过对入射波的反射过程进行模拟得出在试件弹性响应下与入射波相对应的理论反射波，其与入射波叠加即透射杆上未测得的透射波。根据求得的入射波和反射波，入射杆和试件之间的冲击速度也可求得，由此经过计算可以求得试件的抗拉强度。以累积破坏准则为指导，可以得到混凝土试件的抗拉强度与时间的定量关系。

本发明将混凝土损伤理论引入冲击荷载下受弯混凝土损伤的测定中，克服了冲击荷载下破坏时间短这一难题，得到了抗拉强度与破坏时间的关系曲线。另外，本发明对反射波的反射过程进行了模拟，克服了试验难以测得透射波这一难题，大大减小了计算误差。(上述成果申请发明专利 1 项，已公开。)

4) 纤维混凝土构件的弯曲韧性测试方法及其装置

目前，国内外普遍采用的混凝土构件弯曲韧性的测试方法是静态的三点弯曲试验。该方法加载速度较低，难以测出高应变率下纤维混凝土构件的弯曲韧性。SHPB 是研究材料动态力学特性最基本的试验方法之一，但基于 SHPB 技术的有关材料韧性尤其是弯曲韧性的测定装置和方法尚未得到开发。为了解决此问题，本发明基于 SHPB 装置对有预制刻痕和裂纹的混凝土试件(90)进行弯曲韧性测试，弯曲韧性测试装置包括气枪(10)、子弹(20)、入射杆(30)、透射杆(40)、应变片(50)、加速度计(60)、桥盒(70)和一个与计算机相连的数据采集系统(80)，如图 10 所示。

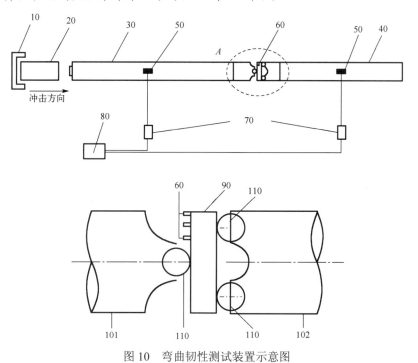

图 10　弯曲韧性测试装置示意图

混凝土试件(90)被夹持在入射杆万向头(101)和透射杆万向头(102)上的高强度钢加载销

(110)之间，其中混凝土试件(90)有刻痕和裂纹的一面与透射杆万向头(102)上的加载销(110)接触。子弹(20)撞击入射杆(30)，在入射杆(30)中形成入射压缩脉冲并向着混凝土试件(90)传播；当入射脉冲传递到混凝土试件(90)完整的一端时，一部分入射脉冲进入并破坏混凝土试件(90)；同时，剩余的入射脉冲作为拉伸应力脉冲反射回入射杆(30)；上述过程产生的入射和反射应变通过入射杆(30)中点的应变片(50)测量，而透射应变由透射杆(40)中点的应变片(50)测量；通过混凝土试件(90)上的三个加速度计(60)测得沿试件长度上的加速度分布和试件的变形情况。

试验数据表明沿试件长度方向，加速度和位移都均为直线分布。已知沿试件长度方向上的加速度，分布的惯性力就可以被作用在试件中间的广义惯性荷载 $P_i(t)$ 代替，同时试件就可以被简化为单自由度体系，并且根据动态平衡方程 $P_b(t) = P_t(t) - P_i(t)$（真实的弯曲荷载=广义弯曲荷载–广义惯性荷载），真实的弯曲荷载就可以被评估出来。弯曲荷载和变形已知就可以得到混凝土构件吸收的能量，从而判断构件的弯曲韧性。

本发明克服了现有技术中的不足，提供了一种基于 SHPB 技术的纤维混凝土构件弯曲韧性测试方法及其装置，操作简单，加载速度高，可有效地测出高应变率下纤维混凝土构件的韧性。（上述成果申请发明专利 1 项，已公开。）

综上，对基于 SHPB 技术的层裂和弯拉试验装置进行了改进和研发（申请相关发明专利 7 项），形成了一系列规范有效的试验技术，为相关材料力学特性的研究提供了良好的基础。

1.4.2 高应变率下混凝土抗拉特性研究

1）基于 SHPB 技术的混凝土动态抗拉强度研究述评

作者对近年来国内外基于 SHPB 技术的混凝土动态抗拉强度的研究成果进行了总结与分析（图 11）。详细介绍了基于 SHPB 技术的几种不同的混凝土抗拉强度测试方法（直拉、劈拉、层裂、弯拉），讨论了不同因素，如试验方法、试件形状尺寸、骨料粒径、干湿程度、材料等对混凝土材料的动态提高因子(DIF)的影响。

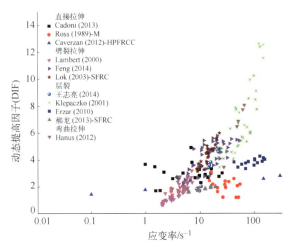

图 11　四种不同试验方法下 DIF 值与应变率的关系

分析结果表明：层裂试件形状尺寸越小，DIF 值越大，直拉试验的骨料粒径越小，DIF 值越大，材料种类的变化也会对动态抗拉强度产生不同影响。目前，由于不同研究者所采用的试件材料、尺寸、强度和试验装置存在差异，所以试验方法、试件的尺寸、骨料粒径与干湿程度、材料和试件静态抗拉强度等因素对动态提高因子(DIF)的影响差异无法定量得出。建议在将来的研究中，可以对同一种混凝土材料进行批量试验以定量比较上述影响因素对 DIF 影响的差异性。（该部分内容已被中文核心期刊《水力发电学报》录用。）

2) 高应变率下混凝土层裂强度试验研究

当受到动态荷载时，混凝土的抗压和抗拉强度都比其在静态荷载时的强度高。混凝土的动态抗压和抗拉强度是结构设计中两个十分重要的参数。为了确定混凝土在冲击荷载下的动态抗拉强度，进行了基于 SHPB 技术的层裂试验。讨论了混凝土的破坏模式、动态抗拉强度和动态提高因子(DIF)。试验结果显示，混凝土的动态抗拉强度随着应变率的增加而增加(图 12)。

为了进一步了解混凝土的断裂过程，参考现有的断裂分析理论提出了新的断裂准则，将损伤变量定义为初始损伤面积和实际损伤面积的比值。这个新的断裂准则可以描述层裂试验中混凝土的全部损失演化过程(图 13)。（该部分内容已投稿 SCI 期刊 *Construction and Building Materials*。）

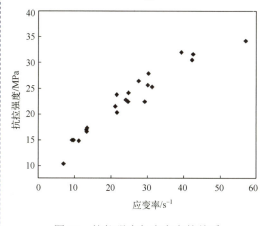
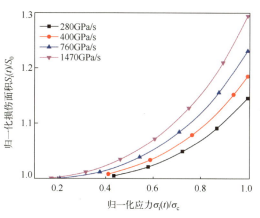

图 12　抗拉强度与应变率的关系　　　　图 13　不同加载速率下归一化损伤面积与归一化应力的关系

3) 高应变率下水泥浆、砂浆和混凝土劈拉特性的试验研究

为了研究应变率对水泥浆、砂浆和混凝土劈裂拉伸特性的影响，试验采用改装的 SHPB 装置和平台巴西圆盘试件来获得材料的动态拉伸应力-应变曲线。带有波形整形作用的 SHPB 装置用来确定动态拉伸力学响应和材料在有效动态测试环境下的破坏行为，试验记录的典型波形如图 14 所示。其中，波形整形技术可以实现试件两端力的平衡。准静态试验用于研究材料的应变率敏感性。应变率敏感性通过应力-应变曲线、弹性模量、抗拉强度、峰值应力处的极限应变来反映。试验结果显示，动态抗拉强度、弹性模量、DIF 和极限应变均随着应变率的增加而增加(应变率与 DIF 的关系如图 15 所示)。另外，根据试验结果得到了应变率和材料力学特性之间的经验公式，可以用于更好地模拟动态荷载下水泥基材料的力学响应。（该部分内容已被 SCI 期刊 *Journal of Wuhan University of Technology-Materials Science* 发表。）

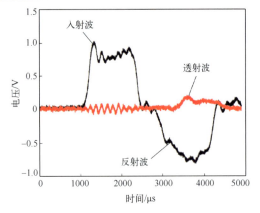

图 14　SHPB 试验中典型的入射、反射和透射波

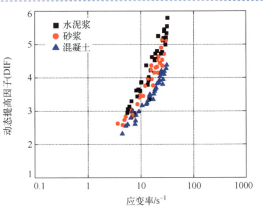

图 15　应变率对不同材料 DIF 的影响

4) 高应变率下混凝土动态劈拉强度的统计分析

巴西试验已经成为工程实际中应用最广泛的测定混凝土抗拉强度的试验方法。作为一种间接拉伸试验，巴西试验是通过对圆盘状试件的直径方向施加一个集中的压缩荷载来使试件内部产生拉应力的，试件内部受力示意图如图 16 所示。

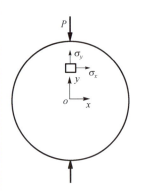

图 16　劈裂试件受力示意图

为了对巴西试验进行进一步的研究，采用 SHPB 装置，比较不同加载角度对试验的影响，并引入统计分析技术对试验结果进行分析。对试验数据进行单因素方差分析，探讨加载角度对劈拉强度的影响显著程度。为了更进一步研究劈拉强度与加载角度的关系，引入 Weibull 模型，采用线性回归和极大似然函数法，得出劈拉强度和加载角度的定量关系。试验结果显示，混凝土的加载方式很大程度上决定了其动态劈拉强度，并且随着加载角度的增加，混凝土的破坏荷载和 Weibull 参数也在不断增加。进一步的残差检验也表明 Weibull 模型能够较好地描述劈拉强度的分布规律(图 17)。(该部分内容已被 SCI 期刊 *ASCE Journal of Materials in Civil Engineering* 录用。)

5) 高应变率下混凝土动态三点弯曲强度的试验研究

准脆性材料的 SHPB 弯拉试验有其特殊性。实际上，准脆性材料的断裂可能发生在应力平衡之前，且破坏应变较小。另外，试验过程中试件可能在支撑点(透射杆)出现响应前发生破坏。因此需要一个新的合理的模型进行试验过程的瞬态分析。为了研究无切口的混凝土试件在三点弯拉试验下的动态响应，利用改进的 SHPB 装置测试混凝土梁在高应变率下的冲击特性。试验采用了不同的气压和冲击速度。试验中记录了冲击荷载、跨中的加速度以及入射杆和透射杆上的应变。采用弹性梁理论计算惯性力，这样冲击力中的惯性力就可以被分离出来，从而可以得到真实的弯曲强度。试验结果显示：当应变率范围为 $40\sim70s^{-1}$ 时，动态提高因子具有显著的应变率效应，变化范围为 $4.3\sim5.4$(图 18)，并且惯性能和入射能(图 19)均随着应变率的增加而增加。(该部分内容已投稿 SCI 期刊 *Structural Concrete*)

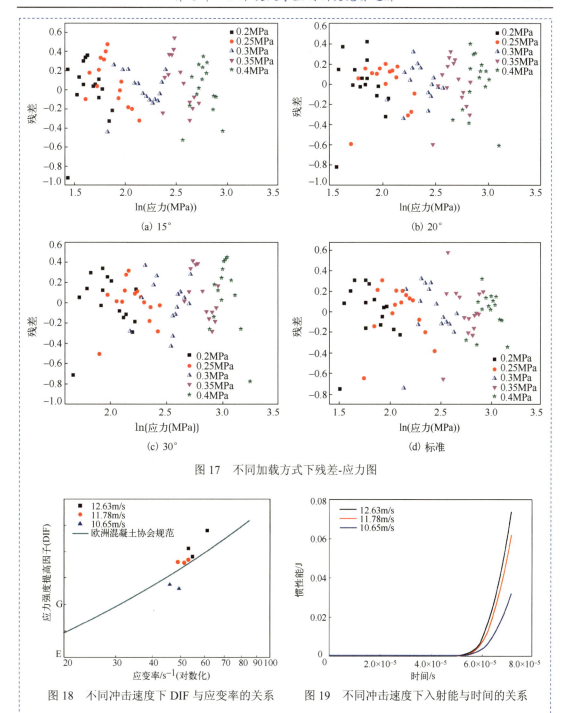

图 17　不同加载方式下残差-应力图

图 18　不同冲击速度下 DIF 与应变率的关系　　图 19　不同冲击速度下入射能与时间的关系

1.4.3　高应变率下混凝土抗压特性研究

1)高应变率下试件尺寸对水泥浆和砂浆压缩特性的影响

为了研究试件尺寸对高应变率下水泥基材料压缩特性的影响,对三种不同尺寸（ϕ68mm×32mm、ϕ59mm×29.5mm、ϕ32mm×16mm）的砂浆和水泥浆试件进行了静态和动态压缩试验。静态试验使用通用液压伺服系统,动态试验使用 SHPB 试验装置。试验结果显示,对于砂浆和水泥浆试件,其动态抗压强度要高于静态抗压强度,并且小尺寸试件的动态抗压强度要高于大尺寸试件的动态抗压强度(图 20)。但是动态提高因子的变化趋势却与之相反(图 21)。

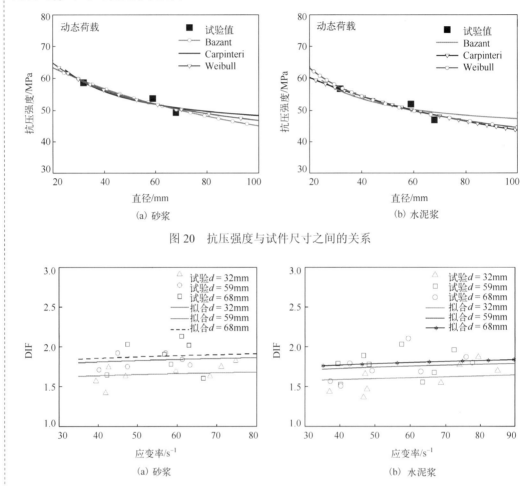

图 20 抗压强度与试件尺寸之间的关系

图 21 试验 DIF 值与改进的 Hartmann 模型之间的比较

显然,砂浆和水泥浆中同时存在着应变率效应和尺寸效应。试验结果也运用 Weibull、Carpinteri 及 Bazant 尺寸效应准则进行了分析。三个准则和试验结果具有很好的一致性。然而,对于砂浆和水泥浆的试验结果来说,峰值应变和弹性模量的尺寸效应并不显著。(该部分内容已被 SCI 期刊 *Journal of Wuhan University of Technology-Materials Science* 发表。)

2)高应变率下初始静态劈拉荷载对混凝土芯样动态抗压强度的影响

在各种土木工程指数特性中,使用最广泛的混凝土特性可能就是轴向抗压强度。为了研究高应变率下初始静态劈拉荷载对混凝土芯样动态抗压强度的影响,对混凝土芯样进行了准静态标准巴西试验和分离式霍普金森压杆动态压缩试验,并分析了不同初始静态荷载对混凝土动态压缩性能的影响。试验采用 5 种不同的初始静态荷载,分别为 0%、25%、50%、75%、90%的混凝土静态劈拉强度。典型的试件破坏如图 22 所示。

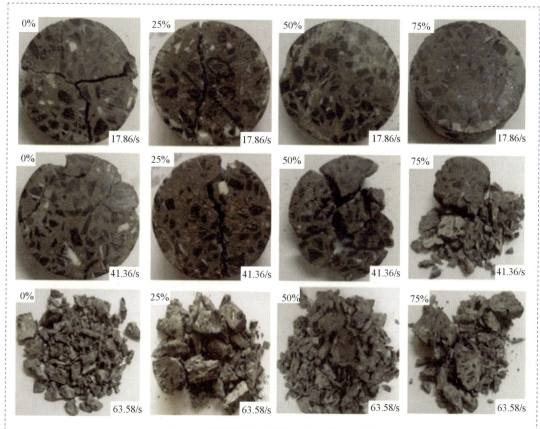

图 22 高应变率下混凝土芯样的破坏图

试验结果显示，混凝土的动态抗压强度随着初始静态荷载和应变率的增加而增加。与此同时，Weibull 统计分布模型也用于分析试验结果，并且根据试验结果，提出了一个预测混凝土芯样动态抗压强度的模型，如图 23 所示。(该部分内容已投稿 SCI 期刊 *ASCE Journal of Performance of Constructed Facilities*。)

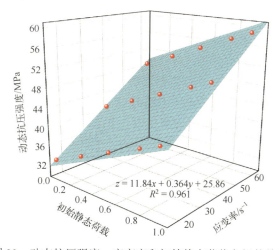

图 23 动态抗压强度、应变率和初始静态荷载之间的关系

3) 高应变率下混凝土微观结构对其力学特性的影响

像混凝土类的多孔材料的微观结构特征很大程度上决定了其特性。为了进一步研究高应变率下混凝土微观结构对其力学特性的影响,对不同微观结构的混凝土试件进行准静态和动态压缩试验。试验采用分离式霍普金森压杆(SHPB)作为试验装置来实现高应变率的加载条件,采用压汞法来检测混凝土的孔隙结构。

试验结果显示,混凝土的压缩特性与对数比应变率(lg 应变率)及孔结构参数(P_s)有很大关系,无论在准静态荷载还是动态荷载下,混凝土的抗压强度都随着孔隙的增加而降低,并且多孔试件的抗压强度更容易受到应变率的影响。混凝土的能量吸收能力也受试件微观结构的影响,试件孔隙越多,单位吸收能量也就越低。根据试验结果,提出了一个预测应力-应变响应的模型(图 24 和图 25),该模型与试验结果具有很好的一致性。(该部分内容已投稿 SCI 期刊 *ASCE Journal of Materials in Civil Engineering* 发表。)

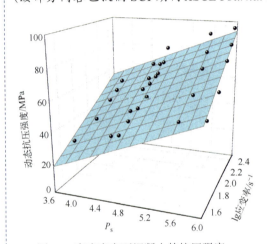 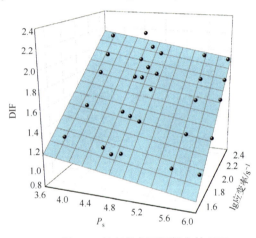

图 24　高应变率下混凝土的抗压强度　　　图 25　高应变率下混凝土的 DIF

2. 成果意义(潜在的应用前景及可能的社会、经济效益)

混凝土作为最常用的工程材料,广泛应用于各种民用建筑及军事设施。其成分复杂,表现为非均匀性、非线性以及不稳定的脆性破坏等。实际应用中,各种混凝土结构除承受静态荷载外,也不可避免地要承受地震、冲击、爆炸等动态荷载。在遭受武器攻击、爆炸、地震、海浪冲击、风力和水力等冲击荷载时,混凝土材料表现出与静态荷载作用下不同的性能。因此对混凝土材料动态性能的研究成为国内外科学研究的热点。本项目的主要成就如下:首先介绍了当前基于 SHPB 技术测试混凝土类材料抗拉强度的若干问题研究进展;重点对 SHPB 试验下混凝土动态抗拉及抗压力学特性进行了试验研究与分析;基于传统的 SHPB 装置,依据混凝土动态力学特性的复杂性,对装置进行了改装;通过压汞试验技术对混凝土的微观孔结构进行了量征,并构建了混凝土动态力学特性与微观孔结构的定量模型。本项目的工作对进一步了解混凝土动态力学特性有重要意义。

3. 相关支撑材料目录(相关论文、申请或授权专利、相关奖励和社会评价等)

经过长时间的积累和锻炼,目前获得的成果有:主持国家级大学生创新训练计划项目 1 项;申请发明专利 7 项(已公开 5 项);发表或录用论文 5 篇(其中 SCI 期刊 4 篇,中文核心期刊 1 篇)，投稿 SCI 论文 5 篇。以上成果均是项目完成人第一作者或指导教师第一作者、项目完成人第二作者。

(1) 2015 年国家级大学生创新训练计划项目：多次冲击荷载下混凝土动态轴拉损伤劣化规律研究(编号：201510294021)，成员：邵羽，陈晨，徐令宇，盛汝清，邓蘅鑫。

(2) 发明专利《一种高应变率下准脆性材料层裂强度的测量及确定方法》，发明人：邵羽，陈徐东(导师)，袁昊天，陈逸杰，聂宇，已申请，2016。

(3) 发明专利《一种爆炸作用下准脆性材料应力波衰减规律的测试装置及量征方法》，发明人：邵羽，陈徐东(导师)，聂宇，陈逸杰，已申请，2016。

(4) 发明专利《基于霍普金森原理的混凝土轴心动态拉伸断裂试验方法》，发明人：陈徐东(导师)，邵羽，陈晨，徐令宇，邓蘅鑫，盛汝清，公开号：CN104833594A，公开日期：2015.8.12。

(5) 发明专利《一种预测混凝土构件剩余疲劳加载次数的模型》，发明人：陈徐东(导师)，邵羽，孙宇辰，卜静武，公开号：CN105046085A，公开日期：2015.11.11。

(6) 发明专利《基于霍普金森原理的混凝土轴心抗拉强度测量方法》，发明人：陈徐东(导师)，徐令宇，葛利梅，朱乔，陈晨，邵羽，公开号：CN104833599A，公开日期：2015.8.12。

(7) 发明专利《基于非平衡状态的混凝土冲击弯拉损伤的测定装置和测定方法》，发明人：陈徐东(导师)，徐令宇，杨振伟，余泳涛，公开号：CN104913985A，公开日期：2015.9.16。

(8) 发明专利《纤维混凝土构件的弯曲韧性测试方法及其装置》，发明人：陈徐东(导师)，陈晨，邵羽，徐令宇，盛汝清，邓蘅鑫，公开号：CN105043895A，公开日期：2015.11.11。

(9) Xudong Chen(导师)，Yu Shao(邵羽)，Chen Chen(陈晨)，Lingyu Xu(徐令宇). Statistical analysis of dynamic splitting tensile strength of concrete using different types of jaws[J]. *ASCE Journal of Materials in Civil Engineering*(SCI 期刊). 录用待刊，DOI: 10.1061/(ASCE)MT.1943-5533.0001635.

(10) Xudong Chen(导师)，Yu Shao(邵羽)，Lingyu Xu(徐令宇)，Chen Chen(陈晨). Experimental study on tensile behavior of cement paste, mortar and concrete under high strain rates[J]. *Journal of Wuhan University of Technology-Materials Science* (SCI 期刊)，2015，30(6): 1268-1273.

(11) Xudong Chen(导师)，Lingyu Xu(徐令宇)，Shengxing Wu. Influence of pore structure on mechanical behavior of concrete under high strain rates[J]. *ASCE Journal of Materials in Civil Engineering* (SCI 期刊)，2015，28(2): 04015110.

(12) Xudong Chen(导师)，Chen Chen(陈晨)，Pingping Qian(钱萍萍)，Lingyu Xu(徐令宇). Influence of specimen size on compression behavior of cement paste and mortar under high strain rates[J]. *Journal of Wuhan University of Technology-Materials Science* (SCI 期刊)，2016，31(2): 300-306.

(13) 邵羽，袁昊天，徐令宇，陈徐东. 基于 SHPB 技术的混凝土动态抗拉强度研究述评[J]. 水力发电学报，2016，已录用。

(14) Xudong Chen(导师)，Yu Shao(邵羽)，Chen Chen(陈晨)，Lingyu Xu(徐令宇). Experimental study on impact tensile strength of concrete by spalling test[J]. *Construction and*

Building Materials(SCI 期刊). 已投稿. (Manuscript No. CONBUILDMAT-S-16-02405).

(15) Xudong Chen(导师), Yu Shao(邵羽), Jiayi Yuan, Jingwu Bu. Experimental study and analytical modeling on hysteresis behavior of concrete in uniaxial cyclic tension[J]. *Construction and Building Materials* (SCI 期刊). 已投稿. (Manuscript No. CONBUILDMAT-S-16-02487).

(16) Xudong Chen(导师), Lingyu Xu(徐令宇), Jingwu Bu(卜静武). Post-peak cyclic behavior of concrete under uniaxial alternating tensile-compressive loading[J]. *ACI Materials Journal* (SCI 期刊). 已投稿. (Manuscript No. M-2016-14).

(17) Xudong Chen(导师), Chen Chen(陈晨), Haotian Yuan(袁昊天), Min Chen(陈敏). Experimental study on compressive behavior of plain concrete under high strain rates after freeze-thaw cycles[J]. *ASCE Journal of Materials in Civil Engineering*(SCI 期刊). 已投稿. (Manuscript No. MTENG-5006).

(18) Xudong Chen(导师), Chen Chen(陈晨), Qiao Zhu(朱乔). Experimental study of inertial effects on split Hopkinson pressure bar testing for concrete[J]. *Structural Concrete* (SCI 期刊). 已投稿. (Manuscript No. suco.201600080).

2) 分析

(1) 选题。

① 项目要具有科学意义与学术价值。

项目的科学意义与学术价值一方面是指对学科发展有重要意义，这类项目往往是指学科的前沿或热点研究课题；另一方面是指所研究的科学问题对我国科技、社会、经济发展有重要意义。具有前一意义的多是理论导向型的课题或者问题导向型的课题，而具有后一意义的则多为问题导向型的课题。

一个选题恰当的项目一般具有上述两方面的意义与价值。理论导向型的研究项目要求从学科理论衍生发展出新的理论，而且新理论能指导解决实际的问题。问题导向型的研究项目则是从实践中提炼出问题，升华到理论高度进行研究，反过来，新的理论也能指导解决实际的问题。研究中理论要联系实际，成果中理论要有指导实际的普遍意义。

在理论导向方面，本项目针对采用 SHPB 技术测试动态抗拉强度时存在的若干问题，根据应力波传播理论进行装置改进，系统探究混凝土的动态拉伸力学性能。另外，混凝土的动态抗压力学响应机理尚不明晰，本项目将微观结构与宏观响应相结合，分析孔结构参数与动态抗压性能之间的联系，定量评价孔结构参数对动态力学性能的影响。在问题导向方面，混凝土在服役过程中可能会承受地震、爆炸等动态荷载作用，而此时混凝土材料已经处于受力状态。为此，本项目通过简化工况，利用静态荷载作用后的混凝土试件开展动态力学性能研究，探究服役状态下混凝土的动态力学响应。

综上，本项目具有重要的科学意义、学术价值和应用前景。

② 选题要能概括反映所研究的项目。

题目(25 个字内)要做到新颖性与科学性、规范性的统一，不宜过长。首先，题目要能概括性地反映项目的主要研究内容，以本项目为例，单独看本项目的研究内容实际相当琐碎，包括混凝土抗拉、抗压等各个方面的内容，但所有研究均是围绕高应变率下混凝土的动态力学特性而展开的。因此，题目要选取所有研究的共同点，将所有研究内容全面反映出来。进一步，题目要反映项目的新颖性，由于本项目创新性分散，不易集中到一个题目上来反映。对那些创新性更集中的项目来说，题目要能反映项目一定的创新性。

(2) 研究背景。

研究背景主要阐明项目的研究意义。首先是选题的科学意义与学术价值的具体表述。要回答为什么要选定这个项目，有什么充分的理由，科学意义与学术价值是什么，对学科发展将会有何贡献，所研究的科学问题是否结合了我国的实际需要，对科技、经济、社会发展有何重要意义或应用前景，进一步阐明研究本项目在理论上与实践上的必要性。本项目从实际出发，首先以隧道施工为例，论述了强动载对混凝土作用的普遍性并提出动载作用会对混凝土结构造成损伤这一可能性，也就是问题的工程背景；接着说明了高应变率下混凝土动态力学特性研究的必要性：开展高应变率下混凝土的动态抗压和抗拉力学性能研究有利于科学指导工程设计与施工。

综上得出结论：鉴于实际工程的需要，有必要对混凝土在高应变率下的动态力学特性进行深入研究。

(3) 国内外研究现状。

此部分的目的是要阐明项目研究问题在科学发展链中的位置，以及问题的来源、形成与提出。

申请者应对项目所涉及的研究领域的国内外研究状况有充分的了解，在申请时要对其国内外研究现状、学术前沿、进展程度、发展趋势、同行研究的新动向等加以阐述，并附主要的参考文献——要通过对国内外研究现状的分析来回答创新性问题，具体回答这些问题：①什么人在研究，研究了些什么？②核心科学问题是什么？③别人如何进行研究的？解决了些什么问题？还有什么问题没解决？④哪些问题是别人想到了，但没有解决的？⑤哪些问题是别人还没有想到的，或做不了的？这一部分存在的问题是国内外研究现状不能充分阐述清楚，或阐述得不具体，甚至不够正确。参考文献方面，所附文献要能反映申请者对研究现状的了解，并且尽量为最近的研究成果。参考文献陈旧，或拼凑一些文献，反映了申请者没有掌握国内外学术发展趋势与动向，对申请的问题基本无研究工作基础，或略有所知，或知之甚少。如果参考文献较翔实，经典文献与最新文献均有了解，那么将会给评委留下较好的印象。

以本项目为例，分3块阐述了国内外的现状，其中包括混凝土动态力学特性、混凝土微观结构特征和加载历史对混凝土力学性能的影响。每一块均对应着本项目相应的研究内容。在有关混凝土动态力学特性现状的描述中，由于研究成果丰富，没有采用简单罗列若干研究者结论的方法，而是对当前的研究成果进行了总结和梳理，从而得到了一系列具有广泛通用性的结论。在对结论进行总结后，提出了现阶段在此方面存在的问题："现有研究多针对混凝土的动态抗压特性，而针对混凝土动态抗拉特性的研究较少。"采用这种方式回答了本项目的创新性问题，由于针对动态抗拉特性的研究较少，本项目就对混凝土的动态抗拉特性展开了研究。其他几块思路相同，不再赘述。

(4) 项目的创新性。

创新性是所申报项目所必须满足的要求，也可以理解为取得好名次的必要而不充分条件。一个项目之所以立项，或多或少都有其创新性，比赛中创新性的比拼和碰撞是影响结果的重要因素。项目及研究内容的创新性与超前性是在选题时必须认真考虑的问题。对科学研究而言，创新可以从几个方面理解：①提出新理论、新学说、新方法，或进行开创性的研究工作；②在前人(也包括自己)工作的基础上有所发现，有所发明，有所前进；③将国际科学前沿理论、方法与中国实际相结合，创造性地发展理论、方法。

具体到某一个项目，可以从技术和理论两方面对其进行创新。例如，本项目为了实现对高应变率下混凝土抗拉特性的测量，对试验装置进行了若干改进，这是试验技术方面的创新。而利用新的试验技术，对试验结果进行处理，势必要采用新的理论和方法，这就构成了本项目理论上的创新。本项目同时在微观层次上对混凝土材料进行了研究，考虑孔结构的影响，形成了理论上的创新。

(5)项目成果。

由于全国土木大创赛是"创新成果"比赛，因此成果的重要性不言而喻。想要申报全国土木大创赛，一定要在项目实施过程中注意总结、积累成果。成果从何而来？项目所有创新点的实现就是成果。专利和论文就是在阐述那些尚未有人解决的问题是怎样通过你的创新性思维解决的。因此，创新点越多，成果也就越多。以本项目为例，进行混凝土动态抗拉试验，没有合适的装置，要想办法通过改进得到理想的装置。这个改进后的装置就可以申请发明专利；同样，如果不同装置进行试验后对数据的处理方法不同，创新的数据处理理论也可以申请发明专利。试验装置、数据处理理论都具备后，着手进行试验来研究材料的特性，从而发现规律，那么发表论文也就是水到渠成的事了。因此，在项目进行中，一定要思考创新点在何处，并不断围绕创新点来整理成果。毕竟成果是一个项目是否优秀的硬指标。例如，案例中的项目成果丰富，具有高度贡献度(排名第一或导师第一、学生第二)的优秀成果得到评委的青睐也是自然而然的了。

(6)答辩注意事项。

答辩PPT和讲解的技巧在此不过多地谈论了，这里强调两个答辩过程中应该注意的问题。一是比赛之前一定要在举办方的投影机中对PPT进行试讲或者试放，以便及时处理突发情况。二是在面对评委老师提问时，要抓住问题的中心，明白评委老师的提问意图，问什么答什么，不要走入"提问时间有限，我多说点，评委老师就能少问点"的误区。

6.2.3　土木创训的高阶实战——全国大学生交通运输科技大赛

1. 简介

全国大学生交通运输科技大赛的参赛对象主要是交通运输类及相关专业在读本科生和研究生，包括交通工程、交通运输、载运工具运用工程、道路桥梁与渡河工程(道路、桥梁、隧道)或交通土建(道路、桥梁)、交通设备与控制工程、航海技术、轮机工程、飞行技术、物流等专业。

全国交通大赛对参赛作品有以下要求：必须是上一届大赛之后立项，第二年即当年 5 月之前完成的成果。参赛作品可以是相关学科规划设计类作品或论文类作品。参赛作品形式包括设计图纸、研究报告、实物模型、计算机软件等，鼓励提交脚踏实地的作品，不得把导师的科研成果而非成员自身成果的部分作为参赛作品。

全国交通大赛根据学生学历层次共设置本科生和研究生 2 个赛道，本科生赛道结合作品研究领域及所在学科分设 7 个竞赛类，研究生赛道设置 2 个分赛道。本科生赛道竞赛类具体包括交通工程与综合交通、航海技术、道路运输工程、水路运输工程、铁路运输工程、航空运输工程、主题竞赛。主题竞赛每年不同，由大赛组委会确定，如 2020 年为"交通大数据"，2021 年为"共享出行"，2022 年为"数智交通、低碳运输"。

2. 经典实例分析

1）案例

第十二届全国大学生交通科技大赛一等奖研究报告

（河海大学）

城市隧道及高架道路交通事故逆向救援方案

作者：钱文雯，吴季恒，谭和清，林初染

指导教师：杜牧青，张小丽

摘要： 通过分析城市快速路高架和隧道路段的具体断面设计情况，针对交通事故发生条件下正向救援方式受拥堵影响严重、到达事故现场速度缓慢的现状，在现有救援措施的基础上，提出了一套可广泛适用于城市快速路高架和隧道，快速清除事故障碍的逆向救援方案。本方案通过临时封闭部分路段的单股车道，并改变该车道的行驶方向，再运用现有道路交通管控方法，隔离出一段用于清障车和救护车逆向通行的临时安全车道。方案包括救援所需设备、救援流程、逆向车道隔离方案的具体实施方法，能够起到加快救援速度、及时缓解事故拥堵的效果。

关键词： 城市高架；城市隧道；临时车道管制；逆向救援；隔离设施

1. 研究背景

交通事故发生后，需要快速高效地清除故障车辆、疏导车流。但是，对于缺少应急车道的城市快速路，救护车或清障车仅能从拥堵的事故点上游缓慢行驶到达事故点，再进行事故处理和交通组织。行程时间因拥堵大大延长，救援效率显著下降。然而，事故点下游交通流量较低，有充分的可利用空间。因此，在城市快速路的高架和隧道路段提出逆向救援策略具有可行性。目前，虽然存在类似逆向救援的方法，但具有一些缺陷：①所研究的多为高速公路长隧道利用车行横洞救援[1]，对城市快速路中短隧道和高架研究较少；②在缺少车道灯的高架路段，很难封闭出一条临时安全车道，救援难度大；③没有系统的管制措施，存在一定的安全隐患。

因此，本方案旨在对逆向救援所需设备、救援流程、逆向车道隔离方案等进行系统的设计，提出一套便于推广的规范方案。

2. 设计原理

2.1 设计思路

为有效缩短救援所需时间，解决正向救援可能因拥堵延误的问题，提出了一套利用信号提示和隔离设施实现路段临时封闭的方案。本方案主要包括五个方面，如图 1 所示。

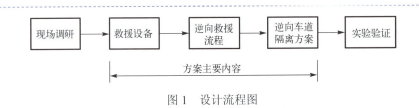

图 1　设计流程图

2.2　关键技术

2.2.1　救援流程

为配合逆向救援工作的展开，在符合《道路交通事故处理程序规定》[2]的前提下，本方案提出以下救援工作的实施流程，如图 2 所示。

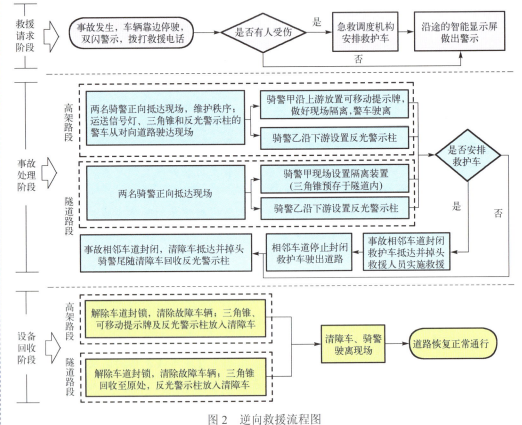

图 2　逆向救援流程图

2.2.2　路段隔离方案

路段车道的隔离方案主要分为事故发生在隧道路段和高架路段两部分，具体如下。

(1)事故点位于中短隧道时，如图 3 所示。

采用三角锥隔离事故点，右侧车道灯提示改为禁行，在事故点和其他所需位置采用语音广播喇叭提示。在全程的悬挂式、立柱式智能诱导屏屏幕上给予警示，在隧道之外的逆向路段每隔 200m 放置反光警示柱避免车辆误入。对于隧道路段，隔离装置预存于隧道内。(本方案主要考虑封闭右侧车道的情形。当事故点在内侧、中间车道时，仍封闭外侧车道，但必须在封闭路段起点与事故点之间留有一定间距以供车辆变道。)

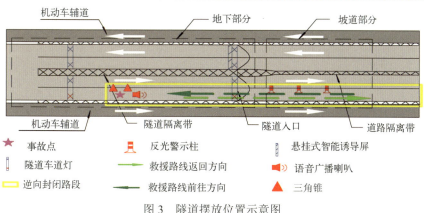

图 3　隧道摆放位置示意图

（2）当事故点出现在高架时，方案包括以下几部分。

①上游预警：事故点上游的智能诱导屏提示"前方事故，右侧车道临时封闭"。

②事故点附近隔离：事故发生后，骑警先到达现场维持秩序。部分救援人员乘汽车携隔离装置从对向车道驶到事故现场，并在事故点上游 30～50m 处最右侧需要封闭的车道上安放显示"右侧车道临时封闭"的可移动提示牌。同时事故点采用语音广播喇叭提示和三角锥隔离。

③事故点下游单股封闭车道警示：骑警沿事故点下游的单股封闭车道每隔 200m 放置反光警示柱，并使该路段的悬挂、立柱式智能诱导屏显示为"右侧车道临时封闭"。

④逆向进出口隔离：部分须逆行的出入口匝道应在救护车和清障车通过时段由交警利用三角锥短暂封闭。

对于高架道路，当事故点出现在不同位置上时，有以下三种基本情况。

①事故点在出口匝道上游附近。从出口逆向进入，从出口正向驶出，如图 4 所示。

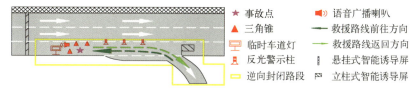

图 4　事故点在出口匝道上游附近

②事故点在出口匝道之后，下一个进口匝道之前，但距离出口较近。从出口逆向进入，从出口正向驶出，如图 5 所示。

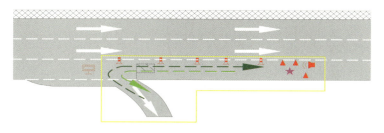

图 5　事故点在出口匝道下游附近

③事故点在进口匝道之前。从进口正向进入，从出口正向驶出，如图 6 所示。

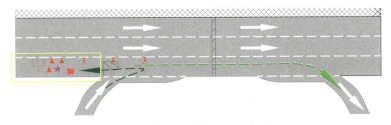

图 6　事故点在进口匝道上游

2.2.3　救援设备

（1）隔离装置：三角锥、悬挂式及立柱式智能诱导屏、语音广播喇叭、可移动提示牌和反光警示柱。

为实现逆向救援设备的专业化，形成临时安全车道的概念。本小组发明了一种"道路用临时车道隔离警示柱"。此装置包括底座和警示柱两部分。底座为水泥预制构件，需安装在道路最右侧车道的车道分隔线下。警示柱采用轻质塑料制成，具有体积小、质量轻、易于大量携带的优点。在未使用时，活动面板与地面齐平，不影响车辆正常通行；使用时，使用者将警示柱与底座活动面板形状相合后压入底座，旋转任意角度卡在底座的空槽中。相比已有设备，此装置成本低廉且易于推广。装置底座剖视图如图 7 所示。装置使用示意图如图 8 所示。

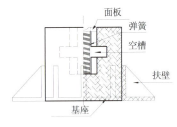

图 7　底座剖视图

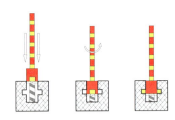

图 8　隔离警示柱装置使用示意图

（2）逆向清障车的选择与自我防护。

考虑到城市快速路高架以及隧道对特殊车辆进行限行管制，选用各个交警队标配的小型清障车即可[3]。在有条件的情况下，也可采用无须掉头的双向行驶道路清障车。在车辆逆向行驶的过程中须保持警报灯闪烁和鸣笛示警。同时，清障车建议以 20km/h 的速度逆向行驶，且在确定隔离装置完全布设成功后，清障车再从封闭路段终点逆向出发。

3.　实例分析

3.1　实验思路

相同条件下，设正向救援时间为 T_1（救援车辆从交叉口正向抵达事故点时间，对应距离为 L_1），逆向救援时间（放置反光警示柱的时间与救援车辆从相邻可逆向出入口抵达事故点的时间之和）为 T_0。故正向救援时间与逆向救援时间的比较实质上就是 T_1 与 T_0 的比较。正向救援时间采用 VISSIM 仿真得到。逆向救援时间可通过以下公式计算：

$$T_0 = \frac{L_2}{V_2} + \frac{L_2}{V_0} \tag{1}$$

式中，L_2 为最近下游出口到事故点的距离；V_2 为逆向救援车辆的行驶速度 20km/h；V_0 为放置反光警示柱的速度，取 12km/h。

3.2　隧道路段仿真

使用 VISSIM 仿真正向救援的时间 T_1，仿真时间为 3600s，仿真预热时间为 1000s，流量范围为 3000～4500 辆/h。公交车和小汽车的流量之比为 19∶1，通过调查所得车速计算出仿真环境中的期望速度[4]，如表 1 所示。

表 1　仿真环境中的期望速度取值表

小汽车期望速度测量范围/(km/h)	小汽车期望速度均值/(km/h)	公交车期望速度测量范围/(km/h)	公交车期望速度均值/(km/h)
70～78	73	63～69	66.5

将草场门隧道(不设车行横洞的中短隧道)作为仿真实例进行调查。草场门隧道全长 733m，其中暗埋段长 299m，是一个单箱双孔六车道的隧道。记录其典型时间段内的流量以及每个时间段内流量随时间的分布，得到流量范围为 3000～4500 辆/h。测量出不同车辆的地点车速，同时调查得到公交车和小汽车的流量之比为 19∶1。仿真实验中将隧道长度设置为 700m(包括暗埋段)，快速路接入口设置在隧道入口前 1000m 处。VISSIM 正向救援仿真示意图如图 9 所示。使用公式(6-1)直接计算逆向救援的时间。

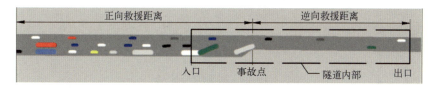

图 9　VISSIM 正向救援仿真示意图

(1)若假设事故发生在 700m 隧道的中点 350m 处，对不同流量下的正向、逆向行程时间进行分析可得到固定救援时间与流量的关系图，如图 10 所示。显然，当流量较大时采用逆向救援具有明显的优势。

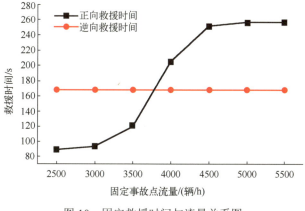

图 10　固定救援时间与流量关系图

(2)若事故点位于隧道中的任意位置，根据仿真得到不同流量下正向、逆向救援时间与事故点至隧道入口的距离的关系，由图11可知，距离入口越远越适合逆向救援。

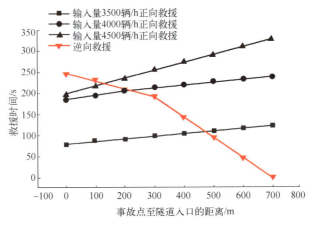

图11　不同流量下时间与距离关系图

3.3　高架路段仿真

实验对高架路段选取了三种典型场景，各段长度如图12所示，进出口匝道长度设置为300m。针对方案中高架事故救援的三种情况即对应事故发生的三种位置(如图12中①、②、③所示)进行仿真实验，可得出结果，如图13～图15所示。

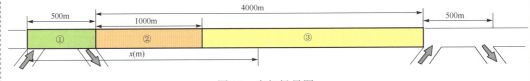

图12　高架场景图

由图13～图15可知，不同情况下逆向救援的行驶效率不同，在①段中后部、②段前部、③段中后部具有明显优势，且在高流量情况下逆向救援在全路段普遍优于正向救援。

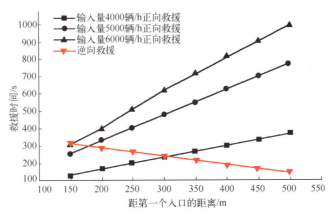

图13　情况①救援时间与距离关系图

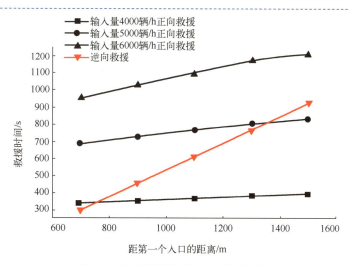

图 14　情况②救援时间与距离关系图

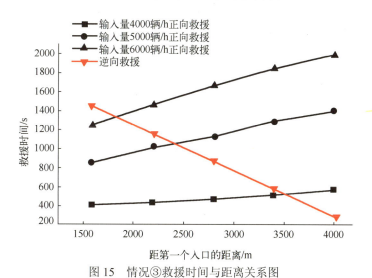

图 15　情况③救援时间与距离关系图

4. 创新特色

(1)针对隧道及高架路段断面及出入口特点进行了"一种用于城市快速路事故救援的可变逆向车道设计"(正在申请发明专利);

(2)充分利用现有设备,并在此基础上发明了"一种道路用临时车道隔离警示柱"以形成规范(正在申请发明专利);

(3)能够快速安全地隔离较长距离的单股车道,作为逆向救援的临时安全车道。

5. 应用前景

本方案给出了一套适用于逆向救援的详细流程和具体设备。使救援人员得以按照规定步骤进行救援,操作简便,且采用的大部分设备各交警队基本配备,需要新购置的设备较少,便于本方案的实施和推广。另外,在方案的设计过程中重视逆向行驶车辆的安全问题,提供了安全的多重保障,可以防止二次事故的发生。城市拥堵一直是交通管理的难点,本方案对迅速疏散、减少交通拥堵具有重要的意义。各地可学习并推广本标准化的方案，有利于提高城市道路智能化水平。

参考文献

[1] 姜学鹏. 特长公路隧道事故灾害与应急救援研究[D]. 长沙: 中南大学, 2008.

[2] 中华人民共和国公安部. 道路交通事故处理程序规定[EB/OL]. http://www.gov.cn/flfg/2008-08/27/content_1080521.htm[2008-08-17]

[3] 中华人民共和国公安部. 基层公安交通警察队装备标准试行规定[EB/OL]. [1992-12-24]

[4] 彭武雄. VISSIM 仿真软件中期望车速的设定方法研究[J]. 交通信息与安全, 2007, 25(4): 53-56.

2) 分析

重点从选题、摘要、研究背景、设计原理和实例验证、应用前景及答辩注意事项上进行本项目的分析。

(1) 选题。

① 创新性。

创新性是该作品获得一等奖的关键因素。城市快速路普遍缺少应急车道，救护车或清障车仅能从拥堵的事故点上游缓慢行驶到达事故点，再进行事故处理和交通组织，从而导致行程时间因拥堵大大延长，救援效率显著下降。针对交通事故发生条件下正向救援方式受拥堵影响严重、到达事故现场速度缓慢的现状，在现有救援措施的基础上，作品提出了一套可广泛适用于城市快速路高架和隧道，且能够快速清除事故障碍的逆向救援方案。通过临时封闭部分路段的单股车道，并改变该车道的行驶方向，再运用现有道路交通管控方法，隔离出一段用于清障车和救护车逆向通行的临时安全车道。方案包括救援所需设备、救援流程、逆向车道隔离方案的具体实施方法，能够起到加快救援速度、及时缓解事故拥堵的效果。该作品的创新性体现在对现有的事故救援技术和方案进行优化改进，使其在救援效率方面变得更佳，同时也将原本"不可能"的逆向救援变为"可能"。

作品创新性也通过与现有研究成果与作品的对比体现出来。作品总结了现有救援方法存在的问题，例如，研究对象多为高速公路长隧道利用车行横洞救援，对城市快速路中短隧道和高架研究较少；在缺少车道灯的高架路段，很难封闭出一条临时安全车道，救援难度大；没有系统的管制措施，存在一定的安全隐患。该作品对逆向救援所需设备、救援流程、逆向车道隔离方案等进行系统的设计，提出了一套具有创新且便于推广的规范方案。

② 可行性。

可应用到实践当中的作品才能实现其创新性，因此，可行性是作品获奖的重要因素。作品的可行性主要表现在流程的可执行程度高以及应用设备技术成熟。具体而言，作品给出了详细的流程和设备，使救援人员得以按照规定步骤进行救援，操作简便，且采用的大部分设备各交警队基本配备，需要新购置的设备较少，便于该方案的实施和推广。

保证可行性的有效方法是作品设计原理合理、技术成熟、具有可推广性。

③ 实用性。

作品拟解决的问题是目前重要的交通问题——交通安全，符合大赛主题；研究对象为城市快速路高架和隧道，是我国城市常见的快速道路设施，能解决现实问题。应用时，考虑因素全面，充分结合城市快速路高架的设计要素，并利用事故下游交通流量小的特点，确定了隔离装置的结构、材质以及安装方式，具有易用性和经济性。另外，清障车采用广泛使用的标配车辆或双向行驶车辆，可解决清障车更新采购的成本问题。以上设计使得作品适用于典型城市快速路高架的交通环境，具有适用性强、经济性高的实用性。

通过该作品发现，能否适用于典型的交通设施或环境、保证其适用性与经济性是交通工程实用性设计的重要考虑因素。

(2) 摘要。

城市快速路高架和隧道是交通事故高发路段，由于高架和隧道本身的构造形式，事故发生后救援困难，提升救援效率是交通工作者亟须解决的问题。因此，作品摘要开门见山地说明，作品研究问题是通过分析城市快速路高架和隧道路段的具体断面设计情况，针对交通事故发生条件下正向救援方式受拥堵影响严重、到达事故现场速度缓慢的现状，所开展的快速清障的逆向救援研究，让评委肯定作品有进行研究的必要。既然解决的是正向救援速度缓慢问题，那么作品应能提供一整套详细的快速救援方案。摘要中提及的"通过临时封闭部分路段的单股车道，并改变该车道的行驶方向，再运用现有道路交通管控方法，隔离出一段用于清障车和救护车逆向通行的临时安全车道"确实给出了具体的快速救援方案，即逆向救援，该方案能够实现快速清障和救援。该段文字能让评委肯定作品研究方法的创新性和先进性，让评委想继续了解作品，以知道逆向救援的具体方案和流程是如何实现的。方案的实施效果是评委极其关心的问题，摘要最后提出"方案包括救援所需设备、救援流程、逆向车道隔离方案的具体实施方法，能够起到加快救援速度、及时缓解事故拥堵的效果"，让评委想了解作品是如何做到快速、经济、可移植的，也就是作品的可行性与实用性如何。

作品摘要的写作目的是让评委有继续阅读全文的欲望。因此，摘要应让评委肯定研究意义，认为研究方法创新、先进、可行，研究结果正确，使评委想通过阅读全文了解作品详细的研究内容。

(3) 研究背景。

研究背景应清楚地解释作品"为什么做这个课题""关于这个课题的研究现状和局限性""从哪几个方面做这个课题"这几个问题。作品通过对目前城市高架和隧道事故高发以及救援缓慢的特点进行了介绍，说明了城市高架和隧道快速救援的重要性。对已有研究方法和方案进行归纳总结，得出现有研究存在三个问题：①所研究的多为高速公路长隧道利用车行横洞救援，对城市快速路中短隧道和高架研究较少；②在缺少车道灯的高架路段，很难封闭出一条临时安全车道，救援难度大；③没有系统的管制措施，存在一定的安全隐患。

研究背景通过总结目前研究的不足，条理清楚地推导出目前研究应继续改进的方向，即如何开展这个课题的研究：结合城市高架构造形式以及事故发生时的交通运行特点，对逆向救援所需设备、救援流程、逆向车道隔离方案等进行系统的设计，提出一套便于推广的规范方案。

(4) 设计原理和实例验证。

设计原理重点阐述"摘要"中提及的"研究方法和研究结果"，解决"研究背景"中提及的"研究不足""救援难度大""缺乏系统管制措施"这三个问题。

该作品设计了一套逆向救援所需设备、救援流程、逆向车道隔离的系统方案。描述系统方案时，一定要描述清楚设计方案的工作流程和适用场景以及救援设备中每个组成部件的功能、材质、成本等内容。另外，还需要运用合适的手段验证所提方案的效果。该作品首先介绍了逆向救援的实施流程，从整体上确定了方案的救援思路，为执法人员提供了详细的救援工作流程。逆向车道隔离是方案能否实现的核心工作，作品针对事故发生设施和位置的差异，提出了因地制宜的隔离方案，从而明确了所提方案在不同场景下的适用性。系统设备是救援方案能否落地的关键，作品根据方案流程，介绍了设备的主要构成。其中隔离装置包括三角锥、悬挂式及立柱式智能诱导屏、语音广播喇叭、可移动提示牌和反光警示柱，而清障车可选择现有标配车型以及常规的双向行驶车型。作品详细分析了以上组成部件的具体功能、材质以及成本，由此说明了设备的实用性。方案的执行效果需要验证，然而开展实地测试成本过高，因此仿真就成为最佳选择，作品运用成熟的 VISSIM 软件对所提方案进行了检验，证明了研究方案的可行性和先进性，给评委留下有理可据的印象。

总体而言，作品的设计原理部分应从硬件和软件两方面阐述作品的关键技术，使软件的功能和硬件设备互相呼应，便于评委对作品进行理解和认可。实例验证结合研究对象和方法的特点，从技术和成本角度选择合适的验证方法。

(5) 应用前景。

应用前景可以从效果、复杂程度、成本、可移植性等方面描述。若想达到客观、有冲击性的目的，可以使用数据的方法描述应用前景。例如，描述作品的应用效果时，可通对方案使用前交通事故救援效率和设备使用后交通事故救援效率进行对比说明作品的效果。

(6) 答辩注意事项。

答辩 PPT 的制作需根据具体内容反复推敲，答辩过程中的注意事项参考 6.2.1 节。

6.2.4 土木创训的高阶实战——美国大学生土木工程竞赛中太平洋赛区交通赛

1. 简介

美国大学生土木工程竞赛中太平洋赛区交通赛由美国土木工程师学会(ASCE)主办，立足于交通工程学科，赛题内容涉及交通工程专业的交通方向和道路方向等，重点考查学生运用专业知识解决实际问题的能力。通常针对某个地区现存的交通问题和现实条件的限制进行出题，要求参赛小组提出解决方案并论证方案的优势和可行性。

主办方会通过邮件等方式发送三次信息：第一次为赛题要求以及需要提交的材料和评分标准；第二次为参赛的各项时间安排以及各参赛方需要进行回复的时间等；第三次为提交材料的截止时间以及比赛的方式和注意事项。需要注意的是，比赛要提交的材料一般分时段提交，不同材料的提交时间不同，一定要关注时间节点。

1) 赛题内容

竞赛主题常是交通热点，例如，2018 年赛题聚焦有轨电车的线路规划，2019 年赛题侧重于干线公交规划，2020 年赛题以智慧交通都市为主题，2021 年赛题则聚焦于交通规划与经济公平，2022 年赛题聚焦于自行车出行效率、安全与舒适。

2) 前期准备

(1) 参赛小组首先需要根据主题、简介、背景和提案具体目标，明确赛题问题和目标群体，提炼赛题关键词(如可达性、经济性、绿色、安全等)。

(2)根据提案要求和评分表，明确提案包含的内容，一般提交的提案报告不仅包含文字论述，还包含图纸绘制、成本估算、数学分析推演、信号配时方案、交通仿真模拟结果等内容。

(3)根据赛题背景，整理赛题书提供的公开数据，并搜集相关资料，常用资料如下：《道路通行能力手册》(*Highway Capacity Manual*，HCM)，《道路设计手册》(*Highway Design Manual*，HDM)，*The Green Book*，*The Little Green Book*，*Design of Pavement Structures*，全国城市交通官员协会(NATCO)创建的城市交通规划指南 https://nacto.org，以及和赛题关键词相关的当地政府规范、标准、同类工程案例等。

3)提交材料

提交材料包括总报告、设计图、施工组织、计算书、海报等材料。总报告主要包含简介(Introduction)、背景(Background)、提案具体目标(Proposal Specific Goals)、提案要求(Report Requirements)、团队要求(Team Requirements)、提交要求(Submittal Requirements)、提案汇报(Proposal Presentation)和评分表(Grading)。

4)比赛形式

一般现场比赛包括汇报环节和问答环节。汇报环节 10min，超时会扣除相应分数，参赛队需展示作品海报，并以 PPT 形式讲解报告。问答环节 10min。

5)报告要求

(1)创新性。

提案的创新性决定了参赛成绩的上限。赛事组委会通常以某一地区现存的交通问题作为赛题。赛题内容使得各参赛队对同一对象进行设计，设计的提案难免重复，要想出彩，提案的创新性是关键。由于备赛时间有限，且赛题要求繁杂，选择 1 或 2 个创新点足以在有限的时间里让提案出彩。此外，提案的创新性大多不追求理论上的创新，多是改进或借用相关的创新成果，应用在实际赛题环境中，以期获得更好的优化效果。例如，河海大学在 2018 年美赛中太赛交通赛中，不同于其他学校设计的双线有轨电车线路，以单线有轨电车搭配实施补偿信号控制的提案获得第一名。

(2)可行性。

不同于全国大学生交通运输科技大赛，美赛中太赛交通赛各参赛队围绕着同一赛题书设计提案，可行性是评委最先看重的。评委最常考察的也是提案能否落地。因此，参赛队提案的可行性决定了成绩的下限。一份优质的提案不仅能解决赛题的实际问题、达成优化目标，更能把握当地交通工程的建设习惯，以合理的成本报价说服评委、打动评委。

(3)凝练性。

赛题书要求繁杂，提案内容多，这就要求参赛队凝练短词/短句以串联多要素的提案、增强评委对提案的记忆点。例如，2019 年美赛中太赛交通赛以安全(Safety)、高效(Efficiency)、绿色出行(Green Commuting)为目标，串联城市干道公交规划提案，引领提案里干线规划、场站设计、停车规划、绿波信号配时、路面结构材料设计、施工规划等内容的实施。

(4)全面性。

提案的全面性不仅要求解决实际交通问题、达成赛题书的优化目标，还隐含着对不同阶层的出行者提供优质的交通服务，特别是对弱势群体的人性化关注。例如，在 2019 年的提案汇报时评委关注了行人的步行空间，2021 年的赛题书里点明了规划的目标群体是农村低收入群体。

(5)美观性。

好的提案内容还需要好的展示做支撑。提案报告不仅要求文字整洁，还需要图文并茂。用 3D 建模、交通仿真等软件可以直观地展示方案效果。提案汇报也需要依托出彩的海报或 PPT。海报同样侧重于规整和图文并茂，而出彩的 PPT 往往文字简洁，常以图、表、视频展现提案的细节设计和规划成效。无论提案报告，还是海报或 PPT，如果在色彩方面能做到统一协调，更能提高整体的美观性。

2．经典案例分析

1)赛题——2018 年美国大学生土木工程竞赛中太平洋赛区交通赛

(1)规则。

①问题描述。

萨克拉门托市正在萨克拉门托市中心地区实施有轨电车系统。该电车将从西萨克拉门托开往中城，途经萨克拉门托市中心。电车系统的一部分主要线路穿过 Tower Bridge，行驶至 3rd Street 和 I Street 交叉口处。

有轨电车由电网供电，并与轨道相连。公司负责设计：有轨电车的轨道布局、电杆位置、位于 Embassy Suites 处的 Embassy Suites 停靠站和 3rd Street 处的 Holiday Inn 停靠站、行人和自行车设施、标志标线、人行横道、机动车和有轨电车的信号配时、街道建设组织。

在进行道路设计改善时，仅允许将道路扩宽到道路红线。

②范围。

公司负责 Tower Bridge 西侧到 3rd Street 与 Capitol Mall 交叉口，然后向北至 3rd Street 与 I Street 交叉口。仅允许在边界图中底图的边界内设置轨道，不能变更任何高速公路/公路入口、建筑物和停车设施。

公司只允许在 Tower Bridge 西侧边缘或 I Street 与 3rd Street 交叉口处开始施工。假设在 I Street 的 Sacramento Valley Station 处有一座有轨电车停靠站。

③规范。

萨克拉门托市提供了竣工图(地图)、近期的交通统计、轨道和有轨电车的尺寸。

这些文件必须在所提交的计划书中作为现有地面和通行权限制的参考。任何对地面或通行权的变更都必须清楚地注明。

限速：Tower Bridge Gateway/Capitol Mall 处 25mile/h(1mile/h=1.609344km/m)。

3rd Street 处 30mile/h。

预期设计服务水平：C。

交通量增长：1%。

设计年限：20 年。

注：任何组合的交叉口必须遵守更高的服务水平。

(2)提交文件。

设计书、书面总结、计算书、可能成本必须合并成一个 PDF 提交。提交内容包括拟建区域的总平面图、道路纵断面图、建设工期安排、信号配时和相位图或无信号交叉口的理由、标准的横断面图、可能成本、服务水平、项目总结等。所有的图形必须用计算机绘制，格式符合 ANSIB (11in×17in) 标准。每逾期提交 24h 将被扣除 3% 的分数。

（3）海报。

所有参赛学校必须准备一份海报以概述交叉口相关的最终概念图。每张海报（至少）显示学校名字、每个参赛成员的名字、道路断面施工工期、相位和信号配时图，以及总成本估计。每支队伍必须自己提供海报架。

（4）汇报及问答环节。

所有学校将有 10min 的汇报时间，之后是评委小组的 10min 问答环节。10min 的汇报必须提供项目的概述。问答环节将由评委向参赛队提出具体问题。每个参赛队最多允许 3 名成员进行汇报，汇报团队必须包括所有的项目经理。汇报质量和着装也会受到评判。

2）冠军作品

2018 年美国大学生土木工程竞赛中太平洋赛区交通赛冠军研究报告
（河海大学代表队）

作者：杨婷，周若愚，翟学，伍洋，薛鑫，陈宜恒

指导教师：李锐，刘云

1. 概述

萨克拉门托市区计划修建一个有轨电车系统。它穿过萨克拉门托市中心，将西部地区与中城连接起来。电车系统设计区域为 Tower Bridge 西侧至 3rd Street 和 I Street 交叉口，如图 1 示。

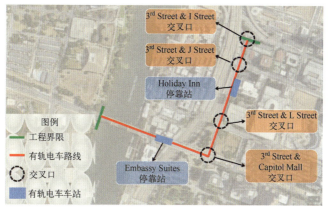

图 1　有轨电车平面示意图

本方案包括电网极点位置设计、路段设计、施工分期计划、信号配时、分期设计和费用估算。由于连接萨克拉门托河两岸的设计区域交通量较大，需要充分考虑机动车的交通流量，以最大限度地提高有轨电车的效率和准时性，最大限度地提高整个路段的服务水平。为了实现这一目标，河海大学团队提出了一种有轨电车的规划控制方案，通过优先释放实时补偿，提高有轨电车的通行能力，最大限度地减少该地区机动车的延误。

2. 设计

2.1 线形设计

本方案参考 AASHTO[1]指南和现有有轨电车的设计，从 Tower Bridge 西侧至 3rd Street 和 I Street 交会处进行设计。总平面示意图如图 2 所示，图中数字为里程桩号，EB/WB 分别为东西两侧。由于通行权的限制，有轨电车的设计采用单向轨道。为了减少有轨电车与车辆的相互干扰，提高道路安全性，车辆不允许在轨道上行驶，只能在路口行驶。有轨电车占据了位于 Capitol Mall 道路中心的 Tower Bridge 的左西行车道，电车也占据了一些中间地带。然后电车左转进入 3rd Street,沿着 3rd Street 东侧延伸到 3rd Street 和 I Street 的交叉口。设计区有两个有轨电车车站。Embassy Suites 停靠站位于 Front Street 和 2nd Street 之间的 Capitol Mall 的中间地带。行人可以从车站两侧离开，通过两个十字路口的人行道前往目的地。Holiday Inn 停靠站位于 3rd Street 与 Parking Garage 交叉口北出口坡道的人行道上，拓宽了人行道以增加行人的通行能力。

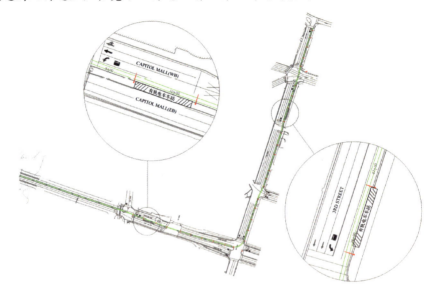

图 2　总平面示意图

重建细节如下：

（1）Tower Bridge 由西至东的内车道改为有轨电车道；

（2）拓宽 Capitol Mall & Front Street 交叉口中央分隔带并增加一个车站，同时取消东入口路上的一车道；

（3）Capitol Mall & Front Street 交叉口东侧出口道右侧放置自行车道，靠近路缘带；

（4）Capitol Mall & 2nd Street 交叉口西侧进口道去掉一个左转车道；

（5）将 Capitol Mall & 3rd Street 交叉口西侧中央分隔带缩窄，沿中央分隔带北侧布置有轨电车道；

（6）取消 3rd Street 东侧车位，改建为有轨电车道；

（7）3rd Street& L Street 交叉口北侧拆除中央分隔带，采用双黄线分割对向车辆；

（8）3rd Street& J Street 交叉口南侧进口道右转车道改建为有轨电车道，拆除 3rd Street

& J Street 交叉口南侧的中央分隔带，采用双黄线分隔对向车辆。

2.2 轨道和电杆设计

Capitol Mall & 3rd Street 交叉口轨道为螺旋曲线。螺旋形式意味着曲率的程度直接随长度增加，这使得电车逐渐被引导到其旋转的位置，而不是瞬间被引导到其旋转的位置。

轨道采用单向双轨形式。根据 *Manual for Railway Engineering*[2]，使用的是 56.50in 的标准轨距。铁轨采用 115 RE rail。

所有的电杆都位于中央分隔带或人行道边缘，接触线高度为 20.25ft。电杆位置根据实际情况设置，但相邻电杆之间的间距均小于 105ft。

2.3 信号配时和相位

由于路段增加了有轨电车，车道的配置发生了变化。因此，通过分析交通流来重新确定有轨电车路径中交叉口的相位，其中 Capitol Mall & Front Street 和 Capitol Mall & 3rd Street 交叉口为三相，其余为两相。根据 HCM[3] 重新设计了 5 个交叉口的信号配时，然后确定了一个信号周期的间隔，并通过仿真计算验证了结果，最终确定了信号周期长度为 90s。之后，研究小组又增加了有轨电车感应控制，利用 VISSIM 获取延迟检测数据，如图 3、图 4 所示。

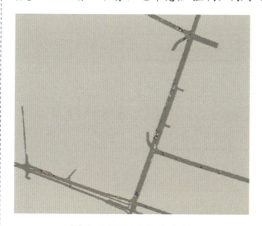

图 3 VISSIM 仿真全景

图 4 Capitol Mall &3rd Street 交叉口的 VISSIM 仿真

Capitol Mall & 3rd Street、3rd Street & J Street、3rd Street & I Street 交叉口满足服务水平 C 的要求。2037 年各交叉口的车辆平均延误和服务水平如表 1 所示。

表 1 计算以及仿真（2037 年）

交叉口 \ 描述	理论计算结果				仿真结果			
	AM 高峰小时		PM 高峰小时		AM 高峰小时		PM 高峰小时	
	延误/s	服务水平	延误/s	服务水平	延误/s	服务水平	延误/s	服务水平
Capitol Mall & Front Street	19	B	29	C	15.63	B	15.62	B
Capitol Mall & 3rd Street	25	C	26	C	27.15	C	27.69	C
3rd Street & L Street	17	B	26	C	13.05	B	15.57	B
3rd Street & Parking Garage	14	B	13	B	15.31	B	16.08	B
3rd Street & J Street	19	B	22	C	14.43	B	20.65	C

2.4　有轨电车控制程序

由于有轨电车是一种大运量公共交通工具,在交通组织上一般给予有轨电车优先通行权。在交叉口采用感应控制,交叉口的信号转换取决于设置在电车线路上的检测器。由于有轨电车优先通行会在一定程度上造成冲突阶段的延迟,因此,根据实时补偿原则制定控制方案。当检测到有轨电车接近交叉口时,通过调节信号给予有轨电车通行权。

根据是否与有轨电车发生冲突,通过交叉口的交通流分为冲突流和协调流两类。通过交通流将信号相位分为冲突相位和协调相位。冲突相位允许冲突流通过交叉口,协调相位允许协调流和有轨电车同时通过交叉口。

协调流与有轨电车没有冲突,有轨电车通过时,车辆享有优先通行权。对于冲突流,电车到来冲突相位切断时,相位时间没有过半,一旦有轨电车启动,冲突流将通过回到刚刚被切断的冲突阶段来弥补有轨电车的时间损失。

本控制方案可以科学地处理有轨电车与社会车辆之间的矛盾,达到良好协调的目的,最大限度地利用时间资源,减少车辆平均延误,提高道路的整体服务水平。通过 VISSIM 进行时延测试,证明了本控制方案是非常有效的。具体控制方案生成如图 5 所示。

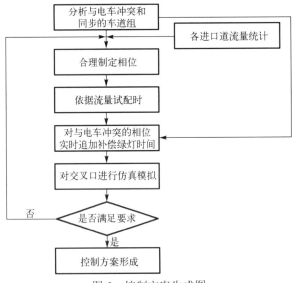

图 5　控制方案生成图

2.5　纵断面设计

道路纵断面图是垂直于道路中线的一个垂直纵断面。它表明了道路沿线变化。纵断面图中显示了 Tower Bridge 至 3rd Street 和 I Street 交叉口的道路高程信息以及原地面线和新路面的高程信息。由于缺乏桩号信息,假设 Tower Bridge 西侧边缘为桩号起点,I Street 与 3rd Street 交叉口为桩号终点。现有的地面线高程是从基准地图中读出的。根据现有的地面线,确定一条新建道路的纵断面。坡度、变坡点、垂线交点、垂线尺寸均标注在完成的坡度纵断面线上,所有设计均按照 *West Sac Street Design 205*[4]进行。

2.6　路边停车场改建

由于电车系统会占用一定的路权,电车系统的运行会在一定程度上降低私家车出行的比例，因此，停车需求也会相应减少。综合考虑比较停车位和行车道的效益，将 3rd Street 和 Capitol Mall 至 3rd Street & L Street 交叉口的道路东侧路边停车位改建为轨道。该路段停车需求较少，3rd Street 和 Capitol Mall 交叉口南侧路边停车位充足，可以满足停车需求。

2.7　横断面设计

在铺设有轨电车轨道时，需要明确现有道路结构层厚度。根据现有路面结构情况确定衔接段各层厚度和轨道底部基层厚度。由于信息缺乏，参考 HDM[5] 和 AASHTO[1]，采用交通量数据计算 20 年后的荷载，进一步计算道路结构层的最小厚度。由此假设一个设计年限内满足荷载需求的道路结构形式作为现有道路结构。假设道路结构如表 2 所示。

表 2　结构层厚度

结构层	类型	厚度/in
上面层	Superpave-16	1.6
下面层	Superpave-19	2.4
基层	压实度95%碎石	8
底基层	压实度90%碎石	12

路面面层材料为热拌沥青混合料(HMA)，其中上面层采用 superpave-16 沥青混合料，下面层采用 superpave-19 沥青混合料。superpave-16 沥青混合料为 1.6in，superpave-19 沥青混合料为 2.4in。基层材料是压实度为 95% 的碎石，底基层材料是压实度为 90% 的碎石。道路未改建部分维持现有斜坡。在满足一定排水要求的情况下，减少改建路段的工程量，使坡度尽量接近原路面。

2.8　填挖方

道路改建需要大约 1846.43 立方码(1 立方码=27ft^3=0.765m^3)的挖方，大约 195.48 立方码的填方。主要挖方是有轨电车道改建和 3rd Street 和 Capitol Mall 中央分隔带的拆除。主要填方是 3rd Street Holiday Inn 人行道的拓宽。其中，Capitol Mall 中央分隔带部分拆除改建为有轨电车道。3rd Street 中间分隔带拆除改建为机动车道。

3.　施工计划

3.1　项目时间

整个工程于 2018 年 10 月开始，2019 年 10 月结束。为最大限度地提高施工效率，缩短工期，本工程以主体结构工程为导线，采用多类型、多工种立体交叉作业的方法组织施工。通过这种方式可以在时间和空间上将各种工序和工艺有机地连接起来，优化劳动力组织，缩短工期。

建设工作分为五个阶段：前期准备、3rd Street 改造、Capitol Mall 改造、附属设施配置和清理验收。道路分为两个建设部分：3rd Street 和 Capitol Mall。这项工程将按顺序进行。本方案可以缩小施工区域，缓解施工带来的交通压力。项目工期参照原项目施工条件和 *Code for Design of Railway Engineering Construction Organization*[6]确定。

3.2　施工期间的交通控制

全路段按照"先路段施工后交叉口施工"的原则施工，减少对交通网络的影响。施工分路段进行，并根据施工阶段进行交通控制。3rd Street 建设阶段，从 3rd Street 和 J Street

交叉口到 3rd Street 和 I Street 交叉口路段封闭中央分隔带东侧所有车道和西侧一条车道。从 3rd Street 和 J Street 交叉口到 3rd Street 和 Capitol Mall 交叉口东侧封闭两条车道。在整个 3rd Street 建设过程中，全路段改为自北向南单行道。Capitol Mall 和 Tower Bridge 建设阶段，Tower Bridge 采用全封闭式施工，施工期间禁止车辆通行。Capitol Mall 路段封闭中央分隔带两侧各一条车道，道路两侧各留一个车道供车辆双向通行。

4. 成本估算

如表 3 所示，项目总成本预计为 666 万美元，包括 17.85% 的应急成本、7.14% 的流通成本和 3.57% 的交通信号控制系统成本，但不包括有轨电车的营运成本。成本表的数据是通过对长度、宽度、深度的初步测量以及对部分数据的假设得到的。由于现有道路状况良好，施工时不会破坏现有路面基层，仅需在临时道路上加铺 2in 厚的热拌沥青混合料。

表 3 可能成本

成本类型	成本/美元
街道建设成本	411654
排水系统建设成本	31000
电车系统建设成本	4312130
交通信号控制系统成本	237739.2
流通成本	475478.4
应急成本	1188696
总成本	6660000

5. 设计的好处

5.1 功能

本设计建造一个从 Tower Bridge 至 3rd Street 和 I Street 交叉口的有轨电车，连接萨克拉门托西侧和市中心。它将促进河两岸的发展和交流。同时，在充分考虑乘客需求后，分别在 Embassy Suites 和 Holiday Inn 设立停靠站，为乘客提供方便、经济、准时的服务，进而提高公共交通系统的效率。同时，交叉口采用的控制系统不仅可以使有轨电车在交叉口处不停车持续行驶，又可以减小对机动车的影响。

5.2 安全评价

高效合理的设计方案可以保证交叉口和路段安全，尽量避免行人、机动车以及非机动车与有轨电车的冲突。在路段上，将有轨电车道与机动车道分离，使有轨电车在行驶途中对机动车和行人的影响较小，保证交通组织高效、有序、安全地运行。在交叉口，应给予大运量的有轨电车优先通行权。因此，本项目采用基于实时补偿原则的优先控制，以提高有轨电车的通行能力，最大限度地减少机动车在道路上的延误。该方法科学地解决了有轨电车与社会车辆之间的矛盾，最大限度地保证了交叉口安全。

有轨电车停靠站一个设置在 Front Street 和 2nd Street 之间的 Capitol Mall 中央分隔带上，以达到节约用地和方便引导行人到两个路口、避免交通拥堵的目的。另一个设置在 3rd Street 与 Parking Garage 交叉口北出口坡道的人行道上，拓宽了人行道以提高行人的通行能力。在停靠站附近的交叉口进行合理的信号配时，可以解决行人过街问题，通过交叉口信号可以消除行人与有轨电车、社会车辆的冲突，保证行人过街安全。

5.3　影响分析

1）施工期间的影响

施工期间 Tower Bridge 封闭，禁止车辆通行。想从萨克拉门托河西侧通过 Tower Bridge 桥到达萨克拉门托市中心的车辆需改道至其他桥，一定程度上会增加其他桥的交通压力。Capitol Mall 和 3rd Street 实行半封闭式施工，导致通行能力降低，且 3rd Street 全路段改为单行道，增加了车辆的绕行距离和行驶时间。

2）运行期间的影响

有轨电车采用实时补偿控制，对机动车信号影响较小。同时，有轨电车系统可以改变人们的出行方式，即公共交通出行比例上升。Holiday Inn 和 Embassy Suites 区域的行人数量会增加，开车到该区域的人会减少，该区域的停车需求也会减少。

5.4　创新与改进

1）创新

基于实时补偿控制方案的有轨电车优先控制，减小了机动车与有轨电车在时间和空间上的相互影响。本方案可以科学地解决有轨电车与社会车辆之间的通过矛盾，最大限度地利用时空资源，提高道路的整体服务水平。

2）改进

本设计给予了轨道电车优先路权，有效降低了路段上机动车和有轨电车的相互影响，提高了道路安全性。

车站的布局考虑了乘客的便利性，考虑了乘客的平均步行距离，使所有乘客都能以更快的速度到达。Holiday Inn 停靠站位于 Holiday Inn 附近的人行道上，步行距离短，行人不需要过马路。Embassy Suites 停靠站位于 Front Street 和 2nd Street 之间的 Capitol Mall 的中央分隔带上，两个十字路口都设置人行横道，所以平均步行距离很短，避免绕道。

本工程采用多工种立体交叉作业的方式制定施工计划，使各工种、各工序从时间上、空间上得到有机衔接。充分利用时间和各种资源，达到减少成本、缩短工期的目标。

6.　结论与建议

在充分评估了轨道的边界条件、现有交通状况和几何线形条件的基础上，团队为所有道路使用者提供了一个安全、高效、舒适的设计方案。实践证明，该方案满足限速、设计服务水平、交通量增长和设计年限的要求。同时，团队根据各种不利因素制定合理高效的施工方案，以缩短工期，降低成本，保证质量，减少交通影响。最重要的是，本项目保证了机动车、行人和有轨电车的高效协调，同时减少了工期对交通的影响。

参考文献

[1]　A Policy on the Geometric Design of Highways and Streets[S]. Washington: American Association of State Highway and Transportation Officials (AASHTO), 2018.

[2]　Manual for Railway Engineering[S]. Chicago: American Railway Engineering and Maintenance-of-way Association (AREMA), 2007.

[3]　Highway Capacity Manual[S]. Washington: Transportation Research Board, National Research Council, 2010.

[4] West Sac Street Design 205[S]. Retrieved January 31, 2018.http://midpac2018.weebly.com/documents.html.

[5] Highway Design Manual[S]. California: California Department of Transportation (Caltrans), 2010.

[6] 中国铁路总公司.铁路工程施工组织设计规范: Q/CR　9004—2018[S]. 北京:中国铁道出版社, 2018.

3) 分析

通过对参赛队赋分表赋分情况及评委对赋值分数的说明进行分析发现,该项赛事侧重于创新性、安全性、经济性、细节性、可执行性、规范性等因素。

(1) 创新性。

创新性应紧扣赛题设置的目的。该赛题的设置目的是通过规划建设大运量、准时的轨道交通,解决市中心交通拥堵的问题。有轨电车在交叉口处,与地面机动车流存在冲突,不仅无法保证二者的通行效率,还易发生交通事故,降低交通安全性。常用的解决方案是采用轨道交通优先原则,有轨电车在交叉口处无须停车持续行驶。这样势必造成地面机动车流被占用通行时间,易使地面机动车流延误,不能很好地实现规划、建设轨道交通的目的。

河海大学以给予轨道交通优先通行权且尽量降低地面机动车流因给予轨道交通优先通行权而损失的通行时间为目的,提出了"在轨道交通优先通行的基础上加入实时补偿原则"的创新点。补偿相位的转换依靠两个关键判断完成:是否为第二次返回本相位以及相位被切断时绿灯时间是否过半。该创新点避免了电车发车频率较大时期对某一个相位的车流反复占用通行时间的逻辑错误。

该创新点实现了项目实施的初衷,通过补偿相位信号控制方式处理了有轨电车与社会车辆的交通冲突,有效地利用了时间资源,保证有轨电车和机动车在交叉口处的交通安全和运行效率。

(2) 安全性。

保证有轨电车建设和运营的安全性是项目能否实施的前提。本项目安全性设计主要体现在以下三个方面。

①在项目设计初期,利用"优先通行和实时补偿原则"保证了轨道交通与地面机动车流安全、高效的交通组织。

②为保证有轨电车乘客安全、高效地疏散,将 Embassy Suites 停靠站设置于 Capitol Mall 路段 Capitol Mall & Front Street 和 Capitol Mall & 2nd Street 交叉口的中央分隔带上,将 Holiday Inn 停靠站设置于 3rd Street & Parking Garage 交叉口北出口坡道的人行道上,并将该路段人行道进行拓宽,保障了步行安全。

③施工期间,对 Tower Bridge 采取全封闭式施工,施工期间禁止车辆通行,Capitol Mall 路段封闭中央分隔带两侧各一个车道,道路两侧各留一个车道供车辆双向通行。在附录中详细说明了施工区域和保证施工期间机动车运行安全和效率的交通控制方案,尤其包括保证安全的机动车限速值。

(3) 经济性。

项目成本是评委考虑的重要指标,总成本应在合理区间内,尤其注意不能过高。该作品在各个环节都注重节约成本,例如,在进行横断面设计时,对道路中未改建部分维持现有斜坡;改建部分在满足排水要求的情况下,尽量取与原路面接近的坡度,进而减少工程量，降低项目总成本。

(4)细节性。

方案细节体现在成本和施工进度的各个方面，是项目能否顺利实施和按期运营的关键，也是项目各方重点关注的环节。该作品充分考虑了项目开展过程中存在的意外，制定了更符合实际情况的项目成本和施工进度。成本估算时考虑了意外事故所需成本。施工进度安排时考虑了当地的雨季为 10 月至次年 4 月，基层和路面摊铺等施工环节需避开雨天，为在雨季施工的项目预留更多时间，使后续工程能按计划甚至提前进行。

意外事故成本的估算和不良天气期间施工进度的考虑与安排是该方案获得高分的一个原因。

(5)可执行性。

可执行性是指施工人员按照相应的报告、图纸可以实现参赛作品。其也是作品获得高分的重要因素。该参赛作品的可执行性体现在以下几个方面。

该作品的创新点——轨道交通"优先通行和实时补偿原则"的成功实施依赖于检测器对有轨电车在交叉口处的检测，参赛作品在平面图中详细指明了检测器的数量、类型、布设的位置等信息。

作品在平面图中详细地绘制了中央分隔带、人行道、标志、标线、路灯、信号灯、路面覆盖层、路面等的位置、类型、处理办法等信息，既可以指导施工人员进行相应的施工操作，又有利于成本的估算。

项目成本估算应具体、详细，不仅包括各种可能开销，总成本还应在合理区间内。河海大学在进行成本评估时，将施工路段分成 5 个区域，对中央分隔带、人行道、标志、标线、路灯、信号灯、路面覆盖层、路面等移除、拆除、重设、新建进行估算，并对排水系统、轨道系统、控制系统进行估算，考虑了意外事故所需成本。

施工期间的交通组织也是施工组织中的重要一环，为减少对周边交通的影响，作品对施工方法、交通组织进行了详细规划。尤其是对作为施工主体的有轨电车的改建指明了具体时间，并且说明了如何保证机动车对施工路段的通行需求。总体施工进度用计划网络图和施工计划横道图展示。

此外，作品对人行道的尺寸，路缘石坡道的设置，排水的处理，转弯车道和行驶车道的位置、路权、道路路线线形变化等都进行了说明。以上内容增强了项目的可执行性。

(6)规范性。

该作品参赛的报告、图纸中涉及的专业词汇均使用了专业术语。

在设计时，充分参考了相应的规范，如参考 HDM 和 AASHTO 进行交通量预测，基于 *Manual for Railway Engineering* 选择轨距、铁轨，依据 HCM 进行信号配时，纵断面设计时，涉及坡度、变坡点等参考了 *West Sac Street Design 205* 设计指南，平面图根据 CAMUTCD 标准进行绘制。

有附图总目录，注明附图类型、数量和序号，方便阅读方案图纸。对同一类型的多张施工图进行了编号处理，确保施工图名称简洁、明了。施工图比例尺大小合适，能清晰展示规划设计的细节内容。图纸内容规范，有绘图人员与复核人员的签名，平面图带有指北针。示例以及对准线、高线、施工构造物高程等信息的展示，需保证读者清晰读懂。

(7) 以人为本。

作品站台设计坚持以人为本。设置站台时考虑了乘客进出站台的方便性和安全性。Embassy Suites 停靠站位于 Capitol Mall 路段 Capitol Mall & Front Street 和 Capitol Mall & 2nd Street 交叉口的中央分隔带上,步行距离短,行人可从两侧疏散,节约用地的同时,通过两个交叉口的人行横道便捷、安全地前往目的地。Holiday Inn 停靠站位于 3rd Street & Parking Garage 交叉口北出口坡道的人行道上,为保证乘客通行时不易造成拥堵,根据项目改建后停车需求减少的预测,利用停车场面积,将该路段人行道进行拓宽,增大行人通行能力。

(8) 美观性。

河海大学的报告还图文并茂。用 3D 建模、交通仿真等软件直观地展示方案效果。汇报 PPT 文字简洁,以图、表、视频展现提案的细节设计和规划成效。报告、汇报 PPT 和海报色彩统一协调,提高了整体的美观性。2018 年美赛中太赛交通赛的提案汇报时,评委为强调报告美观性在评分上的优势,以河海大学的提案报告为例进行了展示说明。图 6-3 为 2018 年美赛中太赛交通赛河海大学答辩现场。

图 6-3   2018 年美赛中太赛交通赛现场答辩——河海大学

6.2.5　土木创训的高阶实战——全国大学生"茅以升公益桥-小桥工程"创新设计大赛

1.　简介

全国大学生"茅以升公益桥-小桥工程"创新设计大赛(简称公益桥赛)由北京茅以升科技教育基金会发起,旨在实现高校人才培养与交通有效融合,使学生在茅以升公益桥项目设计活动中受教育、长才干、做贡献,主动融入国家乡村振兴战略,并且弘扬茅以升先生的工程教育思想,为全国高校土木工程专业学子打造一个激励大学生创新实践、为社会服务的平台。自 2017 年至今,公益桥赛已成功举办 4 届(2020 年和 2021 年停办),作为一项全国性的竞赛广受全国各大高校的关注,并有越来越多的学校参与进来。

全国大学生"茅以升公益桥-小桥工程"创新设计大赛分为预赛和决赛。预赛阶段需要在指定的时间之前提交社会实践调研报告与初步的设计说明,通过预赛后才有资格参加后续的决赛。决赛的内容主要包括社会实践调研报告、设计说明(包括设计、计算分析、造价分析等)、沙盘模型和现场答辩等。一般由在校相关专业学生组建团队参赛(3～5 人,且其中须包含土木工程方向的研究生或者高年级本科生至少 1 名),每所学校的参赛团队不超过5 个。决赛一般在每年的 11 月举行,为期 3 天。举办学校一般在前一年的比赛中公布。具体竞赛细则、比赛流程、评定奖励等以官网通知为准(北京茅以升科技教育基金会http://www.mysf.org.cn)。

2. 经典案例分析

2019 年"茅以升公益桥赛-小桥工程"创新设计大赛桥址数据库包括 20 座国内交通不便乡村地区的待建桥梁,主要分布在河北、湖北、四川、重庆等地区。待建桥梁的跨径为 8～60m。

1)竞赛理念

(1)公益性:加强专业实践教育,了解国情民情,助力乡村振兴,培养家国情怀。

(2)科学性:在遵循安全、耐久、环保理念的前提下,体现专业水准,鼓励新结构、新技术、新材料、新工艺的应用。

(3)实用性:重视设计方案的可实施性和实用价值,兼顾景观美学价值。

(4)经济性:提倡低成本、高效益,与当地经济发展水平相适应。

2)社会实践准备

由于每座目标待建桥梁基本处于不同地区,当选择目标桥梁后,团队需要前往桥址所在地区开展具体的社会实践工作,社会实践包括桥址踏勘与社会经济文化调研两部分。出发前应规划好实践目标,合理安排路线和时间。同时,出发前应仔细整理仪器设备,包括水准仪、全站仪、无人机、绳尺、铅锤、测缝仪等,仪器设备的使用与沿途保存落实到人。

3)设计踏勘

黄梅县位于长江中游北岸,大别山尾南缘,鄂、皖、赣三省交界,南临长江。黄梅县内平原和湖泊交错,因此县内分布着众多的桥梁。香炉山村位于黄梅县大河镇内,西临大别山,东边是一个巨大的水库。本次目标桥梁为西边桥,其位于香炉山村的中心地带,跨过一条山流连接着河两边的人家,也是西边人家通往外界的唯一途径,是香炉山村的交通命脉。

西边桥是一种传统石拱桥,属于单跨结构,结构较为简单,耐久性、承载性能以及安全性都不高,现状如图 6-4 所示。由于桥梁设计建造时的缺陷以及周边排水设施不齐全,桥梁不能满足泄洪以及洪水期间通行的需求,给村民的生活造成了极大的不便。同时,西边桥的桥面过窄,大型车辆不能通过,这也对村子的经济、交通、教育等各个方面产生了

图 6-4 香炉山村西边桥现状

极大的影响。通过对当地采访了解到,在汛期时,洪水会冲向两边地势较低的农田,甚至会淹没西边桥的桥面,阻隔了村子与外界的联系,对人们的交通出行产生极大的不便。此外,由于村内桥梁的路面狭窄,校车、客车等大型车辆无法从桥上通过,村内儿童的出行、上学不便,村子的旅游观光业等乡村经济的发展也受到了阻碍。随着桥梁使用时间的推移,在洪水的侵蚀作用和风化作用下,桥梁已经存在诸多安全隐患,主要表现为拱体裂缝、侧向偏位、桥面缺损等。因此,对该桥的修缮改造工作刻不容缓。

队员对香炉山村西边桥进行了实地勘测,记录了桥梁的相关数据并绘制了地形图,如图 6-5 所示。

图 6-5　桥位地形图

经过一系列的勘察,发现西边桥具有以下病害问题。

(1)侧墙裂缝。

侧墙常常出现横桥向和顺桥向的裂缝,如图 6-6 所示。裂缝通常沿砂浆或石料发展,有的甚至贯穿砂浆和石料;裂缝的长度、宽度、深度和走向由于不同的病害根源而呈现出不同的特征。侧墙上还存在着肉眼可见的砂浆脱落现象,造成了一些裂缝以及一些拱石的脱落。

(2)桥面裂缝。

由于施工和材料方面的缺陷、西边桥的车流量不断增大、洪水问题以及风化作用的侵蚀等,桥面产生不同程度的裂缝,如图 6-7 所示。已经产生诸多裂缝的桥面又会加快桥面开裂和破损的速度,形成恶性循环。

图 6-6　侧墙裂缝

图 6-7　桥面裂缝

（3）主拱圈变形以及开裂。

主拱圈是拱桥的主要承重构件，其病害的产生与发展与拱上建筑、拱的基础和墩台等有着密不可分的关系，也与桥梁上的荷载、环境气候等因素息息相关。经过实地勘测，发现西边桥存在明显的主拱圈变形以及开裂现象，如图 6-8、图 6-9 所示。

图 6-8　主拱圈变形　　　　　　　　　　　图 6-9　主拱圈裂缝

目前，桥梁结构强度较低，无法供大型车辆通过，已经无法满足发展需求，且无法应对洪水的来临。因此，需要将旧桥拆除重建，提高安全系数，融入当地的特色文化让桥梁更为美观实用，从而保证香炉山村村民的日常生活需求，为村庄未来的发展打下坚实的基础。

4）社会经济文化调研

依托"茅以升公益桥-小桥工程"创新设计大赛的举办，河海大学代表队前往湖北省黄冈市黄梅县进行了乡村危旧桥梁实地踏勘，还开展了社会实践调查研究与当地红色文化调研活动，积极尝试使河海大学人才培养与交通建设有效融合。

通过社会实践调查，队员充分体会到公路交通对地区发展起到的重要作用，同时通过对黄梅县悠久历史与厚重文化的探寻，仿佛看到文明的结晶如同星子在历史的夜空中闪烁，如列入了第一批国家级非物质文化遗产名录的黄梅挑花和黄梅戏、众多的历史文化名人以及黄梅县的革命精神和历史文化内涵等。

队员在设计桥梁时，也将这些文化元素融入其中。例如，栏杆立柱采用了挑花针的外形，线条柔美纤细，如图 6-10 所示。水平向的钢管穿过针孔，沿桥向塑造了空间的延伸感。

图 6-10　栏杆设计

在由钢管组成的琴弦上，仿佛点缀着一个个音符，奏响一曲黄梅戏的经典曲目；又如在元青布上一针一针挑出的黄梅桃花。桥梁的弧线形似蝙蝠，在"福寿双禄"的纹样中，蝙蝠即代表"福"，希望这座桥为香炉山村传送更多的福气，在未来的乡村发展中能够百福具臻、蒸蒸日上。

5）设计方案

（1）上部结构设计。

主梁形式为钢筋混凝土斜腿刚构桥，纵梁采用单箱单室截面；主梁长 30m，主梁根部梁高 1.2m，跨中梁高 0.8m；箱宽 3.6m；悬臂长 1.7m，根部厚 0.4m；考虑到桥址两侧均为长下坡路段，团队设计箱梁纵向设置坡度 3%的上下坡曲线作为车辆的消能减速路段，以有效降低车速，提高行车安全性。桥梁总跨径为 30m，桥下净空为 4.4m，宽出西大河丰水期河面平均宽度 6m，高出西大河设计洪水位 0.5m，使桥梁满足全年通行需求。

团队针对香炉山村现有桥梁汛期过洪断面不足、桥梁净空不足的问题进行了有效的改善，也一定程度上保护了河岸两侧的耕地，相比于原桥的过流断面，面积变为了原本的 6 倍。箱梁混凝土强度等级为 C50，在两支点处箱室内分别设置有两横隔板，以增加支点处梁的强度。箱梁与斜腿-拱组合结构、桥台固接，全桥设计为整体式桥，不设伸缩缝，提供了舒适的行车环境。桥址内侧连接乡道宽度为 3.81m，桥梁宽度设计为 7m，为香炉山村未来发展拓宽道路使用空间。结合当地的交通运输和施工工艺水平，主梁采用现场架设满堂支架、支架上立模板、现浇混凝土的施工工艺，箱梁内模采用钢模板，浇筑完成后，模板可永久放置于箱室内，以增加梁体强度，保护箱内混凝土。

钢筋混凝土斜腿采用变截面矩形截面，如图 6-11 所示。斜腿顶部宽 3.6m，趾部宽 1.6m，长 5.22m，斜腿与水平线呈 50°，混凝土强度等级为 C50，拱轴线为抛物线，拱圈厚 35cm，矢高 4.7m。考虑到香炉山村的实际情况，团队将斜腿改为了斜腿-拱组合结构，如图 6-12 所示，不仅节省了建筑材料，而且增大了过流断面，增加了桥梁的泄洪能力。组合结构的设置有效分配了梁上荷载，使得整桥的力学结构更加合理。

图 6-11　变截面主梁　　　　　　　图 6-12　斜腿-拱组合结构

如图 6-13 所示，边斜杆为钢筋混凝土矩形截面板，边斜杆长 7m，宽 2.98m，厚 0.6m，与水平线呈 45°。边斜杆上部与轻型桥台固接，下部与承台固接，为了避免应力集中现象，在连接处增大边斜杆截面。上、下部结构连成整体，各部位共同受力。边斜杆能够传递桥台重力，抵消承台处斜腿-拱组合结构带来的水平推力，边斜杆实质上为压弯构件，杆中轴向压力的水平分力可以抵消斜腿-拱组合结构中的部分水平推力，而其竖向分力又作用于承台上，使承台承受的竖向压力大(摩阻力就大)、水平推力小，显著地改善了承台的受力，而且两侧边斜杆均埋置于路堤中，其土压力也有利于减小基础的不平衡推力。

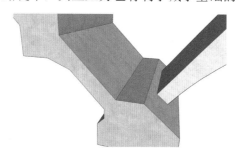

图 6-13　钢筋混凝土边斜杆

(2)下部结构设计。

桥台采用耳墙式轻型桥台，如图 6-14 所示。桥台与梁和边斜杆采用固接的方式连接。轻型桥台下部为桩基础，并填充加筋土，可较好地解决整体式桥温度荷载与混凝土收缩徐变等问题。桥台整体高度为 1.93m。台后设置翼墙，可起到挡土与支撑桥头搭板的作用。台帽宽 7m，长 1.2m，用于与梁体固接。为防止桥头跳车现象，在轻型桥台的上端搭设桥头搭板。台后设置一长 0.3m、宽 7m 的牛腿，用于放置桥头搭板，搭板与桥台采用板式橡胶伸缩支座连接。

基础采用超高性能混凝土桩与普通混凝土桩相结合的阶梯桩，如图 6-15 所示，桩上半部分为 UHPC 材料，选用 C120 的 UHPC，利用其具有超强抗压强度和一定抗拉强度的特点，可采用较小截面，减小其刚度，增大其变形能力，以适应整体式桥纵向变形的需要；桩的下半部分为普通混凝土材料，以承受轴向力为主。阶梯桩的上部 3m 为 UHPC 桩，下部为 RC 桩。具体设计为单排 2 根布置，上部桩直径为 50cm，下部桩直径为 100cm。

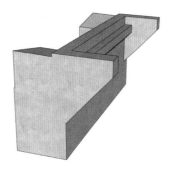

图 6-14　耳墙式轻型桥台

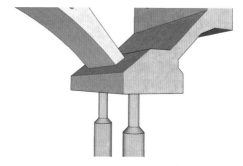

图 6-15　UHPC-RC 阶梯柔性桩

6)有限元建模分析

根据全桥总长以及跨径分配，将全桥划分出 316 个单元，共建立 327 个节点，每个单元长度在 0.25～0.75m。在定义截面和材料特性后建立节点及单元，全桥三维模型视图如图 6-16 所示。

在建模过程中首先定义混凝土收缩徐变随材龄变化的时间依存特性，并将其赋给已定义的混凝土材料。其次进行边界条件的定义。施加各种工况荷载，按照桥梁规范进行承载

图 6-16　全桥三维模型

能力极限状态与正常使用极限状态验算，通过验算调整结构截面与预应力大小，直至满足规范要求。

7) 施工方案

施工方案流程图如图 6-17 所示。

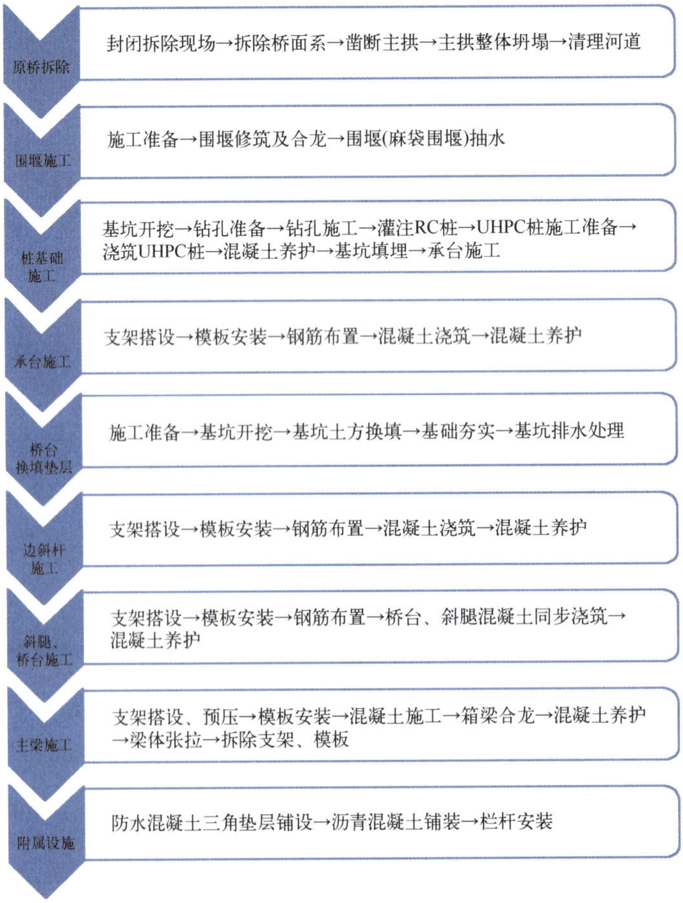

原桥拆除	封闭拆除现场→拆除桥面系→凿断主拱→主拱整体坍塌→清理河道
围堰施工	施工准备→围堰修筑及合龙→围堰(麻袋围堰)抽水
桩基础施工	基坑开挖→钻孔准备→钻孔施工→灌注RC桩→UHPC桩施工准备→浇筑UHPC桩→混凝土养护→基坑填埋→承台施工
承台施工	支架搭设→模板安装→钢筋布置→混凝土浇筑→混凝土养护
桥台换填垫层	施工准备→基坑开挖→基坑土方换填→基础夯实→基坑排水处理
边斜杆施工	支架搭设→模板安装→钢筋布置→混凝土浇筑→混凝土养护
斜腿、桥台施工	支架搭设→模板安装→钢筋布置→桥台、斜腿混凝土同步浇筑→混凝土养护
主梁施工	支架搭设、预压→模板安装→混凝土施工→箱梁合龙→混凝土养护→梁体张拉→拆除支架、模板
附属设施	防水混凝土三角垫层铺设→沥青混凝土铺装→栏杆安装

图 6-17　施工方案流程图

8) 答辩环节

2019 年全国大学生"茅以升公益桥-小桥工程"创新设计大赛在重庆交通大学举行，比赛分为模型展示部分与答辩部分，模型展示环节中，所有代表队的桥梁模型展示在会场中，评委以浏览的方式逐一参观各个学校代表队的模型，通过现场队员的介绍先对作品进行初步了解。答辩环节中，答辩时间为 10min，之后评委会根据参赛作品提问。河海大学代表队顺利完成模型展示与答辩环节，凭借精巧合理的设计与创新获得一等奖，如图 6-18 所示。

图 6-18　作品照片

思 考 题

1. 隧道内由于空间闭塞，若产生交通事故难以进行事后的疏散和援救，因此提前进行安全预警就尤为重要。目前隧道内常见的安全预警方式主要以限速信息发布为主，但是这种信息标牌基本仅布设在隧道入口以及隧道内少数几处位置，驾驶员在进入隧道后若超速行驶难以得到及时的预警提示，进而容易引起追尾事故，请思考并提出针对以上问题的解决方案。

2. 我国城市道路交通状况复杂，多种出行方式经常在特定范围内产生安全隐患，例如，在公交站台附近就容易出现车辆、乘客以及非机动车之间的交通冲突，请提出能够有效分离"机动车-自行车-行人"间交通冲突的公交站点设计方案。

3. 目前手机等智能移动通信设备已广泛使用，由此产生了"低头族"现象。这一问题在城市道路环境下容易产生严重的安全隐患，例如，行人过街低头看手机就会造成与对向行人或机动车之间的交通冲突。请结合现有的信息化技术、大数据以及智能算法等新兴技术思考如何解决城市交通中的"低头族"问题。

4. 桥梁设计时应调查和收集哪些基本资料？设计考虑的作用主要有哪些？结合图 6-19，试着在下面的工程地址纵断面图上设计绘制一座合适的桥梁。

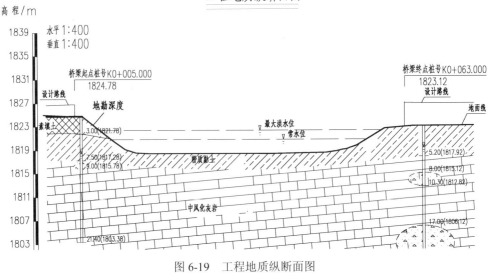

图 6-19 工程地质纵断面图

参 考 文 献

蔡新, 孙文俊, 2004. 结构静力学[M]. 南京: 河海大学出版社.

陈峻, 徐良杰, 等, 2018. 交通管理与控制 [M]. 2 版. 北京: 人民交通出版社.

陈页开, 2001. 挡土墙上土压力的试验研究与数值分析[D]. 杭州: 浙江大学.

陈永奎, 2015. 大学生创新创业基础教程[M]. 北京: 经济管理出版社.

迟明杰, 赵成刚, 李小军, 2009. 砂土剪胀机理的研究[J]. 土木工程学报, 42(3): 99-104.

褚春超, 2020. 新时期交通运输科技创新发展战略[M]. 北京: 人民交通出版社.

付海清, 2016. 现场液化试验方法及液化土体特征研究[D]. 哈尔滨: 中国地震局工程力学研究所.

高等学校土木工程专业指导委员会, 2002. 高等学校土木工程专业本科教育培养目标和培养方案及课程教
　　学大纲[M]. 北京: 中国建筑工业出版社.

过秀成, 2017. 城市交通规划 [M]. 2 版. 南京: 东南大学出版社.

洪平, 2002. 俯斜墙背条件下朗肯与库伦土压力理论的研究[J]. 南昌航空大学学报(自然科学版), 16(3):
　　24-27.

胡飞雪, 2009. 创新思维训练与方法[M]. 北京: 机械工业出版社.

吉伯海, 2014. 我国缆索支承桥梁钢箱梁疲劳损伤研究现状[J]. 河海大学学报(自然科学版), 42(5):
　　410-415.

季天健, BELL A, 2009. 感知结构概念[M]. 北京: 高等教育出版社.

蒋玮, 沙爱民, 肖晶晶, 等, 2013. 透水沥青路面的储水-渗透模型与效能[J]. 同济大学学报(自然科学版),
　　41(1): 72-77.

交通运输部综合规划司, 2014. 2010 年高速公路运输量统计调查分析报告[M]. 北京: 人民交通出版社.

康永君, 张晋芳, 2019. 建筑设计子结构精细化分析——基于 SAP2000 的有限元求解[M]. 北京: 中国建筑
　　工业出版社.

克里斯坦森, 2013. 创新者的基因[M]. 曾佳宁, 译. 北京: 中信出版社.

孔纲强, 2009. 群桩负摩阻力特性研究[D]. 大连: 大连理工大学.

李伟, 张世辉, 2015. 创新创业教程[M]. 北京: 清华大学出版社.

李晓军, 凌加鑫, 沈奕, 等, 2021. 基于虚拟现实技术的隧道内光源色温对司驾安全的影响[J]. 同济大学学
　　报(自然科学版), 49(2): 204-210.

刘汉龙, 2013. 岩土工程技术创新方法与实践[M]. 北京: 科学出版社.

刘红波, 2020. MIDAS Gen 软件基础与实例教程[M]. 天津: 天津大学出版社.

刘阳春, 何文寿, 何进智, 等, 2007. 盐碱地改良利用研究进展[J]. 农业科学研究, 28(2): 68-71.

卢廷浩, 2005. 土力学[M]. 2 版. 南京: 河海大学出版社.

罗恒, 陈建平, 孙云飞, 等, 2016. 建筑节能类交叉学科建设的探索与实践[J]. 教育教学论坛, (5): 258-259.

孟杰, 2002. 系杆拱桥结构体系研究[D]. 长沙: 湖南大学.

邱立, 罗朝祥, 黎春霞, 2013. 基于头脑风暴法的创新型人才培养模式探索[J]. 中国电力教育, (28): 33-34.

任刚, 华璟怡, 张志云, 等, 2015. 基于反向车道与冲突消除的疏散网络优化设计[J]. 中国公路学报, 28(3): 88-93.

沙静, 2010. 高速公路出口匝道选位研究[D]. 南京: 东南大学.

邵俐, 刘松玉, 丁红慧, 等, 2008. "课堂演示试验"在土力学教学中的应用[J]. 东南大学学报(哲学社会科学版), 10(3): 44-46.

沈扬, 2015. 土力学原理十记[M]. 北京: 中国建筑工业出版社.

沈扬, 葛冬冬, 陶明安, 等, 2014. 土力学原理可视化演示模型实验系统的研究[J]. 力学与实践, 36(5): 663-666.

沈扬, 胡锦林, 陈璐, 等, 2015. 土木类本科生省级以上学科竞赛攻略手册[M]. 南京: 河海大学出版社.

盛利, 杨苡滦, 2018. 建筑力学与结构体系[M]. 北京: 清华大学出版社.

唐亮, 黄李骥, 王秀伟, 等, 2014. 钢桥面板 U 肋-横隔板连接接头应力分析[J]. 公路交通科技, 31(5): 93-101.

陶晓燕, 2008. 大跨度钢桥关键构造细节研究[D]. 北京: 中国铁道科学研究院.

瓦格纳, 2015. 创新者的培养[M]. 陈劲, 王鲁, 刘文澜, 译. 北京: 科学出版社.

王春生, 冯亚成, 2009. 正交异性钢桥面板的疲劳研究综述[J]. 钢结构, 24(9): 10-13.

王建军, 程小云, 2022. 现代交通调查与分析技术[M]. 北京: 人民交通出版社.

王俊岭, 王雪明, 张安, 等, 2015. 基于海绵城市理念的透水铺装系统的研究进展[J]. 环境工程, 33(12): 1-4.

王立晓, 于江波, 孙小慧, 2021. 考虑心理异质性的地铁应急疏散行为决策建模[J]. 中国安全科学学报, 31(10): 119-126.

王琪琪, 2012. 大学生创新素质现状特征及创新意识培养开发的探索性研究[D]. 重庆: 重庆大学.

王元清, 石永久, 陈宏, 等, 2002. 现代轻钢结构建筑及其在我国的应用[J]. 建筑结构学报, 23(1): 2-8.

吴宁, 张璠, 2010. 排水性沥青混合料竖向渗透系数试验方法改进研究[J]. 公路, (5): 72-75.

武岳, 张建亮, 曹正罡, 2011. 树状结构找形分析及工程应用[J]. 建筑结构学报, 32(11): 20-26.

项海帆, 沈祖炎, 范立础, 2007. 土木工程概论[M]. 北京: 人民交通出版社.

徐道远, 黄孟生, 2004. 材料力学[M]. 南京: 河海大学出版社.

尹德兰, 2006. 邓文中与桥梁——中国篇[M]. 北京: 清华大学出版社.

袁贵仁, 2014. 深化教育领域综合改革加快推进教育治理体系和治理能力现代化[EB/OL]. http://www.gov.cn/zhuanti/2014-02/16/content_2615519.htm[2014-01-15].

岳庆霞, 2007. 地下综合管廊地震反应分析与抗震可靠性研究[D]. 上海: 同济大学.

张璠, 陈荣生, 倪富健, 2010. 排水性沥青路面混合料的渗透性能试验测试技术[J]. 东南大学学报(自然科学版), 40(6): 1287-1292.

张璇, 唐进君, 黄合来, 等, 2022. 山区高速公路隧道路段与开放路段的事故影响因素分析[J]. 交通信息与安全, 40(3): 10-18.

章瑞文, 2007. 挡土墙主动土压力理论研究[D]. 杭州: 浙江大学.

赵晓华, 鞠云杰, 李佳, 等, 2020. 基于驾驶行为和视觉特性的长大隧道突起路标作用效果评估[J]. 中国公路学报, 33(6): 29-41.

赵欣欣, 刘晓光, 张玉玲, 2010. 正交异性桥面板设计参数和构造细节的疲劳研究进展[J]. 钢结构, 25(8):

1-7.

钟宏林, 2014. midas Civil 桥梁工程实例精解[M]. 大连: 大连理工大学出版社.

朱慈勉, 张伟平, 2016. 结构力学[M]. 3 版. 北京: 高等教育出版社.

宗芳, 王猛, 曾梦, 等, 2022. 考虑多前车作用势的混行交通流车辆跟驰模型[J]. 交通运输工程学报, 22 (1): 250-262.

CHEN J, LI H, HUANG X M, 2015. Laboratory evaluation on permeability loss of open graded friction course mixtures due to deformation and particle-related clogging[C]. Transportation Research Board 94th Annual Meeting. Washington: 11-15.

COLERI E, KAYHANIAN M, HARVEY J T, 2013. Clogging evaluation of open graded friction course pavements tested under rainfall and heavy vehicle simulators[J]. Journal of environmental management, 129: 164-172.

DAWAON A, KRIGOS N, SCAEPAS T, et al., 2009. Water in the pavement surfacing[J]. Geotechnical, geological and earthquake engineering, 5: 81-105.

DELVARE F, HANUS J L, BAILLY P, 2010. A non-equilibrium approach to processing Hopkinson bar bending test data: application to quasi-brittle materials[J]. International journal of impact engineering, 37 (12): 1170-1179.

ELTON D J, 2001. Soils magic [M]. Reston: American Society of Civil Engineers.

GHUMMAN A R, GHAZAW Y M, NIAZI M F, et al., 2011. Impact assessment of subsurface drainage on waterlogged and saline lands [J]. Environmental monitoring and assessment, 172 (1): 189-197.

HANUS J L, MAGNAIN B, DURAND B, 2012. Processing dynamic split Hopkinson three-point bending test with normalized specimen of quasi-brittle material[J]. Mechanics & industry, 13 (6): 381-393.

JASON B N, AWAD W, ROBLES J, 1998. Truck accident at freeway ramp: data analysis and high-risk site identification [J]. Journal of transportation and statistics, 1 (1): 75-92.

SHAOBIN D, MINGHAI S, JUN H, 2005. Engineering properties of expansive soil[J]. Journal of Wuhan University of technology-materials science edition, 20 (2): 109-110.

WU A, GU D, SUN Y, et al., 2001. Experiment and mechanism of vibration liquefaction and compacting of saturated bulk solid[J]. Journal of Central South University of technology, 8 (1): 34-39.